7. Borkheider Seminar zur
Ökophysiologie des Wurzelraumes

W. Merbach (Hrsg.)

Rhizosphärenprozesse, Umweltstreß und Ökosystemstabilität

D1732397

Borkheider Seminare zur Ökophysiologie des Wurzelraumes

Der Pflanzenbewuchs, das dazugehörige Wurzelsystem und der durchwurzelte Bodenraum nehmen eine Schlüsselstellung in terrestrischen Ökosystemen ein. Hier vollziehen sich komplizierte Wechselwirkungen zwischen Pflanzenstoffwechsel und Umweltfaktoren einerseits und (angetrieben durch die C-Lieferung der Pflanzen) zwischen Pflanzenwurzeln, Mikroben, Bodentieren, organischen C- und N-Verbindungen sowie mineralischen Bodenbestandteilen andererseits. Diese haben entscheidende Bedeutung für die Pflanzen- und Bodenentwicklung, die Nettostoff- und Nettoenergieflüsse sowie für die Belastungstoleranz von Pflanzen und Ökosystemen. Ihr Verständnis ist daher eine Voraussetzung für die Prognose, Abpufferung und Indikation von Umweltbelastungen, die Berechnung von Stoffflüssen sowie für ökologisch ausgerichtete Regulationsinstrumentarien. Trotz vieler Einzelkenntnisse sind aber derzeit Wirkungsgefüge und Regulationsmechanismen im Pflanze–Boden–Kontaktraum nur ungenügend bekannt, da in den meisten bisherigen Forschungsansätzen der Mikrobereich als „Nebeneinander" von Einzelelementen (z. B. von Strukturelementen, Nettostoffflüssen zwischen Grenzflächen, Biozönosepartnern) betrachtet wurde und kaum als Netzwerk funktionaler Kompartimente wechselnder Zusammensetzung. Abhilfe kann hier nur eine systemare Betrachtungsweise der Pflanze–Boden–Wechselbeziehungen auf der Basis einer *langfristig und interdisziplinär angelegten ökophysiologischen Forschung* schaffen, die auf die Aufklärung der mikrobiologischen, physiologischen, (bio)chemischen und genetischen Interaktionen im System Pflanze–Wurzel–Boden in Abhängigkeit von natürlichen und anthropogenen Einflußfaktoren ausgerichtet ist.

Die 1990 von der Deutschen Landakademie Borkheide (Krs. Potsdam-Mittelmark) und dem heutigen Institut für Rhizosphärenforschung und Pflanzenernährung des Zentrums für Agrarlandschafts- und Landnutzungsforschung (ZALF) Müncheberg ins Leben gerufenen *Borkheider Seminare zur Ökophysiologie des Wurzelraumes* wollen daher Wissenschaftler unterschiedlicher Fachgebiete mit dem Ziel zusammenführen, experimentelle Ergebnisse ohne Zeitdruck zu diskutieren und die Forschung enger zu verflechten. Das unveränderte Interesse an der Tagungsreihe – sie hat 1996 bereits das 7. Mal stattgefunden – spricht für sich selbst. Nachdem die ersten vier Tagungsbände (1990 bis 1993) im Selbstverlag herausgegeben wurden, hat seit dem 5. Band (Mikroökologische Prozesse im System Pflanze–Boden) die B. G. Teubner Verlagsgesellschaft Stuttgart/Leipzig diese Aufgabe übernommen. Dafür gebührt ihr der Dank des Herausgebers.

Wolfgang Merbach

Rhizosphärenprozesse, Umweltstreß und Ökosystemstabilität

7. Borkheider Seminar zur Ökophysiologie des Wurzelraumes

Wissenschaftliche Arbeitstagung in Schmerwitz/Brandenburg vom 23. bis 25. September 1996

Herausgegeben von

Prof. Dr. Wolfgang Merbach

Leiter des Instituts für Rhizosphärenforschung und Pflanzenernährung
im Zentrum für Agrarlandschafts- und Landnutzungsforschung
(ZALF) Müncheberg
2. Vorsitzender der Deutschen Gesellschaft für Pflanzenernährung

B. G. Teubner Verlagsgesellschaft
Stuttgart · Leipzig 1997

Die Beiträge dieses Bandes wurden von Mitgliedern der Deutschen Gesellschaft für Pflanzenernährung sowie der Kommission IV der Deutschen Bodenkundlichen Gesellschaft begutachtet.

Gedruckt auf chlorfrei gebleichtem Papier.

Die Deutsche Bibliothek – CIP-Einheitsaufnahme

Rhizosphärenprozesse, Umweltstress und Ökosystemstabilität :
wissenschaftliche Arbeitstagung in Schmerwitz/Brandenburg
vom 23. bis 25. September 1996 /
7. Borkheider Seminar zur Ökophysiologie des Wurzelraumes.
Hrsg. von Wolfgang Merbach. – Stuttgart ; Leipzig : Teubner, 1997
ISBN 3-8154-3537-4
NE: Merbach, Wolfgang [Hrsg.]; Borkheider Seminar zur Ökophysiologie
des Wurzelraumes <7, 1996, Schmerwitz>

Das Werk einschließlich aller seiner Teile ist urheberrechtlich geschützt. Jede Verwertung außerhalb der engen Grenzen des Urheberrechtsgesetzes ist ohne Zustimmung des Verlages unzulässig und strafbar. Das gilt besonders für Vervielfältigungen, Übersetzungen, Mikroverfilmungen und die Einspeicherung und Verarbeitung in elektronischen Systemen.

© B. G. Teubner Verlagsgesellschaft Leipzig 1997

Printed in Germany
Druck und Buchbinderei: Druckhaus „Thomas Müntzer“ GmbH, Bad Langensalza
Umschlaggestaltung: E. Kretschmer, Leipzig

Vorwort

Der vorliegende Band enthält die gekürzten Niederschriften von 23 Vorträgen des 7. Borkheider Seminars zur Ökophysiologie des Wurzelraumes, das vom 23. bis 25. September 1996 in Schmerwitz (Kreis Potsdam-Mittelmark, Land Brandenburg) stattfand. Die Beiträge lassen sich vorrangig in vier Themenkreise einordnen, und zwar:

1. Wechselbeziehungen zwischen Rhizosphärenmikroorganismen (vornehmlich Mykorrhiza-Pilzen und *Pseudomonas* sp.) und physiologischen Pflanzenleistungen bei unterschiedlichen Umwelteinflüssen (6 Vorträge),
2. Reaktion von Wurzelsystemen auf Umweltbelastungen und die Rolle von Pflanzenwurzeln bei der Eliminierung von Schadstoffen (4 Vorträge),
3. Kohlenstoff- und Stickstoffumsatz im System Pflanze-Boden (3 Vorträge) und
4. Stoffdynamik in der Rhizosphäre in Abhängigkeit von Nährstoffversorgung, Wasserstreß, Bodenreaktion, Redoxpotential und chemischen Schadstoffen (10 Vorträge).

Auch 1996 nahmen neben international anerkannten Fachleuten vor allem junge Wissenschaftler/innen an der Tagung teil und trugen ihre experimentellen Ergebnisse vor. Dabei kamen sehr unterschiedliche Fachdisziplinen zu Wort. So wurden unter anderem biochemisch, ökophysiologisch, ökotoxikologisch, mikrobiologisch, bodenbiologisch und ackerbaulich geprägte Arbeiten vorgestellt. Auch Beiträge aus den Gebieten der Wald- und Forstökologie, des Gemüse- und Zierpflanzenbaus, des Bodenschutzes, der Rekultivierung und der Pflanzenernährung kamen zu Wort. Dies ermöglichte und belebte die interdisziplinäre Diskussion zur Vernetzung und Regulation einzelner Prozesse im Sinne des Verständnisses des (mikro)ökosystemaren Wirkungsgefüges im Pflanze-Boden-Kontaktraum. Diese Interaktionen haben fundamentale Bedeutung für die Pflanzen- und Bodenentwicklung sowie für die Belastbarkeit von terrestrischen Ökosystemen und ihrer Teile. Die Teilnehmer des diesjährigen 7. Borkheider Seminars befaßten sich in diesem Zusammenhang vorrangig mit der Rolle dieser Wechselbeziehungen bei der Schadstoffeliminierung, der Nährstofferschließung, der Abpufferung von natürlich und anthropogen bedingten Streßsituationen und der Erhaltung der Ökosystemstabilität.

An der Organisation des Seminars waren das Zentrum für Agrarlandschafts- und Landnutzungsforschung (Institut für Rhizosphärenforschung und Pflanzenernährung) in Müncheberg (Kreis Märkisch-Oderland, Brandenburg), die Deutsche Landakademie „Thomas Müntzer" in Borkheide (Kreis Potsdam-Mittelmark, Brandenburg), die Deutsche Gesellschaft für Pflanzenernährung sowie die Kommission IV der Deutschen Bodenkundlichen Gesellschaft beteiligt. Besonderer Dank gebührt dem Seminar- und Tagungszentrum in Schmerwitz, das die Tagungsräume, die Unterbringung und Verpflegung zur Verfügung stellte. Für ihren organisatorischen Einsatz und die Übernahme von Schreib- und Korrekturarbeiten haben wir Herrn Dr. H.-P. Ende (Müncheberg), Frau S. Schmidt (Schmerwitz), Frau L. Wascher und Frau E. Mirus (beide Müncheberg) sehr zu danken. Nicht zuletzt gebührt unser Dank Herrn Jürgen Weiß vom Teubner-Verlag für die kollegiale Zusammenarbeit.

Müncheberg/Borkheide/Bad Lauchstädt, November 1996

W. Merbach
S. Gerlach
M. Körschens

Inhalt

1 Rhizosphärenmikroben und Pflanzen

2 Pflanzliche Wurzelsysteme und Umweltbelastungen

3 C- und N-Umsatz im System Pflanze/Boden

4 Stoffumsatz in der Rhizosphäre und Streßwirkungen

1

Rhizosphärenmikroben und Pflanzen

Rhizosphärenprozesse, Umweltstreß und Ökosystemstabilität.
7. Borkheider Seminar zur Ökophysiologie des Wurzelraumes.
(Ed. W. Merbach) B. G. Teubner Verlagsgesellschaft Stuttgart, Leipzig 1997, pp. 13-20

DIE KONTROLLIERTE MYKORRHIZIERUNG DER KIEFER (*PINUS SYLVESTRIS* L.) MIT STÄMMEN VON *PAXILLUS INVOLUTUS* (BATSCH) FR. UNTER VERWENDUNG VON KRAFTWERKSASCHE

MÜNZENBERGER[1], B., SCHULZ[2], M., HÜTTL[2], R.F.

[1]Zentrum für Agrarlandschafts- und Landnutzungsforschung (ZALF) e.V.,

Institut für Mikrobielle Ökologie und Bodenbiologie, Arbeitsgruppe Eberswalde

Dr.-Zinn-Weg 18

D - 16225 Eberswalde

[2]Brandenburgische Technische Universität Cottbus,

Lehrstuhl für Bodenschutz und Rekultivierung

Karl-Marx-Str. 17

D - 03044 Cottbus

Abstract

Mycorrhization of nursery seedlings can be improved by artificial inoculation with selected ectomycorrhizal fungal strains. Thus, seedlings are more tolerant against abiotic and biotic stress factors resulting in a higher survival rate after outplanting. Two year old nursery seedlings of *Pinus sylvestris* L. have been inoculated with different strains of *Paxillus involutus* (Batsch) Fr. using ash from of a lignite power plant rinsed into a basin near Trattendorf, Brandenburg, as substrate. One strain, isolated from a fruitbody grown in the ash basin, induced the highest total amount of root tips, the highest mycorrhizal frequency and the highest *Paxillus involutus*-index. Dry weight of fine roots was shown to be an improper parameter for description of inoculation success. Growth of root collar was enhanced after inoculation, whereas stem growth wasuneffected. It is concluded that the high mycorrhizal potential of this strain was caused by its ecological adaptation to the ash substrate.

Einleitung

Mykorrhizapilze verbessern die Baumvitalität auf vielfältige Weise. Am wichtigsten ist die Verfügbarmachung und Speicherung von Nährstoffen für das Baumwachstum. Das extramatrikale Myzel, das von den Mykorrhizasystemen abzieht, vergrößert die Bodenoberfläche, aus der Nährstoffe entnommen werden können. Mykorrhizapilze erhöhen außerdem die Toleranz der Bäume gegenüber ungünstigen Bodenbedingungen wie niedriger oder hoher pH-Wert, hohe Schwermetallbelastung sowie Trockenstreß und bieten einen verbesserten Schutz vor dem Befall der Feinstwurzeln durch Pathogene.

Aufgrund der gängigen Anzuchtpraktiken in Baumschulen wie starke Düngung, Bodenbedampfung und Einsatz von Fungiziden sind Baumschulsämlinge nur zu einem geringen Prozentsatz mykorrhiziert. Durch die künstliche Mykorrhizierung der Baumschulsämlinge mit ausgewählten Mykorrhizapilzarten bzw. -stämmen kann die Mykorrhizahäufigkeit erhöht werden. Die künstlich mykorrhizierten Sämlinge reagieren dann toleranter gegenüber abiotischen und biotischen Streßfaktoren, was sich in einem verminderten Pflanzschock und somit in erhöhten Überlebensraten äußert.

Vorrangiges Interesse bei der künstlichen Mykorrhizierung gilt der Aufforstung von Extremstandorten wie Abraumhalden, Kippen und Tagebaurestflächen des Kohlebergbaus (MARX u. ARTMAN 1979, MULLINS et al. 1989, BECKJORD et al. 1990, LUMINI et al. 1994 u.a.). Es ist bekannt, daß sich Mykorrhizapilzarten bzw. -stämme in ihrer Anpassung an extreme ökologische Bedingungen unterscheiden (MARX u. ARTMAN 1979, DIXON et al. 1984). Daher ist die Selektion geeigneter Mykorrhizapilze von großer Bedeutung. Ein selektierter Pilzstamm sollte nach MARX et al. (1992) folgende Kriterien erfüllen: einfache und schnelle Kultivierbarkeit des Myzels in ausreichender Menge, gute Kompatibilität mit dem Phytosymbionten, gute Überlebensfähigkeit des Pilzinokulums im Boden, Ausdauer der Mykorrhizen am Phytosymbionten und ökologische Angepaßtheit des Mykosymbionten an den Standort. Der Mykorrhizapilz *Paxillus involutus* erfüllt diese Anforderungen weitgehend (LOREE et al. 1989, HERRMANN et al. 1991).

Durch den Braunkohlebergbau ist in der Niederlausitz eine Vielzahl von Extremstandorten entstanden. Ein Extremstandort ist das Asche-Absetzbecken Trattendorf bei Spremberg. In dieses Asche-Absetzbecken wurden Aschen des Braunkohlekraftwerks Trattendorf eingespült. Die letzte größere Einspülung erfolgte 1981. Da das an der Oberfläche liegende Feinmaterial bei Wind starken Ausblasungen ausgesetzt ist, die zu Immissionsbelastungen in der Umgebung führen, soll das Asche-Absetzbecken forstlich rekultiviert werden. Die Kraftwerksasche stellt aufgrund geringer Nährstoffverfügbarkeit und geringer Benetzbarkeit sowie eines hohen pH-Wertes ein ungünstiges

Substrat für das Pflanzenwachstum dar. Daher war es Ziel dieser Untersuchung, den Einfluß dieses Substrates auf die künstliche Mykorrhizierung der Kiefer zu untersuchen. Zweijährige Kiefern (*Pinus sylvestris* L.) aus Baumschulen wurden mit verschiedenen Stämmen des Kahlen Kremplings (*Paxillus involutus* [Batsch] Fr.) künstlich mykorrhiziert. Ein Pilzstamm (Stamm EW 41) wurde aus einem Fruchtkörper, der in unmittelbarer Nähe der Aschehalde gewachsen war, isoliert. Zwei weitere Stämme stammten aus Kiefernforsten aus der Umgebung von Eberswalde (Stamm EW 11) und Borkheide (Stamm EW 36). Die künstliche Mykorrhizierung erfolgte in sog. Rootrainern unter kontrollierten Bedingungen im Gewächshaus. Um den saisonalen Einfluß auf die Mykorrhizierung zu untersuchen, wurden zwei zeitlich versetzte Inokulationsversuche durchgeführt. Nach jeweils ca. vier Monaten wurden die Sproßlänge, der Wurzelhalsdurchmesser, die Überlebensraten, die Gesamtwurzelspitzenzahl, die Mykorrhizierungsrate, die relative Mykorrhizahäufigkeit, der *Paxillus involutus*-Index und das Feinwurzeltrockengewicht der Kiefern ermittelt.

Material und Methoden

Herkunft der Pilzstämme und der Kiefern. Der Stamm EW 11 wurde am 16.9.1992 bei Britz/Eberswalde, der Stamm EW 36 am 25.9.1993 bei Borkheide/Beelitz und der Stamm EW 41 am 30.9.1994 bei Trattendorf/Spremberg aus Fruchtkörpern von *Paxillus involutus* isoliert. Für den ersten Inokulationsversuch wurden die Kiefern aus der 'Fürst Pückler' Forstbaumschule Zeischa, für den zweiten Inokulationsversuch aus der Forstbaumschule 'Dresdner Heide' Dresden verwendet. Das Herkunftsgebiet (85157) war jeweils die Niederlausitz. Die Kiefern wurden als einjährige Sämlinge reihenweise unterschnitten und zweimal mit dem Fungizid 'Bercema-Zineb 90' behandelt.

Aschesubstrat. Das Aschesubstrat stammte aus 6 verschiedenen Parzellen der Aschehalde IV in Trattendorf. Das Substrat wurde bis zu einer Tiefe von 20 cm entnommen, wobei 12 Einzelproben zu einer Mischprobe vereinigt wurden. Das Substrat wurde gesiebt und in Plastiksäcke à 15 kg eingeschweißt. Um das Risiko eines Befalls mit Pathogenen zu verringern, wurde das Substrat bei der Firma Gamma Service GmbH Radeberg mit γ-Strahlen entkeimt. Die Strahlendosis betrug 120 kGy. Das Aschesubstrat reagierte basisch ($pH_{(H_2O)}$ -Wert: 8,3).

Inokulumproduktion. Das Pilzmyzel wurde auf MMN-Agar (Medium b, KOTTKE et al. 1987) vorkultiviert. Zur Herstellung des Perlite-*Sphagnum*-Substrates wurde *Sphagnum* bei 134° C 30 Minuten lang autoklaviert. Danach wurden Perlite und *Sphagnum* im Verhältnis 9:1 gemischt. Erlenmeyer-Kolben (1 l) wurden mit 500 ml Perlite-*Sphagnum*-Substrat und 320 ml MMN_2-

Nährlösung (KOTTKE et al. 1987) gefüllt, mit Baumwollstopfen und Alufolie verschlossen und bei 120° C 30 Minuten lang autoklaviert. Nach zwei Tagen wurde erneut autoklaviert, um eine Kontamination mit Mikroorganismen auszuschließen. Aus den mit *Paxillus involutus* vorkultivierten Agarplatten wurden 15-20 Myzelscheibchen (5 mm i. D.) ausgestochen und als Impfmaterial für das Perlite-*Sphagnum*-Substrat verwendet. Die Erlenmeyer-Kolben wurden bei Zimmertemperatur und natürlichen Lichtverhältnissen gehalten. Nach etwa vier Wochen konnte das Perlite-*Sphagnum*-Substrat als Inokulum verwendet werden.

Inokulation der Kiefern. Zunächst wurde das Inokulum in ein Sieb gegeben und gründlich mit Leitungswasser gespült, um die überschüssige Glucose herauszuwaschen (STENSTRÖM u. EK 1990). Als Pflanztöpfe wurden Rootrainer® Typ 'Fleet B' der Firma Ronaash Ltd. (Kersquarter, Schottland) mit 350 cm³ Fassungsvermögen und einer Tiefe von 20 cm verwendet. In den geöffneten Rootrainer wurde das Aschesubstrat eingefüllt und eine Schicht Inokulum darübergegeben. Anschließend wurde die Kiefer eingebettet. Die Wurzeln der Kiefer wurden mit einer weiteren Schicht Inokulum und Aschesubstrat abgedeckt, der Rootrainer geschlossen und aufgerichtet. Je Kiefer wurden ca. 15 ml Inokulum verwendet. Nach der Inokulation wurde jede Kiefer mit 5 ml Leitungswasser angegossen. Mit den Kontrollpflanzen wurde analog verfahren, jedoch auf die Zugabe von Inokulum verzichtet.

Kultivierung der Kiefern. Es wurden zeitlich versetzt zwei Inokulationsversuche durchgeführt (1. Versuch: März - Juni 1995, 2. Versuch: Juni - Oktober 1995). Pro Pilzstamm wurden 20 Kiefern inokuliert. Es wurden drei Pilzstämme von *Paxillus involutus* (s.o.) getestet. Als Kontrolle dienten ebenfalls 20 Kiefern. Die Versuchsdauer betrug jeweils 17 Wochen. Die Kiefern wurden im Gewächshaus (durchschnittliche Lufttemperatur 17-21° C, durchschnittliche Luftfeuchte 55-65 %, mittlere Belichtungsstärke 37-43 lx) kultiviert. Die Bewässerung erfolgte nach Bedarf mit ca. 10 ml Leitungswasser.

Auswertung. Vor Versuchsbeginn wurden die Sproßlänge und der Wurzelhalsdurchmesser der Kiefern gemessen. Am Versuchsende wurden die Sproßlänge, der Wurzelhalsdurchmesser, die Überlebensraten der Kiefern, die Gesamtwurzelspitzenzahl, die Mykorrhizierungsrate (Anteil der künstlichen Mykorrhizen an der Gesamtwurzelspitzenzahl), die relative Mykorrhizahäufigkeit (aktive Mykorrhizen/mg Feinwurzeltrockengewicht), der *Paxillus involutus*-Index nach MARX et al. (1984) und das Feinwurzeltrockengewicht bestimmt. Zur Ermittlung des Feinwurzeltrockengewichtes wurden die Wurzeln 48 Std. bei 60° C im Trockenschrank getrocknet und anschließend gewogen.

Ergebnisse und Diskussion

Das Sproßlängenwachstum der Kiefern unterschied sich im Versuch 1 je nach Versuchsvariante nur geringfügig. Die Zuwächse waren beim Stamm EW 11 etwas erhöht, wogegen die Stämme EW 36 und EW 41 geringere Zuwächse gegenüber der Kontrolle aufwiesen. Auch STENSTÖM u. EK (1990) fanden durch die Inokulation mit verschiedenen Mykorrhizapilzen keinen Effekt auf das Sproßwachstum von Kiefern. Der Wurzelhalsdurchmesser zeigte bei den Kontrollkiefern im Versuch 1 einen signifikant geringeren Zuwachs als die inokulierten Varianten. Zwischen den mit *Paxillus involutus* inokulierten Varianten traten nur sehr geringe Mittelwertschwankungen auf. Allerdings schwankten die Zuwächse zwischen den Individuen erheblich, z.B. bei der EW 11-Variante zwischen 0,02 und 1,9 mm. Wie bei der Sproßlänge war auch der Zuwachs des Wurzelhalsdurchmessers bei den mit dem Stamm EW 11 inokulierten Kiefern mit 0,58 ± 0,48 mm am größten. Die Kiefern der Kontrolle hatten mit 0,27 ± 0,18 mm den geringsten Zuwachs. Im Versuch 2 konnten keine Zuwächse ermittelt werden. Die Überlebensraten lagen zwischen 90 und 100 %, was auf die günstigen Gewächshausbedingungen zurückzuführen ist.

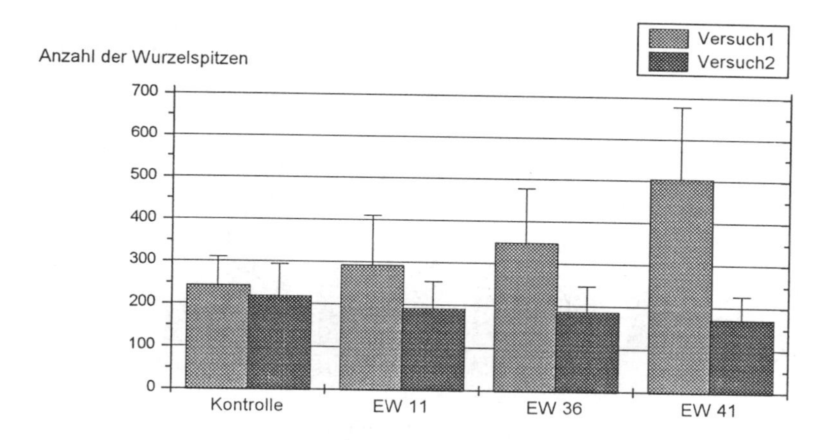

Abb. 1: Anzahl der Wurzelspitzen (± s)

Durch die Inokulation wurde im Versuch 1 bei allen drei Stämmen die Anzahl der Wurzelspitzen deutlich erhöht (Abb. 1). Die Kiefern, die mit dem Stamm EW 41 inokuliert worden waren, wiesen mit durchschnittlich 504 ± 175 Wurzelspitzen pro Kiefer die höchste Gesamtwurzelspitzenzahl auf. Die Kontrollkiefern besaßen durchschnittlich nur 243 ± 78 Wurzelspitzen. Somit wurde die Bildung der Wurzelspitzen durch die Inokulation angeregt. Dieses Ergebnis konnte im Versuch 2 nicht reproduziert werden, da sich die Kiefern offensichtlich nicht in einer

Wachstumsphase befanden. Auch die Gesamtmykorrhizierungsrate (Anteil der natürlichen und künstlichen Mykorrhizen an der Gesamtwurzelspitzenzahl) war bei den inokulierten Kiefern im Versuch 1 höher als bei den Kontrollkiefern. Die Gesamtmykorrhizierungsrate der Kontrollkiefern war mit 21 % relativ gering, der Anteil der Langwurzeln war dagegen bei der Kontrolle am höchsten.

Die Mykorrhizierungsrate gibt den Anteil der künstlichen Mykorrhizen an der Gesamtwurzelspitzenzahl wieder. Auch bei diesem Parameter wies die EW 41-Variante in beiden Versuchen die höchsten Werte auf. Bei der relativen Mykorrhizahäufigkeit wird das Verhältnis zwischen der Anzahl der aktiven Mykorrhizen (WS) und dem Feinwurzeltrockengewicht (FWTG) berechnet. Wie aus Abb. 2 hervorgeht, zeigten im Versuch 1 die inokulierten Varianten eine höhere relative Mykorrhizahäufigkeit als die Kontrolle und die Varianten in Versuch 2. Die mit dem Stamm EW 41 inokulierten Kiefern wiesen im Versuch 1 die höchste und die Kontrollkiefern die niedrigste relative Mykorrhizahäufigkeit auf.

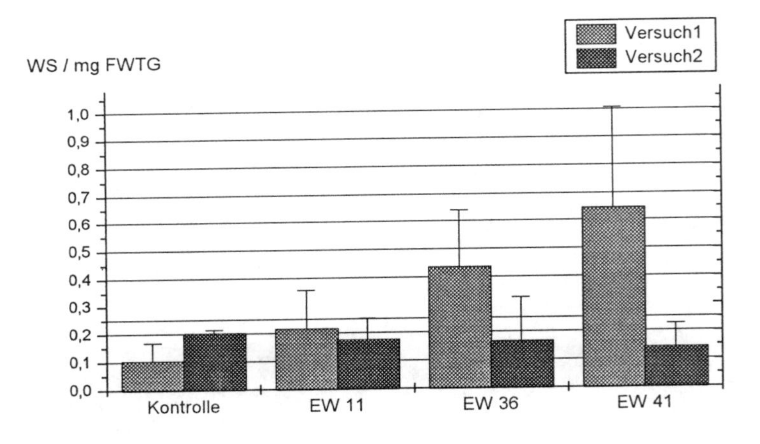

Abb. 2: Relative Mykorrhizahäufigkeit (± s)

Bei einem hohen *Paxillus involutus*-Index ist sowohl die Prozentzahl der mit *Paxillus involutus* mykorrhizierten Kiefern als auch der mittlere Anteil der *Paxillus involutus*-Mykorrhizen an der Gesamtmykorrhizierung hoch. Der *Paxillus involutus*-Index bringt somit das Mykorrhizierungspotential des inokulierten Mykorrhizapilzes zum Ausdruck. Der Index des Stammes EW 41 war in beiden Versuchen deutlich höher als bei den anderen Stämmen (Abb. 3). Die Kontrollkiefern waren nicht mit *Paxillus involutus* mykorrhiziert. Nach MARX et al. (1984) ist die Mykorrhizierung erfolgreich, wenn ein Pilz-Index von 50 % erreicht wird. Dieses Kriterium erfüllte annähernd nur der Stamm EW 41, der einen Pilz-Index von 48 % erreichte.

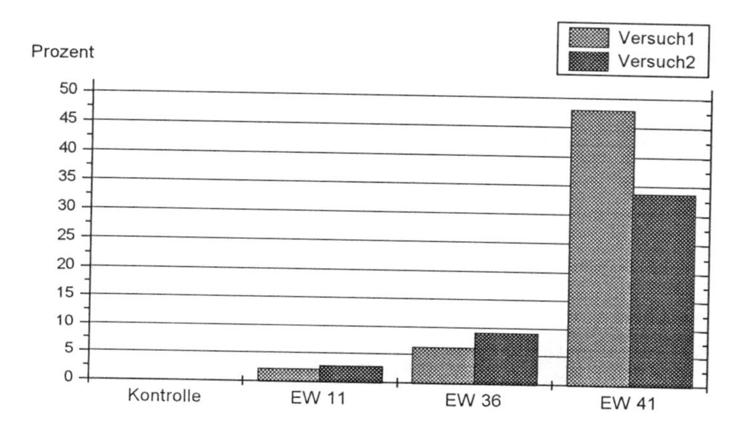

Abb. 3: *Paxillus involutus*-Index

Trotz der deutlichen Unterschiede im Mykorrhizierungspotential bei den unterschiedlichen Varianten schwankte das Feinwurzeltrockengewicht zwischen den einzelnen Varianten nur geringfügig. Zur Beurteilung des Inokulationserfolges ist dieser Wurzelparameter daher ungeeignet.

Die Ergebnisse belegen, daß durch die künstliche Inokulation mit Stämmen von *Paxillus involutus* die Bildung der Seitenwurzeln stimuliert und die Mykorrhizierungsrate erhöht werden können. Eine erhöhte Seitenwurzelbildung nach Inokulation wurde ebenfalls mit *Paxillus involutus* inokulierten Birken (FOX 1986) und bei mit *Laccaria proxima* inokulierten Fichten (WILSON et al. 1990) festgestellt. Die Gesamtmykorrhizierungsraten (Maximum 65 % beim Stamm EW 41) lagen in dieser Untersuchung höher als die von STENSTRÖM u. EK (1990) ermittelten Raten. Die Autoren stellten bei Mykorrhizierungsversuchen mit verschiedenen Mykorrhizapilzen und Kiefern nach dreimonatiger Kultivierung im Gewächshaus Gesamtmykorrhizierungsraten von 10 - 40 % fest. Der Stamm EW 41 konnte sich mit einem Anteil von 51 % als einziger Stamm gegenüber den Baumschulmykorrhizen behaupten. Allerdings erhöhte sich durch die künstliche Mykorrhizierung mit den Stämmen EW 11 und EW 36 im Versuch 1 die Gesamtmykorrhizierung der Kiefern gegenüber der Kontrolle.

Der ökologisch an das Aschesubstrat angepaßte Pilzstamm EW 41 zeigte das beste Mykorrhizierungspotential. Offensichtlich vermochte sich dieser Stamm bei dem für Braunkohleaschen hohen pH-Wert besser durchzusetzen. Der hohe pH-Wert stellt für den Pilz eine ungünstige Wachstumsbedingung dar, da das optimale Wachstum von *Paxillus involutus* in einem pH-Bereich von 3,1 - 6,4 liegt (LAIHO 1970). Das erhöhte Mykorrhizierungspotential bewirkt nicht unbedingt einen Zuwachs der Sproßlänge, sondern kann zum Dickenwachstum des Sprosses beitragen. Die Ergebnisse zeigen ferner, daß bei der künstlichen Mykorrhizierung von Waldbäumen saisonal auftretende Wachstumsrhythmen berücksichtigt werden müssen.

Literaturverzeichnis:

BECKJORD, P. R.; MELHUISH, JR. J. L.; CREWS, J. T.; FARR, D. F.: Epigeous ectomycorrhizal fungi on oaks and pines in forests and on surface mines of Western Maryland. Tree Plant. Notes 41, 15 - 23 (1990).

DIXON, R. K.; GARRETT, H. E.; COX, G. S.; MARX, D. H.; SANDER, I. L.: Inoculation of three *Quercus* species with eleven isolates of ectomycorrhizal fungi. I. Inoculation success and seedling growth relationships. Forest Sci. 30, 364 - 372 (1984).

FOX, F. M.: Groupings of ectomycorrhizal fungi of birch and pine based on establishment of mycorrhizas on seedlings from spores in unsterile soils. Trans. Br. mycol. Soc. 87, 371 - 380 (1986).

HERRMANN, S.; RITTER, T.; KOTTKE, I.; OBERWINKLER, F.: Steigerung der Leistungsfähigkeit von Forstpflanzen (*Fagus silvatica* L. und *Quercus robur* L.) durch kontrollierte Mykorrhizierung. All. Forst- u. J. Ztg. 163, 72 - 79 (1991).

KOTTKE, I.; GUTTENBERGER, R.; HAMPP, R.; OBERWINKLER, F.: An in vitro method for establishing mycorrhizae on coniferous tree seedlings. Trees 1, 191 - 194 (1987).

LAIHO, O.: *Paxillus involutus* as a mycorrhizal symbiont of forest trees. Acta Forest. Fenn. 106, 5 - 72 (1970).

LOREE, M. A. J.; LUMME, I.; NIEMI, M.; TORMALA, T.: Inoculation of willows (*Salix* spp.) with ectomycorrhizal fungi on mined boreal peatland. Plant Soil 116, 229 - 238 (1989).

LUMINI, E.; BOSCO, M.; PUPPI, G.; ISOPI, R.; FRATTEGIANI, M.; BURESTI, E.; FAVILLI, F.: Field performance of *Alnus cordata* Loisel (Italien alder) inoculated with Frankia and VA-mycorrhizal strains in mine-spoil afforestation plots. Soil Biol. Biochem. 26, 659 - 661 (1994).

MARX, D. H.; JARL, K.; RUEHLE, J. L.; BELL, W.: Development of *Pisolithus tinctorius* ectomycorrhizae on pine seedlings using basidiospore-encapsulated seeds. Forest Sci. 30, 897 - 907 (1984).

MARX, D. H.; MAUL, S. B.; CORDELL, C. E.: Application of specific ectomycorrhizal fungi in world forestry. In: Frontiers in Industrial Mycology. Leatham, G. F. (ed.), Chapman & Hall, New York, 78 - 98 (1992).

MARX, D. H.; ARTMAN, J. D.: *Pisolithus tinctorius* ectomycorrhizae improve survival and growth of pine seedlings on acid coal spoils in Kentucky and Virginia. Reclam. Rev. 2, 23 - 31 (1979).

MULLINS, J.; BUCKNER, E.; EVANS, R.; MODITZ, P.: Extending loblolly and Virginia pine planting seasons on strip mine spoils in East Tennessee. Tenn. Farm Home Sci. 151, 24 - 27 (1989).

STENSTRÖM, E.; EK, M.: Field growth of *Pinus sylvestris* following nursery inoculation with mycorrhizal fungi. Can. J. For. Res. 20, 914 - 918 (1990).

WILSON, J.; INGLEBY, K.; MASON, P. A.: Ectomycorrhizal inoculation of Sitka spruce; survival of vegetative mycelium in nursery soil. Asp. App. Biol. 24, 109 - 115 (1990).

Rhizosphärenprozesse, Umweltstreß und Ökosystemstabilität.
7. Borkheider Seminar zur Ökophysiologie des Wurzelraumes.
(Ed. W. Merbach). B. G. Teubner Verlagsgesellschaft Stuttgart Leipzig 1997, pp. 21-28

UNTERSUCHUNG DES EINFLUSSES VON *PSEUDOMONAS FLUORESCENS* UND DER ARBUSKULÄREN MYKORRHIZA (AM) AUF DIE WIRTSPFLANZE *TAGETES-AFRICAN-MERIGOLD* UNTER NUTZUNG EINES KAMMERSYSTEMS

JAHN, M.[1], v. ALTEN, H.[2]

[1]Humboldt-Universität zu Berlin, Landwirtschaftlich-Gärtnerische Fakultät,
Institut für Gärtnerischen Pflanzenbau, Fachgebiet Zierpflanzenbau,
Wendenschloßstraße 254
D - 12557 Berlin
[2]Universität Hannover,
Institut für Pflanzenkrankheiten und Pflanzenschutz
Herrenhäuser Str. 2
D - 30419 Hannover

Abstract

In this investigation the influence of *Pseudomonas fluorescens* on AM (isolate 49 *Glomus intraradices*) has been tested by means of a cuvette system. AM development (root colonization rate) as well as root and shoot fresh weights and shoot lenght were determined six times over a period of two months.

The autochthonous mycorrhiza development has been promoted by *Pseudomonas fluorescens*. The combined application of AM-fungi and bacterium resulted in a faster mycorrhization of the root system and in a higher root colonization rate.

The effect of the *Pseudomonas fluorescens* application was particularly apparent at the beginning of mycorrhizal development. *Tagetes-African-Marigold* did benefit from the symbiosis. The root and shoot fresh weights were significantly higher with combined inoculated plants.

Einleitung

Verschiedene Rhizosphärenmikroorganismen beeinflussen die Mykorrhizosphäre und somit die AM-Entwicklung sehr stark (v. ALTEN et al. 1991, 1993). Durch vorteilhafte Rhizosphärenbakterien (*Pseudomonas spp., Bacillus spp.*) oder vorteilhafte Pilze (*Trichoderma spp.*) können erfolgreich Wurzelfäulekrankheiten bekämpft werden (COOK und BAKER 1983).

Insbesondere fluoreszierende Pseudomonaden sind in der Lage, pflanzennutzbares Phosphat und lebensnotwendige Makro- und Mikronährstoffe (Stickstoff) aus dem Boden zu mobilisieren (PUPPI et al. 1994). In Untersuchungen von BAGYARAJ (1984) beeinflußten Bakterien (Pseudomonas spp., Agrobacterium spp., Bacillus circulans) in Wechselwirkung mit AM-Pilzen das Pflanzenwachstum. Nach MEYER und LINDERMAN (1986a, b) wirkte ein fluoreszierender *Pseudomonas putida*-Stamm positiv auf die AM-Bildung. Durch das Bakterium wurde das Wachstum und die Wurzelinfektionsrate von Klee verbessert. Neben den zahlreichen Vorteilseffekten der AM-Pilze sind auch nachteilige Reaktionen zu einigen Rhizosphären-Mikroorganismen beobachtet worden (BAREA et al. 1980).

Unter Freilandbedingungen ist die Mykorrhizaentwicklung schwer zu verfolgen. Damit ein besseres Verständnis der mikrobiellen Wechselwirkungen zwischen AM-Pilzen und anderer Rhizosphärenbewohner erreicht wird, sind Modelluntersuchungen notwendig. Es ist nicht bekannt, ob möglicherweise die autochthone AM-Population durch Nutzung von antagonistisch wirkenden Rhizosphärenbakterien gefördert werden kann. Ausgehend von den bisherigen Ergebnissen bestand das Ziel vorliegender Untersuchungen darin, folgende Fragen zu beantworten:

- Kann durch zusätzliche Inokulation von *Pseudomonas fluorescens* eine Förderung der AM-Pilze erzielt werden?
- Wie wirken *Pseudomonas fluorescens* und *Glomus intraradices* auf die autochthone Mykorrhiza?
- Kann das Pflanzenwachstum durch Inokulation von *Pseudomonas fluorescens* und *Glomus intraradices* stimuliert werden?

Material und Methoden

Versuchsorganismen

Pflanze

Studentenblume *Tagetes-African-Marigold* der Fa. Sperling & Co Lüneburg

Pro Kammer wurden 15 Pflanzen ausgesät.

Bakterien

Pseudomonas fluorescens MIGULA (ursprünglich Mikroorganismensammlung des Institutes für Phytomedizin der Universität Hohenheim, jetzt Hannover)

Zur Anzucht der Bakterien wurde im Erlenmeyerkolben ein Komplexmedium (NÄVEKE und TEPPER 1979) hergestellt, welches mit dem Bakterium beimpft wurde. Drei Tage vor Versuchsbeginn wurde die Suspension bei 28°C auf einen Schüttler inkubiert. Die Bakterienkonzentration wurde auf $8,37 \times 10^7$ Bakterien/ml eingestellt.

Pilze

Der Mykorrhizapilz *Glomus intraradices* SCHENCK & SMITH (Isolat 49) stammt aus der Sammlung des Institutes für Pflanzenkrankheiten und Pflanzenschutz der Universität Hannover und wird als Dauerkultur an *Tagetes erecta* gehalten.

Wachstumsbedingungen

Der Kammerversuch wurde am 29.01.1996 im Gewächshaus begonnen. Die Tag- und Nachttemperatur lag bei 24/20°C, mindestens 75% relativer Luftfeuchte und einer Zusatzbeleuchtung von 15 W/m², 16 Stunden Photoperiode. Als Substrat diente ein humusarmer Freilandsandboden mit folgenden Nährstoffgehalten (mg/100g Boden): 6-15 NH_4^+-N, 5-10 NO_3^--N, 10 P, 25-40 K, pH-Wert 5,5-5,7.

Die Pflanzen wurden während der Versuchszeit zweimal mit dem Flüssigdünger ‘Wuxal-Normal’ N-P-K (12-4-6) 20 ml einer 0,3%igen Lösung gedüngt. Die Entnahme von zwei Pflanzen pro Wiederholung erfolgte nach 10, 14, 21, 28, 35 und 41 Tagen. Zu jedem Erntetermin wurden die Pflanzenlängen, die Frischmassen der Sprosse sowie der Wurzeln erfaßt.

Inokulation der Varianten

Nach DEHNE und BACKHAUS (1986) wurde *Glomus intraradices*-versetzter Blähton (Inokulumdichte 5 Vol.%) mit dem Kultursubstrat vermischt (22,5 ml Blähton pro Kammer). Die Kontrollvarianten erhielten entsprechend 22,5 ml reinen Blähton zum Kultursubstrat. 500 ml reiner Blähton wurde in die *Pseudomonas fluorescens*-Nährlösung getaucht. Die überschüssige Flüssigkeit wurde nach vier Minuten abgegossen. Bei der Kombination von *Glomus intraradices* und *Pseudomonas fluorescens* wurde *Glomus intraradices*-versetzter Blähton der Bakteriensuspension zugegeben.

Bestimmung der Mykorrhizierung

Nach dem Waschen der Wurzeln wurden diese in 1cm lange Stücke zerkleinert. Das anschließende Anfärben der Wurzeln erfolgte nach der Methode von PHILLIPS & HAYMAN (1970). Pro Pflanze wurden 20 zufällig ausgewählte Wurzelstücken unter dem Mikroskop (Vergrößerung 100-250fach) auf typische Mykorrhizastrukturen (Myzel-, Arbuskel- und Vesikelbildung) bonitiert. Die Mykorrhizierungsrate wurde als prozentualer Anteil mykorrhizierter Wurzelstücke angegeben.

Aufbau des Kammersystems

Mit Hilfe des nach SCHÜEPP et al. (1987) entwickelten Kammersystems ist eine indirekte Überwachung der Ausbreitung von vesikulär-arbuskulären Mykorrhizapilzhyphen möglich. Die einzelnen Kammersysteme waren durch Stahlplatten voneinander getrennt, dadurch wurde eine Vermischung zwischen den Kammern vermieden. Innerhalb der Kammern wurden Nylonnetze gelegt. Zwei Netzschichten (fein/grob/fein) wurden zwischen den angrenzenden Stahlkammern gesetzt. Das feine Nylonnetz begrenzte das Wurzelwachstum zwischen den Kammern, ermöglichte aber den ungehinderten Durchgang der Pilzhyphen. Die Substratkapazität pro Kammer betrug 450 ml. Insgesamt wurden drei Kammersysteme nach Abb.1 aufgebaut.

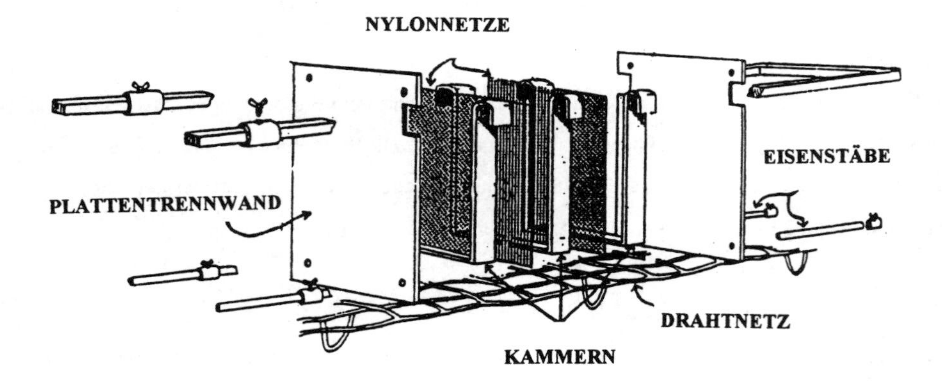

Abb.1: Aufbau eines Kammersystems verändert nach SCHÜEPP et al. (1987)

Statistische Auswertung

Die Meßdaten wurden einfaktoriell varianzanalytisch mit einer Irrtumswahrscheinlichkeit von 5% verrechnet. Der Vergleich der Mittelwerte erfolgte nach TUKEY.

Ergebnisse und Diskussion

Einfluß der VAM-Förderung auf die Wirtspflanze

Die Pflanzen konnten durch die beschleunigte symbiontische Entwicklung besser wachsen. Wird eine zeitige Entwicklung der Symbiose im Wurzelsystem gefördert, so kann die Wirtspflanze zeitiger Vorteile ziehen und diesen Nutzen über eine lange Zeit aufrechterhalten.

Der höchste Wachstumseffekt bei *Tagetes-African-Marigold* wurde durch kombinierte Inokulation der Pflanzen mit *Pseudomonas fluorescens* und *Glomus intraradices* erreicht.

Tab.1: Effekt einer *Pseudomonas fluorescens* (Ps. fl.)- und *Glomus intraradices*-Inokulation auf das Pflanzenwachstum, FM=Frischmasse. Mit unterschiedlichen Buchstaben gekennzeichnete Mittelwerte in einer Spalte unterscheiden sich signifikant (nach TUKEY $p \leq 0,05$; n=6).

Inokulation	Sproß-FM (g)	Wurzel-FM (g)	Sproßlänge (cm)
Kontrolle	0,31	0,12 a	2,72 a
Ps. fl.	0,39	0,21 b	4,27 b
Glomus intraradices	0,30 a	0,15 c	3,86 b
Ps. fl. + Glomus intr.	0,48 b	0,25 b	4,67 b

Einfluß von *Pseudomonas fluorescens* auf die Mykorrhizierungsrate

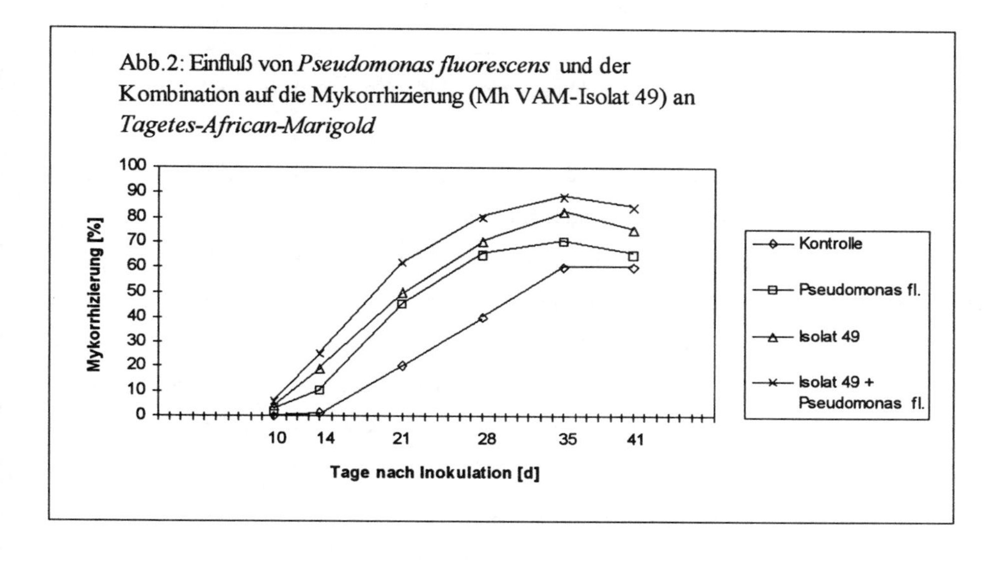

Abb.2: Einfluß von *Pseudomonas fluorescens* und der Kombination auf die Mykorrhizierung (Mh VAM-Isolat 49) an *Tagetes-African-Marigold*

Tab.2: Mittelwertvergleich der Mykorrhizierung nach 10, 14, 21, 28, 35 und 41 Tagen.
Mit unterschiedlichen Buchstaben gekennzeichnete Mittelwerte in einer Spalte unterscheiden sich signifikant (nach TUKEY $p \leq 0{,}05$; n=6).

Varianten	10 Tage	14 Tage	21 Tage	28 Tage	35 Tage	41 Tage
Kontrolle	0 ac	1 a	20 a	40 a	60 a	60 a
Pseudomonas fl.	2 c	10 b	45 b	65 bc	70 b	65 ba
Glomus intraradices	4 b	19 c	50 b	70 cd	82 cd	75 c
Ps. fl. +Glomus intr.	6 b	25 c	62 c	80 d	88 d	84 d

Bei *Tagetes-African-Marigold*, einer schnell mykorrhizierenden Pflanze, führte eine Applikation mit *Pseudomonas fluorescens* zur beschleunigten Besiedlung der Wurzeln (Abb.2). Nach Erreichen der maximalen Mykorrhizierung wurden auch die Unterschiede zwischen den Behandlungen geringer.

Natürliche AM-Populationen im Boden sind häufig nicht effektiv (SIEVERDING 1991). Im vorliegenden Experiment konnte nachgewiesen werden, daß *Pseudomonas fluorescens* die autochthone AM-Population fördern kann. Für den praktischen Einsatz ist dieses Ergebnis von großem Interesse, da Bakterienpräparate im Vergleich zum Mykorrhiza-Inokulum leichter zu gewinnen und kostengünstiger zu produzieren sind.

Die Bakterien können als Pionierkolonisten eingesetzt werden und die kritischen Stellen der Rhizoplane effektiv besiedeln. Es scheint erfolgversprechend, beide Rhizosphärenmikroorganismen zu kombinieren, um die Mykorrhizaentwicklung zu erhöhen, jedoch sind weitere Untersuchungen notwendig.

Voraussetzung für die praktische Nutzung dieser Rhizosphären-Mikroorganismen ist die sorgfältige Auswahl verträglicher Wirt-Pilz-Bakterien-Kombinationen (PUPPI et al. 1994).

In weiterführenden Untersuchungen sollten unterschiedliche VAM-Pilz- und Bakterien-Isolate geprüft werden. Auch müssen weitere Wirtspflanzen, verschiedene Sorten einer Pflanze und verschiedene Substrate getestet werden. Die Sporulationsrate des Endophyten, die der Vitalität der Symbiose proportional sein kann, sollte in weiteren Experimenten mit einbezogen werden.

Die Ursachen für die AM-Förderung durch *Pseudomonas fluorescens* können in der Attraktion der AM-Hyphen, in einer erhöhten Resistenz des Wurzelsystems gegenüber Krankheitserregern oder in einem besseren Ernährungsstatus inokulierter Pflanzen liegen. Das Bakterium beeinflußte eventuell durch Bildung von Hormonen,Vitaminen und erhöhter Wurzelexsudation indirekt das Pflanzenwachstum und die Mykorrhizaentwicklung.

Die Mykorrhizaentwicklung wird von zahlreichen abiotischen und biotischen Faktoren, z.B. Lichtintensität, Temperatur, Substrat beeinflußt (BAGYARAJ 1984). Der Versuch wurde im Gewächshaus in den Wintermonaten Januar bis Februar durchgeführt. Die verzögerte Mykorrhizierung zu Beginn des Experimentes ist auf ungünstige klimatische Bedingungen zurückzuführen. Weitere Forschungen sind notwendig, um die Veränderungen von VAM-Pilzpopulationen durch Applikation von vorteilhaften Rhizosphärenmikroorganismen und ihre Wirkungsweise im Boden erklären zu können.

Zusammenfassung

In der vorliegenden Untersuchung wurde der Einfluß von *Pseudomonas fluorescens* auf die arbuskuläre Mykorrhiza (Isolat 49 *Glomus intraradices*) mit Hilfe eines Kammersystems geprüft. Dabei wurde die AM-Pilzentwicklung über zwei Monate verfolgt. Je Erntetermin wurde die Mykorrhizierungsrate erfaßt. Die autochthone Mykorrhizaentwicklung wurde durch Inokulation von *Pseudomonas fluorescens* gefördert. Die kombinierte Inokulation von AM-Pilzen und Bakterien führte zu einer schnelleren Verpilzung der Wurzelsysteme der Versuchspflanzen und zur höchsten VAM-Inokulationsrate. Die Wirkung von *Pseudomonas fluorescens* war besonders deutlich zu Beginn der Mykorrhizaentwicklung.

Literaturverzeichnis

ALTEN, H. v.; LINDEMANN, A.; SCHÖNBECK, F.: Increasing VA-mycorrhization with applications of rhizosphere bacteria. In: Keister D.L., Cregan P.B. (Eds.): The rhizosphere and plant growth. Kluwer, Dordrecht, 381 (1991)

ALTEN, H. v.; LINDEMANN, A.; SCHÖNBECK, F: Stimulation of vesicular-arbuscular autochtone mycorrhiza by fungicides or rhizosphere bacteria. Mycorrhiza 2, 167-173 (1993)

BAGYARAJ, D.J.: Interactions with VA mycorrhizal fungi. In: Powell, C.L., Bagyaraj, D.J. (Eds.) VA-mykorrhiza . CRC Press, Boca Raton, Fla, 131-153 (1984)

BAREA, J.M.; ESCUDERO, J.L.; AZCON-G. DE AGUILAR C.: Effects of introduced and indigenous vesicular arbuscular mycorrhizal fungi on nodulation, growth and nutrient of Medicago sativa in phosphate-fixing soils as affected by P fertilizers. Plant and Soil 54, 283-296 (1980)

COOK, R.J.; BAKER, K.F.: The nature and practice of biological control of plant pathogens. The American Phytopathological Society, St. Paul (1983)

DEHNE, H.-W.; BACKHAUS, G. F.: The use of vesicular-arbuscular mycorrhizal fungi in plant production. I. Inoculum production. Zeitschrift für Pflanzenkrankheiten und Pflanzenschutz 93, 415-424 (1986)

MEYER, J.R.; LINDERMAN, R.G.: Response of subterranean clover to dual inoculation with vesicular-arbuscular mycorrhizal fungi and a plant growth promoting bacterium, *Pseudomonas putida*. Soil Biol. Biochem. 18, 185-190 (1986a)

MEYER, J.R.; LINDERMAN, R.G.: Selective influence on population of rhizosphere or rhizoplane bacteria and actinomycetes by mycorrhizas formed by *Glomus fasciculatum*. Soil Biol. Biochem. 18, 191-196 (1986b)

NÄVEKE, R.; TEPPER, K. P.: Einführung in die mikrobiologischen Arbeitsmethoden. Gustav Fischer Verlag Stuttgart New York (1979)

PHILLIPS, J. M.; HAYMAN, D. S.: Improved procedures for clearing roots and staining parasitic and vesicular-arbuscular mycorrhizal fungi for rapid assessment of infection. Trans. Br. mycol. Soc. 55, 158-160 (1970)

PUPPI, G.; AZCON, R.; HÖFLICH, G.: Management of positive interactions of AM-fungi with essential groups of soil microorganisms. In: GIANINAZZI, S.; SCHÜEPP, H.: Impact of arbuscular mycorrhizas on sustainable agriculture and natural ecosystems. Birkhäuser, Basel, 201 (1994)

SCHÜEPP, H.; MILLER, D.D.; BODMER, M: A new technique for monitoring hyphal growth of vesicular-arbuscular mycorrhizal fungi through soil. Trans. Br. mycol. Soc. 89, 429-435 (1987)

SIEVERDING, E.: Vesicular-arbuscular mycorrhiza management in tropical agrosystems. Deutsche Gesellschaft für Technische Zusammenarbeit (GTZ) GmbH, Eschborn (1991)

Rhizosphärenprozesse, Umweltstreß und Ökosystemstabilität.
7. Borkheider Seminar zur Ökophysiologie des Wurzelraumes.
(Ed. W. Merbach) B. G. Teubner Verlagsgesellschaft Stuttgart, Leipzig 1997, pp. 29-37

EINFLUSS EINER VA-MYKORRHIZAINOKULATION AUF DIE ENTWICKLUNG UND ERNÄHRUNG EINJÄHRIGER GINSENG-PFLANZEN (*PANAX GINSENG* C. A. MEYER)

DOMEY, S.[1], WEBER, H. CHR.[2]

[1]Friedrich-Schiller-Universität Jena
Biologisch-Pharmazeutische Fakultät
Institut für Ernährung und Umwelt
Naumburger Str. 98
D - 07743 Jena
[2]Philipps-Universität Marburg
Fachbereich Biologie - Spezielle Botanik
Morphologie und Systematik
D - 35032 Marburg

Abstract

A VAM inoculation with *Glomus intraradices* could not stimulate the growth of one year old *Panax ginseng* plants in a pot experiment, but it rather diminished the shoot and root fresh matter and the protein content. However mycorrhiza led to a better P, K, Fe and Mn uptake into the shoots, but also increased the content of Al. The concentration of prolin and arginin was decreased in mycorrhizal ginseng roots compared to uninoculated ones. That could be caused by the stress reducing activity of VAM.

Einleitung

Die zahlreichen positiven Wirkungen, die von der Ginsengwurzel ausgehen und vor allem mit dem Vorhandensein bestimmter Ginsenoside (Triterpensaponine) in Zusammenhang gebracht werden konnten, wie z. B.:

- die streßabschwächende und anticancerogene Wirkung

- der stimulierende Effekt auf das Zentralnervensystem
- die Reduktion des Blutglucose- und Cholesterinspiegels,
- die Erhöhung der Anzahl der roten Blutkörperchen und des Hämoglobingehaltes,
- die gesteigerte RNS- und Proteinsynthese in der Leber,
- die Vergrößerung des Herzminutenvolumens,
- die Aktivierung der glatten Muskulatur,
- die Anregung der Lungenfunktion,
- die gonadotrope Wirkung (BAE 1978; ENNET 1988),

sind die Ursache für eine wachsende Nachfrage nach Ginsengpräparaten mit hohen Ginsenosidgehalten auch in den westeuropäischen Ländern, einschließlich der Bundesrepublik Deutschland. Der Anbau des Koreanischen Ginsengs (*Panax ginseng* C.A. Meyer) ist jedoch an besondere Bedingungen geknüpft. Natürlich nur in den Gebirgswäldern Ostasiens (Nordkorea, Mandschurei, Ussurigebiet) vorkommend, wird *Panax ginseng* heute vorrangig in China, Korea, Japan, den GUS und seit wenigen Jahren erfolgreich auch in Deutschland (Walsrode) angebaut. Seine Kultivierung verlangt gut durchfeuchteten, lockeren sandig-lehmigen Boden mit einem reichen Humus- und Nährstoffangebot in schattigen Lagen (KLOCK 1993). Zudem wird der für die Herstellung von Ginsengpräparaten erforderliche Gehalt an Ginsenosiden erst von 4-6 Jahre alten Ginsengwurzeln erreicht. Bis zu diesem Zeitpunkt ist nicht nur eine ausreichende Düngung, sondern auch ein angemessener Pflanzenschutz vor allem gegen pilzliche und tierische Schaderreger nötig. Das alles macht die Ginsengwurzel zu einem kostspieligen Produkt und hat nicht selten eine chemische Belastung des Präparates der Wurzel zur Folge. Um letztere gerade unter dem Aspekt der Verwendung des Ginsengs als medizinisches Präparat möglichst gering zu halten, müssen neue Lösungen gefunden werden.

Da bekannt ist, daß die vesikulär-arbuskuläre Mykorrhiza (VAM) in Böden mit mangelnder Nährstoffversorgung zu einer verbesserten Phosphor-, Kalium, Stickstoff- und Mikroelementversorgung der Pflanze (GILDON, TINKER 1983; TINKER 1978; BUWALDA et al. 1983; MÄDER 1996) sowie zu einer verstärkten Resistenz der Pflanze gegenüber Trockenstreß (LEINHOS, BERGMANN 1995a) und bakteriellen und pilzlichen Wurzelpathogenen führt, sollte in den nachfolgend dargestellten Untersuchungen zunächst die Frage nach dem Einfluß der VAM auf das Wachstum und die Nährstoffversorgung von *Panax ginseng* C.A. Meyer geklärt werden. Wie die Arbeiten von UEDA et al. (1992) zeigen, wird *Panax ginseng* durch VAM natürlich infiziert. Allerdings fanden UEDA et al. (1992) nur eine VAM-Infektionsrate von 26% in Ginsengwurzeln aus dem Boden von Tsukuba (Japan), der die VAM-Species *Glomus occultum* WALKER, *Acaulospora rugosa* MORTON, *Acaulospora myriocarpa* SPAIN et al., *Gigaspora albida* SCHENK u. SMITH, *Scutellispora gregoria* (SCHENK u. NICOLSON) WALKER u. SANDERS und *Scutellispora pellucida* (SCHENK u. NICOLSON) WALKER u. SANDERS enthielt.

Material und Methoden

Für die Untersuchungen zum Einfluß der VAM auf das Pflanzenwachstum und die Nährstoffversorgung von Ginseng wurden Mitte Juni ca. 5 Wochen alte Ginsengpflanzen, die zuvor in Compo Sana^R Anzuchterde aus stratifizierten Samen angezogen worden waren, in ca. 20 cm hohe Plastgefäße (2,5 l Inhalt) gepflanzt, pro Gefäß eine Pflanze. Als Substrat diente sterilisierte Compo Sana^R Qualitätsblumenerde (N: 150-200 mg/l; P: 52,4-74,2 mg/l; K: 149,4-190,8 mg/l; Mg: 54-84 mg/l; pH-Wert: 5,5-6,5) und sterilisierter Mischboden (lehmiger Sand), der zu einem Drittel mit Nährkompost vermengt wurde und insgesamt wie folgt charakterisiert werden kann: FA: 17 %; C_t: 4,3 %; P_{CAL}: 7,95 mg/100 g; K_{CAL}: 12,36 mg/100 g; Mg: 12,18 mg/100 g; NO_3-N: 8,8 mg/100 g; NH_4-N: 4,2 mg/100 g; N_t: 0,33%; S: 81,47 mg/100 g; Fe: 110 mg/kg; Na: 10,6 mg/100 g; Cu: 20,84 ppm; Mn: 514 ppm; Zn: 70,4 ppm). Die VAM-Inokulation mit *Glomus intraradices* erfolgte unmittelbar vor dem Umpflanzen, indem eine Messerspitze voll VAM-Inokulum in das Pflanzloch gegeben wurde. Die Kontrollvariante blieb unbeimpft. Pro Variante wurden 9 Wiederholungen angesetzt. Die fahrbare Versuchsanlage war schattiert worden und befand sich je nach Witterung im Freien oder in einer kühlen Gefäßhalle, um den Ginseng vor zu hohen Temperaturen (über 26°C) zu schützen. Anfang September wurden jeweils 3 Pflanzen der beimpften und nicht beimpften Variante geerntet und zur Bestimmung der VAM-Infektion (analog der Anfärbtechnik nach PHILLIPS and HAYMAN 1970), der Sproß- und Wurzelfrischmasse, des Eiweißgehaltes in Wurzel und Sproß sowie des Aminosäuregehaltes in den Wurzeln herangezogen. Aufgrund der geringen Substanzmengen konnten nur einige der proteinogenen Aminosäuren erfaßt werden, wie Asparaginsäure, Threonin, Serin, Glutaminsäure, Glycin, Alanin, Valin, Isoleucin, Leucin, Thyrosin, Phenylalanin, Histidin, Lysin, Arginin und Prolin. Die Trennung und Bestimmung der Aminosäuren erfolgte mittels Aminosäureanalysator vom Typ LC 3000 (Ninhydrinmethode nach GRUHN und SCHUBERT 1975; N-Bestimmung nach KJELDAHL).

Die Untersuchung des Eiweißgehaltes der Proben basierte auf der Methode nach LOWRY et al. (1951) nach vorangegangener Trichloressigsäure-Fällung.

Die Gesamtgehalte an Makro- und Mikronährstoffen wurden in den im Herbst natürlich abgeworfenen Sprossen der übrigen Gefäße, die der mehrjährigen Weiterkultivierung dienten, analysiert. Für die Ermittlung des Makro- und Mikroelementgehaltes wurden die Sproßproben 3

Stunden bei 105°C getrocknet und anschließend mit Mikrowellendruckaufschluß (0,1 g bzw. 0,18 g/ 15 ml) aufgeschlossen. K, Ca, Mg, P, Na, S, Fe, Mn, Cu, B, Al wurden unter Nutzung des ICP-AES nach DIN 38406-E22 bestimmt, Zn mittels AAS nach DIN 38406-E8-1 und Mo mittels ICP-MS nach der Methodenvorschrift der VDLUFA.

Für die Bestimmung der Bodennährstoffgehalte wurden folgende Methoden durchgeführt: für N_t und C_t die Elementaranalyse, für den pH-Wert (0,01 N $CaCl_2$-Extraktion) und den NO_3^--N-Gehalt die VDLUFA-Methoden, für Mg die $CaCl_2$-Methode nach SCHACHTSCHABEL, für K und P die Ca-Acetat-Lactat-Methode nach SCHÜLLER und für Ca die Ammoniumlactatmethode nach EGENER, RIEHM und DOMINGO. Die Gesamtgehalte an Cu, Fe, Mn, Na, S und Zn im Boden wurden nach Königswasseraufschluß mittels ICP ermittelt.

Bei der biostatistischen Auswertung der registrierten Daten gelangte der zweiseitige t-Test zur Anwendung.

Ergebnisse und Diskussion

Der Mykorrhizanachweis bestätigte die erfolgreiche Inokulation. Im allgemeinen konnte bei einjährigen Ginsengpflanzen kein stimulierender Einfluß der VA-Mykorrhiza auf das Wachstum festgestellt werden (Tabelle 1). *Glomus intraradices* führte eher zu Ertragsdepressionen und zur Reduzierung der Rohproteingehalte in Wurzel und Sproß.

Tabelle 1: Einfluß einer VAM-Infektion auf die Frischmasse und den Eiweißgehalt von *Panax ginseng*

Variante	Frischmasse (mg)		Eiweißgehalt nach LOWRY % in der TS	
	Sproß	Wurzel	Sproß	Wurzel
Kontrolle unbeimpft	248,2	238,7	11,83	9,06
mit VAM	188,2	220,8	9,71	6,30

kein signifikanter Unterschied im t-Test für $\alpha = 5\%$

Tabelle 2: Makro- und Mikroelementgesamtgehalte im Sproß von *Panax ginseng* nach Mykorrhizainfektion mit *Glomus intraradices*

Element	*Panax ginseng* ohne VAM	*Panax ginseng* mit VAM
K (g/kg)	7,13	9,76
P (g/kg)	3,40	5,06
S (g/kg)	5,20	5,33
Ca (g/kg)	30,6	25,0
Na (g/kg)	5,63	4,37
Mg (g/kg)	2,06	1,93
Fe (g/kg)	0,89	1,28
Al (mg/kg)	721	914
B (mg/kg)	50,6	49,4
Cu (mg/kg)	7,33	7,30
Mn (mg/kg)	105	128
Mo (mg/kg)	0,48	0,48
Zn (mg/kg)	33,5	30,3

Tabelle 3: Vergleichende Untersuchung der Bodennährstoffgehalte und des pH-Wertes des Bodens nach Wachstum von mykorrhiziertem und nicht mykorrhiziertem Ginseng

Bodenuntersuchungs-parameter	Kontrollboden nach Ginsengbewuchs ohne VAM	Boden nach Ginsengbewuchs mit VAM
pH	6,60 *	6,54
C_t (%)	4,93	5,27
N_t (%)	0,36	0,38
K (mg/100 g)	37,23	39,18
P (mg/100 g)	13,65	13,83
Mg (mg/100 g)	15,97	16,81
NO_3^--N (mg/100 g)	4,33	5,97 *
Ca (mg/100 g)	615,8	687,5
Fe (mg/100 g)	11,4	11,1
Na (mg/100 g)	24,66	24,42
S (mg/100 g)	85,5	85,6
Zn (ppm)	133,4	110,5
Cu (ppm)	33,2	31,5
Mn (ppm)	514,9	503,0

* - signifikanter Unterschied im t-Test für $\alpha = 5$ %

Unterschiede gab es auch in den Makro- und Mikroelementgehalten im Sproß und in der Aminosäurezusammensetzung der Wurzel (Tabelle 2 und 4), was z. T. von veränderten Nährstoffkonzentrationen des Bodens (pflanzenextrahierbarer Anteil) begleitet wurde (Tabelle 3). Statistisch gesicherte höhere NO_3-N-Gehalte im Boden der Mykorrhizavariante ließen eine geringere N-Aufnahme durch die Wurzel vermuten, was sich schließlich auch im geringeren Gesamtstickstoffgehalt der mykorrhizierten Wurzeln von 1,0 mg/g Trockensubstanz gegenüber den nicht infizierten Kontrollwurzeln mit 1,2 mg N_t/g Trockensubstanz ausdrückte und noch deutlicher im Unterschied zwischen den Rohproteingehalten beider Wurzelvarianten (Tabelle 1). Ob die höheren K-, P-, Fe- und Mn-Gehalte im Sproß auf die mobilisierende Wirkung der VAM trotz guter Nährstoffversorgung des Bodens zurückzuführen sind, kann nicht beantwortet werden. Die geringere Ca-Aufnahme und -Verwertung könnte auf einem $Al^{3+} <==> Ca^{2+}$- Antagonismus (BERGMANN 1988) beruhen. Auch höhere K-Gehalte im Boden und in der Pflanze können die Ca-Aufnahme und -Verteilung negativ beeinflussen. Inwiefern Aluminium für die Wachstumshemmung der mykorrhizierten Ginsengpflanzen verantwortlich gemacht werden kann, ist fraglich. Liegen die angegebenen Werte zwar deutlich über dem Durchschnitt der bei anderen Pflanzenarten gefundenen Konzentrationen (200 mg/kg), so werden beispielsweise für Tee auch oftmals höhere Gehalte von 2-5 g/kg festgestellt (MENGEL 1984).

Betrachtet man die Aminosäurezusammensetzung in der Wurzel von *Panax ginseng* (Tabelle 4), so fällt u.a. der relativ hohe Anteil an Glutaminsäure und insbesondere an Arginin auf. Auch YOUN (1987) fand in seinen Untersuchungen mit Ginseng hohe Prozentanteile an Glutaminsäure, aber auch an Prolin. Bedenkt man, daß Prolin und Arginin (als Vorstufe von biogenen Aminen) als Streßindikatoren gelten (BERGMANN et al. 1994), könnten die durch Mykorrhizainokulation verursachten reduzierten Gehalte an Prolin und Arginin mit der streßabschwächenden Wirkung der VAM (LEINHOS und BERGMANN 1995b) in Zusammenhang gebracht werden. Selbst als exogener Stressor wirksam, setzt die VAM den natürlichen Abwehrmechanismus der Pflanze in Gang (BERGMANN et al. 1993; LEINHOS und BERGMANN 1995 a, b). In dieser Hinsicht könnte die Mykorrhiza auch Bedeutung als Mittel zur Reduzierung antinutritiver Bestandteile in der "Droge" Ginseng erlangen. Inwieweit und in welche Richtung die Mykorrhiza den Sekundärstoffwechsel, speziell die Saponinbildung, beeinflußt, muß in künftigen Arbeiten geklärt werden.

Tabelle 4: Veränderung der Aminosäuregehalte in der Wurzel von *Panax ginseng* durch VAM-Infektion mit *Glomus intraradices*

Aminosäure	*Panax ginseng* ohne VAM	*Panax ginseng* mit VAM
	Aminosäuregehalt in g/16 g $N_{(KJELDAHL)}$	
Asparaginsäure	9,3	7,8
Threonin	2,8	2,6
Serin	2,3	2,4
Glutaminsäure	9,0	9,1
Glycin	2,6	2,9
Alanin	3,1	3,0
Valin	3,1	3,1
Isoleucin	2,5	2,3
Leucin	4,6	4,3
Thyrosin	2,1	nicht nachweisbar
Phenylalanin	3,6	3,1
Histidin	4,6	8,6
Lysin	4,5	4,6
Arginin	30,2	26,5
Prolin	2,3	nicht nachweisbar
nicht bestimmt	13,5	19,5

Literaturverzeichnis

BAE, H. W.: Korean Ginseng. Ed. H. W. BAE, Korea Ginseng Research Institute, Republik of Korea, Second Edition, 272 (1978).

BERGMANN, W.: Ernährungsstörungen bei Kulturpflanzen. Entstehung, visuelle und analytische Diagnose. Hrsg. WERNER BERGMANN, VEB Gustav Fischer Verlag Jena, 2. Aufl. (1988).

BERGMANN, H.; ECKERT, H.; LEINHOS, V.: Resistance to drought in cereal plants. In: Abstracts of the Indo-German Conference on Impact of Modern Agricultural on Environment, Hisar, India, 127-130 (1993).

BERGMANN, H.; MACHELETT, B.; LEINHOS, V.: Effect of natural amino alcohols on the yield of essential amino acids and the amino acid pattern in stressed barley. Amino Acids 7, 327-331 (1994).

BUWALDA, J.G.; STRIBLEY, D.P.; TINKER, P.B.: Increased uptake of bromide and chloride by plants infected with vesicular-arbuscular mycorrhiza. New Phytol. 93, 217-225 (1983).

ENNET, D.: BI-LEXIKON, Heilpflanzen und Drogen. VEB Bibliographisches Institut Leipzig, 128 (1988).

GILDON, A.; TINKER, P.B.: Interactions of vesicular-arbuscular mycorrhizal infections and heavy metals in plants. II. The effects of infection on uptake of copper. New Phytol. 95, 263-268 (1983).

GRUHN, K.; SCHUBERT, R.: Die Wirkung variierender Zeit-Druck-Kombinationen auf die Aminosäureausbeute nach säulenchromatographischer Trennung. Arch. Tierernähr. 25, 183-193 (1975).

KLOCK, P.: Das Geheimnis des grünen Goldes. Kultur, Verarbeitung, Wirkung. Lagerstroemia Verlag Hamburg (1993).

LEINHOS, V.; BERGMANN, H.: Effect of amino alcohol application rhizobacteria and mycorrhiza inoculation on the growth, the content of protein and phenolics and the protein pattern of drought stressed lettuce (*Lactuca sativa* L. cv. "Amerikanischer Brauner") Angew. Bot. 69, 153-156 (1995a).

LEINHOS, V., BERGMANN, H.: Influence of auxin producing rhizobacteria on root morphology and nutrient accumulation of crops. II. Root growth promotion and nutrient accumulation of maize (*Zea mays* L.) by inoculation with indole-3-acetic acid (IAA) producing *Pseudomonas* strains and by exogenously applied IAA under different water supply conditions. Angew. Bot. 69, 37-41 (1995b).

LOWRY, O.H., ROSEBROUGH, N.J., FARR, A.L., RANDALL, R.J.: Protein measurement with the Folin-phenol reagent. J. Biol. Chem. 193, 265-275 (1951).

MÄDER, P.: Stickstoffversorgung durch Mykorrhizapilze. Ökologie & Landbau 24. Jg.,1, 36 (1996).

MENGEL, K.: Ernährung und Stoffwechsel der Pflanze. VEB Gustav-Fischer-Verlag Jena, 6. Aufl. (1984).

PHILLIPS, J.M., HAYMAN, D.S.: Improved procedure for clearing roots and staining parasitic and vesicular-arbuscular mycorrhizal fungi for rapid assessment of infection. Trans. Brit. Mycol. Soc. 55, 158-162 (1970).

TINKER, P.B.: Effects of vesicular-arbuscular mycorrhiza on plant nutrition and plant growth. Physiol. vegetale 16, 743-751 (1978).

UEDA, T.; HOSOE, T.; KUBO, S.; NAKANISHI, J.: Vesicular - arbuscular mycorrhizal fungi (*Glomales*) in Japan II. A field survey of vesicular-arbuscular mycorrhizal association with medicinal plants in Japan. Trans. Mycol. Soc. Japan 33, 77-86 (1992).

YOUN, Y.-S.: Analytisch vergleichende Untersuchungen von Ginsengwurzeln verschiedener Provenienzen. Diss. Fachber. Pharmazie, Univ. Berlin (1987).

Rhizosphärenprozesse, Umweltstress und Ökosystemstabilität
7. Borkheider Seminar zur Ökophysiologie des Wurzelraumes.
(Ed. W. Merbach) B.G. Teubner Verlagsgesellschaft Stuttgart, Leipzig 1997, pp. 38-45

PHYSIOLOGISCHER STATUS UND SIDEROPHOR-PRODUKTION VON *PSEUDOMONAS FLUORESCENS* SP. IN DER RHIZOSPHÄRE

MARSCHNER, P.
Institut für Pflanzenernährung und Bodenkunde der Universität Kiel
Olshausenstr. 40
D - 24118 Kiel

Abstract

In *P. fluorescens* Pf 2-79RL lux genes are activated by a ribosomal promoter, thus exponential growth is associated with bioluminescence. Starved cells are characterized by a low physiological status and have a longer length of lag after transfer into rich medium than actively growing cells. Due to the coupling of bioluminescence with exponential growth, the length of the lag phase of bioluminescence can be used to assess its physiological status of *P. fluorescens* 2-79RL. The length of the lag phase of bioluminescence was increased with increasing starvation in vitro. Mycorrhizal infection decreased both population density and physiological status of *P. fluorescens* 2-79RL in the rhizosphere. In *P. fluorescens* Pf-5, pyoverdine production is reported by ice nucleation. Thus ice nucleation activity increases with increasing Fe stress. Using this reporter, Fe stress of *P. fluorescens* Pf-5 was determined in the rhizosphere of barley and rice. Fe-stress was greater in rice than in barley and in barley, foliar Fe treatment increased Fe stress of *P. fluorescens* Pf-5. By incorporation of the ice reporter into P. fluorescens 2-79RL it is now possible to monitor the physiological status and Fe stress simultaneously. Low N availability reduced population density but increased Fe stress of P. fluorescens 2-79RLI in the rhizosphere of wheat. However, the physiological status was not affected by N-availability.

Einleitung

Aufgrund der Wurzelexsudation ist das Nährstoffangebot und auch die Populationsdichte der Mikroorganismen in der Rhizosphäre größer als im umgebenden Boden. Obwohl die allgemeine mikrobielle Aktivität relativ hoch ist, ist wenig über den physiologischen Zustand einzelner Bakteriengruppen in der Rhizosphäre bekannt. In dem vorliegenden Bericht wurde der physiologische Status von *P. fluorescens* 2-79RL *in vitro* und in der Rhizospäre mit Hilfe von Biolumineszenz ermittelt (MARSCHNER u. CROWLEY 1996 a,b).

Die Verfügbarkeit von Eisen ist in vielen Böden gering. Eine Strategie, die Eisenverfügbarkeit zu erhöhen, ist die Abgabe von Siderophoren. Diese binden Eisen und erhöhen so seine Löslichkeit. Siderophore spielen eine wichtige Rolle bei der Konkurrenzfähigkeit eines Mikroorganismus. Eine hohe Spezifizität des eigenen Siderophors sowie die Fähigkeit, andere Siderophore aufzunehmen, erhöhen die Wettbewerbskraft eines Mikroorganismus (BUYER u. SIKORA 1991). Fluoreszierende Pseudomonaden bilden unter anderem den Siderophor Pyoverdin. Pyoverdin ist *in vitro* leicht zu bestimmen. Im Boden erfolgte die Bestimmung jedoch bisher nur mit sehr arbeitsaufwendigen Methoden, z.B. mit Hilfe monoklonaler Antikörper und Bioassays. In der vorliegenden Arbeit wurde die Pyoverdinproduktion von *P. fluorescens* Pf-5 mit Hilfe der Ice nucleation ermittelt.

Ergebnisse

Bakterien mit einem niedrigen physiologischen Status sind charakterisiert durch eine geringe metabolische Aktivität und einen geringen Gehalt an Protein, DNA und RNA (MORITA 1993). Nach Transfer in frisches, nährstoffreiches Medium brauchen sie länger, um exponentiell zu wachsen, d. h. sie haben eine längere Lagphase als aktiv wachsende Zellen (AMY et al. 1983). Bei *P. fluorescens* 2-79RL werden die lux Gene von Photobacterium fischeri durch einen ribosomalen Promoter aktiviert. Daher ist exponentielles Wachstum mit der Abgabe von Licht verbunden, welches mit einem Scintillationsmeßgerät erfaßt werden kann (MARSCHNER u. CROWLEY 1996 a). Die Länge der Lagphase der Biolumineszenz nach Transfer in Kings Medium B kann daher als Maß für den physiologischen Status von *P. fluorescens* 2-79RL verwendet werden. Die Länge der Lagphase wird auf die Zelldichte normalisiert und in log min cfu^{-1} angegeben (MARSCHNER u. CROWLEY 1996 a,b).

Um den Einfluß von Nährstoffmangel auf den physiologischen Status von *P. fluorescens* 2-79RL zu untersuchen, wurde *P. fluorescens* 2-79RL in P-Puffer (extremer Nährstoffmangel) oder in einer auf 1 oder 10% eines Standardmediums (MG) verdünnten Lösung inkubiert (Tab. 1).

Tabelle 1. Zelldichte und Länge der Lagphase der Biolumineszenz von *P. fluorescens* 2-79RL nach Inkubation für 11 und 26 Tage in P-Puffer, 1 oder 10% eines Standardmediums (MG). Mit unterschiedlichen Buchstaben gekennzeichnete Mittelwerte einer Spalte sind signifikant unterschiedlich (Student-Newman-Keuls Test)

Tage	11				26			
	Zelldichte log cfu ml^{-1}		Lagphase log min cfu^{-1}		Zelldichte log cfu ml^{-1}		Lagphase log min cfu^{-1}	
P-Puffer	6.60	a	-3.60	c	5.97	a	-2.96	b
1%MG	7.19	b	-3.93	b	6.85	b	-3.68	a
10%MG	7.93	c	-4.12	a	7.35	c	-3.93	a

Bereits nach 11 Tagen war die Zelldichte im P-Puffer am geringsten, während die Länge der Lagphase am höchsten war. Die Lagphase war am kürzesten für die Zellen in dem relativ nährstoffreichen 10%igem Medium. In allen drei Medien nahm die Länge der Lagphase der Biolumineszenz mit der Zeit zu, d. h. die physiologische Aktivität der Zellen nahm ab. Diese Ergebnisse zeigen, daß die Länge der Lagphase der Biolumineszenz ein Maß für den physiologischen Status von *P. fluorescens* 2-79RL ist.

Um den Einfluß der Mykorrhizierung auf den physiologischen Status von *P. fluorescens* 2-79RL in der Rhizosphäre zu untersuchen, wurden Split-root-Paprikapflanzen angezogen. Dabei war die eine Seite des Wurzelsystems mit *Glomus deserticola* oder *Glomus intraradices* mykorrhiziert, während die andere Seite des Wurzelsystems nicht-mykorrhiziert blieb. Vollständig nicht-mykorrhizierte Pflanzen dienten als Kontrollen. Flache Wurzelkästen wurden mit Boden, der mit *P. fluorescens* 2-79RL inokuliert war, befüllt und die so mykorrhizierten Pflanzen eingepflanzt. Die Bakterien wurden alle 3-4 Tage mit Hilfe von kleinen Nitrocellulose-Filterpapierstückchen von der Wurzeloberfläche abgehoben und in eine Pufferlösung überführt (MARSCHNER u. CROWLEY 1996 a,b). Die Zelldichte auf der Wurzeloberfläche wurde durch die

Mykorrhizierung reduziert (Abb. 1), wobei *G. intraradices* einen stärkeren Effekt hatte als *G. deserticola*. Die Länge der Lagphase wurde im Vergleich zu den nicht-mykorrhizierten Pflanzen durch die Mykorrhizainfektion erhöht.

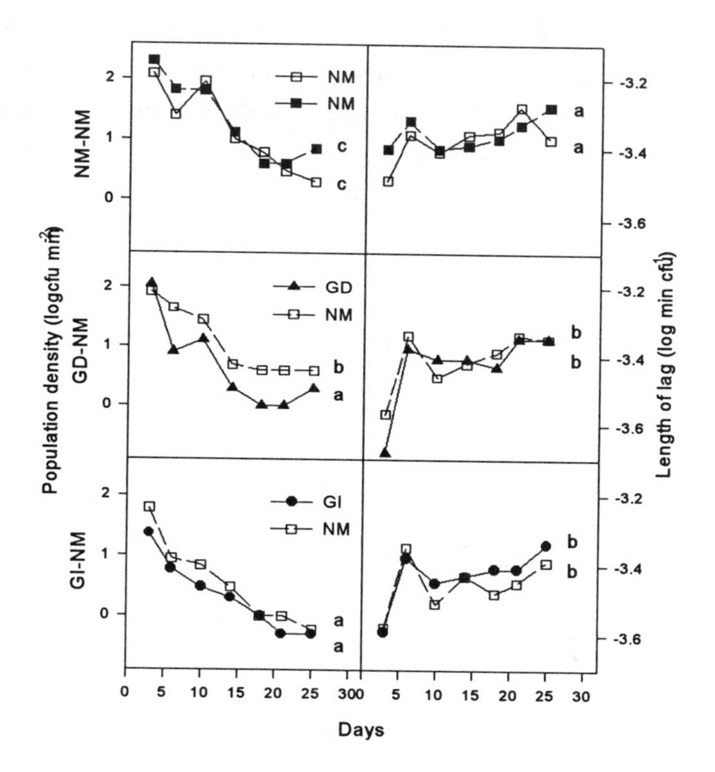

Abbildung 1. Zelldichte und Länge der Lagphase der Biolumineszenz von *P. fluorescens* 2-79RL in der Rhizosphäre von Split-root Paprikapflanzen. Vollständig nicht-mykorrhizierte Pflanzen (NM-NM), oder in einer Hälfte des Wurzelsystems mykorrhiziert mit G. deserticola (GD) oder G. intraradices (GI), während die andere Hälfte des Wurzelsystems nicht-mykorrhiziert war. Mit unterschiedlichen Buchstaben gekennzeichnete Mittelwerte der Zelldichte oder Länge der Lagphase sind signifikant unterschiedlich (Student-Newman-Keuls Test)

Dieses Experiment zeigt, daß eine Mykorrhizierung sowohl die Zelldichte als auch den physiologischen Status von *P. fluorescens* 2-79RL in der Rhizosphäre reduzierte. Dies könnte auf eine Veränderung der Wurzelexsudatqualität oder -quantität oder auch auf eine Veränderung der Zusammensetzung der Rhizosphärenmikroflora zurückzuführen sein.

Fluoreszierende Pseudomonaden reagieren auf Fe-Stress mit der Produktion von Siderophoren wie z.B. Pyoverdin. Bei *P. fluorescens* Pf-5 ist die Pyoverdinproduktion mit der Synthese von Ice-nucleation-Proteinen gekoppelt (LOPER u. LINDOW 1994). Diese Proteine wirken wie Eiskerne und bewirken ein rasches Gefrieren der Suspensionstropfen. Durch die Kopplung mit der Pyoverdinproduktion sinkt bei *P. fluorescens* Pf-5 sowohl die Pyoverdinkonzentration als auch die Ice-nucleation-Aktivität mit steigender Fe-Konzentration im Medium (Abb. 2). Die Ice-nucleations-Aktivität kann daher als Indikator für den Fe-Stress von *P. fluorescens* Pf-5 verwendet werden.

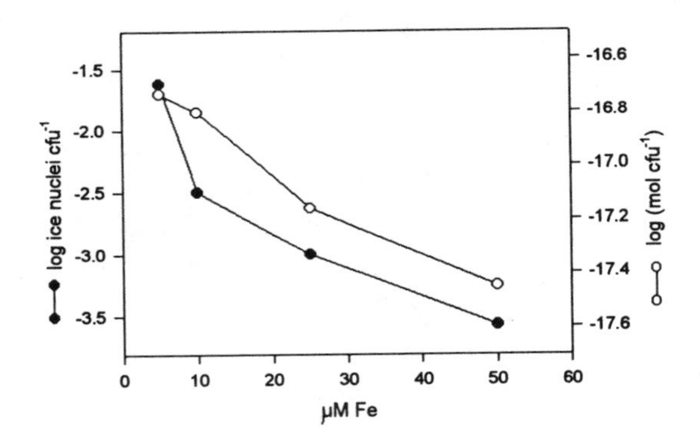

Abbildung 2. Ice-nucleations-Aktivität von *P. fluorescens* Pf-5 und Pyoverdin-konzentration im Medium bei 1 - 50 µM Fe

Um den Fe-Stress von *P. fluorescens* Pf-5 in der Rhizosphäre zu untersuchen, wurden Gerste und Reis in einem Fe-Mangelboden, der mit *P. fluorescens* Pf-5 inokuliert war, angezogen. Diese beiden Pflanzenarten wurden gewählt, da Gerste unter Fe-Mangel große Mengen an Phytosiderophoren abgibt, während dies bei Reis nicht der Fall ist. Die Hälfte der Pflanzen wurde über das Blatt mit Fe versorgt. So sollte der Fe-Bedarf der Pflanzen gedeckt und die Phytosiderophorabgabe verringert werden. Nach 18 Tagen zeigten die Pflanzen ohne Fe-Blattdüngung leichte Fe-Mangel-Chlorose. Die Bakterien wurden mit Hilfe der Filterpapiertechnik von der Wurzeloberfläche abgehoben und ihre Zelldichte und Ice-nucleation-Aktivität bestimmt.

Es wurden unterschiedliche Wurzelzonen beprobt. Da jedoch keine Unterschiede zwischen den Wurzelzonen erkennbar waren, sind in Tabelle 2 nur die Mittelwerte aller Wurzelzonen angegeben.

Tabelle 2. Zelldichte und Ice-nucleations-Aktivität von *P. fluorescens* Pf-5 in der Rhizosphäre von Gerste und Reis mit und ohne Fe-Blattdüngung nach 18 Tagen. Mit unterschiedlichen Buchstaben gekennzeichnete Mittelwerte einer Spalte sind signifikant unterschiedlich (Student-Newman-Keuls Test)

	Fe-Blattdüngung	Zelldichte log cfu mm^{-2}		Ice-nucleations-Aktivität log ice nuclei cfu^{-1}	
Gerste	+	1.02	a	-3.12	b
	-	1.11	a	-3.40	a
Reis	+	1.09	a	-3.04	c
	-	1.19	a	-3.05	c

Die Zelldichte von *P. fluorescens* Pf-5 in der Rhizosphäre war bei Gerste ebenso hoch wie bei Reis (Tab. 2). Die Ice-nucleations-Aktivität war dagegen bei Reis höher als bei Gerste, d.h. der Fe-Stress von *P. fluorescens* Pf-5 war in der Rhizosphäre von Reis größer als bei Gerste. Bei Gerste führte die Fe-Blattdüngung zu einem stärkeren Fe-Streß. Diese Ergebnisse deuten daraufhin, daß *P. fluorescens* Pf-5 Phytosiderophore als Fe-Quelle verwenden kann. Der geringere Fe-Streß von *P. fluorescens* Pf-5 in der Rhizosphäre von Gerste ist dadurch zu erklären, daß Gerste mehr Phytosiderophore bei Fe-Mangel abgibt als Reis. Der erhöhte Fe-Streß in der Rhizosphäre der Gerstenpflanzen, die über das Blatt mit Fe versorgt wurden, läßt sich damit erklären, daß diese Pflanzen weniger Phytosiderophore abgaben als die Pflanzen ohne Fe-Blattdüngung. *P. fluorescens* Pf-5 mußte daher eigene Fe-Chelate bilden. Die Fähigkeit von *P. fluorescens* Pf-5, Fe-Phytosiderophore als Fe-Quelle zu verwenden, konnte *in vitro* bestätigt werden. Aus der Beziehung zwischen Ice-nucleations-Aktivität und Siderophorproduktion *in vitro* läßt sich die Pyoverdinproduktion von *P. fluorescens* Pf-5 in der Rhizosphäre abschätzen.

Aufgrund der relativ niedrigen Ice-nucleation-Aktivität in der Rhizosphäre beträgt die berechnete Pyoverdinproduktion weniger als 1nmol g^{-1} Wurzel-TG.
Durch Elektroporation wurde das Ice-nucleationsgen in *P. fluorescens* 2-79RL eingeführt. Es ist dadurch möglich, den physiologischen Status und den Fe-Streß mit dem gleichen Organismus (*P. fluorescens* RLI) zu ermitteln. Boden mit niedriger oder hoher N-Verfügbarkeit wurde mit *P. fluorescens* 2-79RLI inokuliert und mit Weizen bepflanzt. Die Wurzeln wurden über einen Zeitraum von 25 Tagen mit Hilfe der Filterpapiermethode beprobt. Nach 14 Tagen zeigten die Pflanzen bei niedrigem N-Angebot N-Mangelsymptome, wie reduziertes Wachstum und Chlorose.

Tabelle 3. Zelldichte, Ice-nucleation-Aktivität und Länge der Lagphase der Biolumineszenz von *P. fluorescens* 2-79RLI in der Rhizosphäre von Weizen bei niedrigem und hohen N-Angebot nach 25 Tagen. Mit unterschiedlichen Buchstaben gekennzeichnete Mittelwerte einer Spalte sind signifikant unterschiedlich (Student-Newman-Keuls Test)

N-Angebot	Zelldichte (log cfu mm^{-2})		Ice-nucleation-Aktivität (log ice nuclei cfu^{-1})		Länge der Lagphase (log min cfu^{-1})	
hoch	0.19	b	-1.27	a	-3.23	a
niedrig	-0.53	a	-0.55	b	-3.30	a

Die niedrige N-Verfügbarkeit verringerte die Zelldichte, erhöhte jedoch den Fe-Stress von *P. fluorescens* 2-79RLI I der Rhizosphäre (Tab. 3). Demgegenüber wurde der physiologische Status von *P. fluorescens* 2-79RLI nicht beeinflußt. Diese Ergebnisse zeigen, daß N-Mangel nicht nur das Wachstum von Pflanzen, sondern auch das der Rhizophärenmikroorganismen reduzieren kann. Die Wirkung auf die Rhizophärenmikroorganismen kann direkt über die geringe N-Verfügbarkeit im Boden erfolgen. Indirekt könnte auch das geringere Pflanzenwachstum über eine verringerte Exsudation oder andere Exsudatzusammensetzung einen Einfluß auf die Rhizosphärenmikroorganismen haben. Der höhere Fe-Stress von *P. fluorescens* 2-79RLI bei niedrigem N-Angebot könnte auf eine veränderte Zusammensetzung der Rhizosphärenmikroflora (stärkere Konkurrenz um Fe) zurückzuführen sein.

Literaturverzeichnis

AMY, P.S.; PAULING, C.; MORITA, R.Y.: Recovery from nutrient starvation by a marine Vibrio sp. Appl.Environ.Microbiol. 45, 1685-1690 (1983).

BUYER, J.S.; SIKORA, L.J.: Rizosphere interactions and siderophores. in: The rhizosphere and plant growth. (Eds. Kleister, D.L.; Cregan, P.B.) Kluwer Academic Publisher, Dordrecht 1991, 263-269 (1991).

LOPER, J.; LINDOW, S.E.: A biological sensor for iron available to bacteria in their habitats on plant surfaces. Appl.Environ.Microbiol. 60, 1934-1941 (1994).

MARSCHNER, P., CROWLEY, D.E.: Physiological activity of a bioluminescent Pseudomonas fluorescens (Strain 2-79) in the rhizosphere of mycorrhizal and non-mycorrhizal pepper (Capsicum annuum L.). Soil Biol.Biochem. (1996 a) (im Druck)

MARSCHNER, P., CROWLEY, D.E.: Root colonization of mycorrhizal and non-mycorrhizal pepper (Capsicum annuum) by Pseudomonas fluorescens 2-79RL. New Phytol. (1996 b) (im Druck)

MORITA, R.Y.: Bioavailability of energy and the starvation state. In: Starvation in bacteria (Ed. Kjelleberg, S.) Plenum Press, New York, 1-23 (1993)

Rhizosphärenprozesse, Umweltstreß und Ökosystemstabilität
7. Borkheider Seminar zur Ökophysiologie des Wurzelraumes
(Ed. W. Merbach) B. G. Teubner Verlagsgesellschaft Stuttgart, Leipzig 1997, pp. 46-50

EINFLUSS EINER MOLYBDÄN-GABE AUF DEN ERFOLG EINER IMPFUNG VON ACKERBOHNEN MIT *RHIZOBIUM LEGUMINOSARUM*

MERBACH, W.[1], GÖTZ, R.[2]

[1] Zentrum für Agrarlandschafts- und Landnutzungsforschung (ZALF) e. V., Institut für Rhizosphärenforschung und Pflanzenernährung, Eberswalder Straße 84, D - 15374 Müncheberg

[2] Thüringer Landesanstalt für Landwirtschaft Jena, Außenstelle Dornburg, Apoldaer Straße 4, D - 07778 Dornburg/Saale

Abstract

A rhizobium inoculation of field beans significantly increased the N yield (mg N/pot) compared to a control variant not inoculated. Mo application resulted in a distinct increase of the inoculation success (dry matter yield, amount N per pot) at a reduced number of nodules. Apparently Mo increased the specific N_2 fixation efficiency.

Zusammenfassung

Eine Rhizobien-Impfung erhöhte bei Ackerbohnen den N-Ertrag (mg N/Gefäß) gegenüber einer ungeimpften Kontrollvariante signifikant. Eine Mo-Gabe führte zu einer drastischen Verbesserung des Impferfolges (Trockenmasseertrag, N-Menge pro Gefäß) bei verringerter Knöllchenanzahl. Mo steigerte also offensichtlich die spezifische N_2-Fixierungsleistung.

Einleitung

Bekanntlich fungiert Molybdän (Mo) als Mikronährstoff für höhere Pflanzen. Eine besondere Bedeutung hat es für den N-Stoffwechsel, da es essentieller Bestandteil der Enzyme Nitratreduktase und Nitrogenase ist (Lit. bei MARSCHNER 1986; MENGEL 1991). Daher reagieren nitraternährte und insbesondere N_2-fixierende Pflanzen auf unzureichende Mo-Versorgung oft mit N-Mangelerscheinungen (vgl. HEWITT et al. 1954, BECKING 1961). Es verwundert deshalb nicht, daß Leguminosenknöllchen in der Regel viel Molybdän enthalten (FRANCO u. MUNNS 1981), und daß N_2-fixierende Leguminosen bei niedrigem Boden-pH-Wert und (damit verbundener) schlechter Mo-Verfügbarkeit bezüglich ihres Samenertrages und ihrer N-Gehalte auf Mo-Gaben viel positiver als Mineral-N-ernährte Vergleichspflanzen reagieren (z. B. PARKER u. HARRIS 1977). Vor diesem Hintergrund war zu fragen, ob eine als ausreichend angesehene Mo-Verfügbarkeit (Molybdänzahl > 6,8 nach BERGMANN 1983) des Bodens für eine optimale N_2-Fixierung ausreicht. Die vorliegende Arbeit gibt die Resultate entsprechender Tastversuche wieder.

Material und Methoden

Als Versuchspflanzen dienten Ackerbohnen (Sorte „Faneta"), die in Mitscherlichgefäßen mit 5,5 kg Boden (sandiger Lehm, nähere Daten vgl. Tab. 1) herangezogen wurden. Aus Tabelle 1 geht hervor, daß der verwendete Boden gut mit Mo und N versorgt war. Pro Gefäß kamen 6 Samen zur Aussaat, wovon nach 10 d 4 Pflanzen verblieben. Die gewählten Varianten lassen sich der Tabelle 2 entnehmen. Vor der Aussaat wurden die Samen mit einem Torfpräparat des Stammes A 150 von *Rhizobium leguminosarum*[1] beimpft (Varianten 3 und 4, vgl. Tab. 2). Als Mo-Dünger diente Natriummolybdat ($Na_2MoO_4 \bullet 2\ H_2O$), das in den Varianten 2 und 4 (Tab. 2) in einer Menge von umgerechnet 2 kg/ha gegeben wurde (Umrechnung über die Pflanzenzahl bei Annahme von 450 000 Ackerbohnenpflanzen/ha). Zu Blühbeginn (40 d nach Aussaat) erfolgte die Ernte. Folgende Meßgrößen wurden ermittelt: Trockensubstanzertrag, „N-Ertrag", Knöllchenzahl und -masse (jeweils pro Gefäß). Die N-Bestimmung in der Pflanzensubstanz erfolgte nach Kjeldahl.

Ergebnisse

Aus Tab. 2 läßt sich entnehmen, daß die Mo-Düngung auf nicht geimpfte Ackerbohnenpflanzen bei dem verwendeten, gut mit Mo versorgten Boden erwartungsgemäß keinen Ertragseffekt hatte (Zeilen 1 und 2, Spalten a und b). Die wohl auf spontane Infektion durch Wildstämme zurückgehende hohe Knöllchenzahl wurde unter Mo-Einfluß signifikant verringert.

---

[1] Für die Überlassung danken wir Frau Prof. Dr. Höflich, ZALF Müncheberg

Tabelle 1: Ausgewählte Daten des verwendeten Versuchsbodens (sandiger Lehm)

Parameter	Einheit	Wert	Methode
pH-Wert	-	4,68	KCl-Auszug (n/10)
N_t	mg/100 g Boden	147,50	Salicylschwefelsäure, Oxidation mit Na-Thiosulfat, Selenreaktionsgemisch (BREMNER 1960)
N_{min}	mg/100 g Boden	3,05	Extraktion mit 1%iger K_2SO_4-Lösung, Verwendung von Devardascher Legierung und MgO (BREMNER u. KEENEY 1966)
Mo-Gehalt	ppm	0,29	Extraktion mit Oxalat (GRIGG 1935)
Molybdänbodenzahl	-	7,58	pH-Wert + 10 • ppm Mo (MÜLLER et al. 1964)

Tabelle 2: Einfluß einer Molybdändüngung auf den Trockenmasse- und N-Ertrag von Ackerbohnen (Gefäßversuche mit Boden (sandiger Lehm, 3,05 mg N_{min} /100 g Boden, 0,29 ppm Mo) Mo-Düngung 2 kg Na_2MoO_4 • 2 H_2O/ha, Beimpfung mit *Rhizobium leguminosarum*, Stamm A 150 Müncheberg), Mittel aus 10 Wiederholungen

Variante	a Trockenmasse-ertrag g/Gefäß	b N-Ertrag mg/Gefäß	c Knöllchenzahl pro Gefäß	d Knöllchenmasse mg/Gefäß
1 Kontrolle, ohne Impfung, ohne Mo	7,18 (100)	208,6 (100)	75,4 (100)	537,2 (100)
2 Molybdändüngung, ohne Impfung	7,08 (98,6)	212,9 (102,1)	57,2 (75,8)	446,7 (83)
3 Rhizobienimpfung, ohne Mo	7,34 (102,2)	243,4 (116,7)	67,0 (88,9)	541,3 (100,7)
4 Rhizobienimpfung, mit Mo	8,35 (116,3)	271,3 (130,1)	63,0 (83,6)	492,6 (91,7)
$GD_{0,01}$ t-Test	0,84 (11,7)	25,5 (12,2)	10,1 (13,4)	64,5 (12,0)

Die Rhizobienimpfung zog beim N-Ertrag (Zeile 3, Spalte b) eine signifikante Erhöhung nach sich, die bei etwas verringerter Knöllchenzahl, aber gleicher Knöllchenmasse (Spalten c und d) wie bei den nicht geimpften Kontrollpflanzen erreicht wurde. Die Virulenz der Rhizobien erhöhte sich also offenbar durch Impfung nicht, vermutlich aber die N_2-Fixierungseffektivität.

Die Mo-Gabe führte zu einer drastischen Verbesserung des Impferfolges. Sowohl der TS- als auch der N-Ertrag wurden signifikant gegenüber den nicht mit Mo versorgten, geimpften Pflanzen erhöht (Vergleich der Zeilen 3 und 4, jeweils Spalten a und b). Da dieser Effekt mit verringerter Knöllchenzahl und -masse (Spalten c und d) einherging, läßt sich daraus wohl eine durch Mo erhöhte spezifische N_2-Fixierungsleistung schlußfolgern.

Diskussion

Die dargestellten Ergebnisse bestätigen zunächst, daß geimpfte Leguminosen mehr Mo als ungeimpfte benötigen (vgl. bei MARSCHNER 1986). Offensichtlich vermochte unter den gegebenen Versuchsbedingungen auch eine üblicherweise als ausreichend angesehene Mo-Versorgung (Molybdänzahl war 7,58 !) kein optimales Wachstum Rhizobien-beimpfter Ackerbohnen zu gewährleisten. Als mögliche Ursache wäre erhöhter Mo-Bedarf für die Regulation der Nitrogenase-Synthese (ROBERTS u. BRILL 1981) oder für eine effektive Nitrogenasefunktion denkbar. Welche der beiden Möglichkeiten zutrifft, läßt sich aus den vorliegenden Versuchen nicht ableiten. Vielleicht könnten hier gestaffelte Mo-Gaben (gleichzeitig mit der Impfung bzw. nach Knöllchenetablierung) in Verbindung mit ^{15}N-markiertem Boden (zur genaueren Bilanzierung der Herkunft des in den Pflanzen befindlichen N, vgl. MERBACH u. SCHILLING 1980) weiterhelfen. Dies erscheint vor allem auch wegen des hohen N_{min}-Gehaltes des verwendeten Bodens (mögliche Unterdrückung der symbiontischen N_2-Fixierung: MERBACH u. SCHILLING 1980) notwendig. Ebenso müßte der Mo-Einfluß auf den Ackerbohnensamenertrag noch untersucht werden.

Literaturverzeichnis

BECKING, J.H.: A requirement of molybdenum for the symbiotic nitrogen fixation in alder. Plant Soil **15**, 217-227 (1961).

BERGMANN, W.: Ernährungsstörungen bei Kulturpflanzen. Gustav-Fischer Verlag Jena, 178-190 (1983).

BREMNER, J.M.: The determination of nitrogen in soil. J. agric. Sci. **55**, 11-31 (1960).

BREMNER, J.M.; KEENEY, D.R.: Determination and isotope ratio analysis of different forms of nitrogen in soils. 3. Exchangeable ammonium, nitrate, and nitrite by extraction - destillation methods. Soil Sci. Soc. Amer. Proc. **30**, 577-582 (1966).

FRANCO, A.A.; MUNNS, D.N.: Response of Phaseolus vulgaris L. to molybdenum under acid conditions. Soil Sci. Soc. Amer. J. **45**, 1144-1148 (1981).

GRIGG, J.: Determination of the available molybdenum of soils. New Zealand J. Sci., Techn. Sect. A **34**, 405-414 (1935).

HEWITT, E.J.; BOLLE-JONES, E.W.; MILES, P.: The production of copper, zinc, and molybdenum deficiencies in crop plants grown in sand culture with special reference to some effects of water supply and seed reserves. Plant Soil **5**, 205-222 (1954).
MARSCHNER, H.: Mineral nutrition of higher plants. Academic Press London, Orlando, San Diego etc., 312-321 (1986).
MENGEL, K.: Ernährung und Stoffwechsel der Pflanze. Gustav-Fischer-Verlag Jena, 7. Auflage, 376-379 (1991).
MERBACH, W.; SCHILLING, G.: Wirksamkeit der symbiontischen N_2-Fixierung der Körnerleguminosen in Abhängigkeit von Rhizobienimpfung, Substrat, N-Düngung und ^{14}C-Saccharoselieferung. Zbl. Bakteriol. II. Abt. **136**, 99-118 (1980).
MÜLLLER, K.; WUTH, E.; WITTER, B., et al.: Die Molybdänversorgung der Thüringer Böden und der Einfluß einer Molybdändüngung auf Ertrag, Rohproteingehalt und Mineralstoffgehalt von Luzerne. Thaer-Archiv **8**, 353-373 (1964).
PARKER, M.B.; HARRIS, H.B.: Yield and leaf nitrogen of nodulating soybeans as affected by nitrogen and molybdenum. Agron. J. **69**, 551-554 (1977).
ROBERTS, C.; BRILL, W.: Genetics and regulation of nitrogen fixation. Annu. Rev. Microbiol. **30**, 207-235 (1981).

Rhizosphärenprozesse, Umweltstreß und Ökosystemstabilität
7. Borkheider Seminar zur Ökophysiologie des Wurzelraumes
(Ed. W. Merbach) B. G. Teubner Verlagsgesellschaft Stuttgart, Leipzig 1997, pp. 51-56

EINFLUSS DER MIKROBENBESIEDLUNG AUF DIE FREISETZUNG WURZELBÜRTIGER N-VERBINDUNGEN DURCH WEIZENPFLANZEN

MERBACH, W.

Zentrum für Agrarlandschafts- und Landnutzungsforschung (ZALF) e. V.,

Institut für Rhizosphärenforschung und Pflanzenernährung

Eberswalder Straße 84

D - 15374 Müncheberg

Abstract

Wheat plants incorporated more than 50 % of the ^{15}N applied by $^{15}NH_3$ fumigation. Under non-sterile conditions they incorporated about 87 % in the shoots and 6-7 % in the roots. Another 6-7 % were donated to the soil. Net N release was increased significantly by microbial colonization compared to sterile variants, decreasing the water-soluble portion and increasing the insoluble portion.

Zusammenfassung

Weizenpflanzen nahmen nach $^{15}NH_3$-Begasung der Sprosse mehr als 50 % des angebotenen ^{15}N auf. Davon inkorporierten sie unter nicht sterilen Bedingungen ca. 87 % in die Sprosse und 6 - 7 % in die Wurzeln. 6 - 7 % des aufgenommenen ^{15}N wurden an den Boden abgegeben. Mikrobenbesiedlung erhöhte im Vergleich zu Sterilvarianten die Netto-N-Abgabe signifikant. Dabei nahm der wasserlösliche Anteil ab und der wasserunlösliche Teil zu.

Einleitung

In früheren Untersuchungen hatte sich gezeigt, daß Weizenpflanzen unter unsterilen Bedingungen während der Vegetation bis zu 7 % des von ihnen aufgenommenen ^{15}N wieder an den Boden abgeben können (REINING et al. 1995, TOUSSAINT et al. 1995). Über den (ökologisch interessanten) Einfluß der Mikrobenbesiedlung auf die Freisetzung wurzelbürtiger N-Verbindungen gibt es dagegen sehr widersprüchliche Befunde, die sich nahezu ausschließlich auf Aminosäuren in Nährlösungsversuchen beziehen (vgl. z. B. KRAFFCZYK et al. 1984). Keine Erkenntnisse liegen bislang darüber vor, ob und wie Mikroben die Gesamt-N-Freisetzung durch Pflanzenwurzeln unter Bodenbedingungen beeinflussen. Angesichts wiederholter Befunde über erhöhte C-Freisetzung der Wurzeln unter Mikrobeneinfluß (MEHARG u. KILLHAM 1991, MERBACH u. RUPPEL 1992) war jedoch eine positive Wirkung nicht auszuschließen. Nachfolgend wird diesem Problem am Beispiel von Weizen experimentell nachgegangen.

Material und Methoden

1. Pflanzenanzucht und $^{15}NH_3$-Applikation

Die Anzucht der Weizenpflanzen (*Triticum aestivum* L., *Sorte „Mario")* erfolgte in Spezialgefäßen mit 700 g sterilisiertem Müncheberger Boden *(albic luvisol*, anlehmiger Sand) bei 60 % der maximalen Wasserkapazität. Die Sterilisation des Bodens geschah durch 4maliges Autoklavieren mit zwischenzeitlicher Bebrütung. Die Sterilitätskontrollen zu Versuchsbeginn und zu Versuchsende erfolgten durch Beimpfen von Agarplatten mit nachfolgender Kolonienauszählung. Vor der Aussaat wurden die Weizensamen mit H_2O_2 oberflächensterilisiert und auf Agarplatten ausgelegt, um die Sterilität während der Keimung zu überprüfen. Die sterilen Keimlinge wuchsen dann 14 d lang unter Klimakammerbedingungen in Bodengefäßen, deren Oberfläche mit Silikonkautschuk abgedichtet wurde. Die Sterilvarianten erhielten während dieser Zeit steriles Wasser, die Nichtsterilgefäße Aufschwemmungen von nicht sterilem Müncheberger Boden. Ab dem 4-5-Blatt-Stadium des Weizens wurden in Abständen von 2 d insgesamt 11 **Begasungen** von je 2 h und 11 ppm **$^{15}NH_3$-N** (95 at.-%^{15}Nexc.) durchgeführt. Die Entwicklung des Ammoniakgases erfolgte durch Einleitung von gelöstem $(^{15}NH_4)_2$ SO_4 in NaOH. Das Gas wurde dann mit dem Luftstrom einer Pumpe in die Begasungsküvette geleitet (Abb. 1).
Mit Hilfe der so vonstatten gehenden ^{15}N-Markierung der Pflanzen konnten die wurzelbürtigen $^{(15)}$N-Verbindungen von den im Boden vorhandenen $^{(14)}$N-Verbindungen unterschieden werden.

2. Ernte und Probenaufbereitung

Die Ernte der Pflanzen erfolgte zur Bestockung, wobei mechanisch in Sproß, Wurzel und Boden getrennt wurde. Die Entfernung des an den Wurzeln haftenden Bodens geschah durch vorsichtiges Abwaschen mit Wasser. Danach wurden die Pflanzenteile getrennt bei 60 °C bis zur Masse-

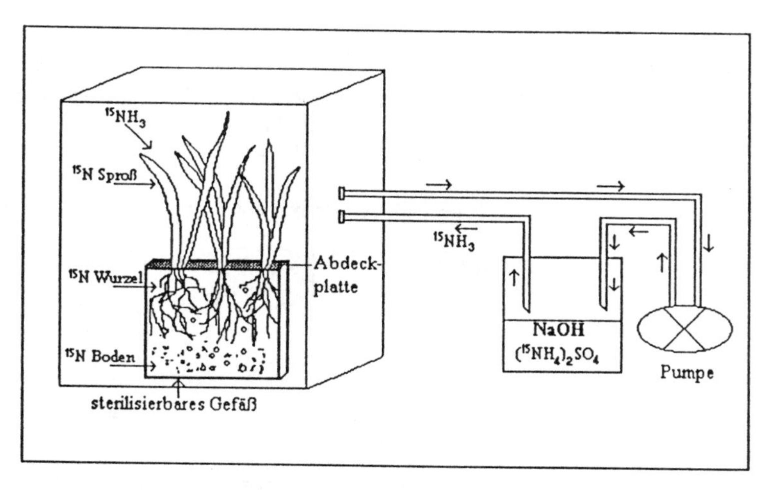

Abb. 1.: Schematische Darstellung der $^{15}NH_3$-Sproßbegasung. Abdichtung des Pflanzengefäßes ab Begasungsbeginn mit Silikonkautschuk

konstanz getrocknet (Trockenmasse-Ermittlung) und fein vermahlen (0,2 mm Korngröße). Die gleiche Aufbereitung erfuhr der (abgeschüttelte bzw. abgespülte) Boden.

3. Analysenmethoden

Die Gesamt-N-Bestimmung in der Pflanzensubstanz und im wäßrigen Bodenauszug erfolgte nach Kjeldahl, diejenige im Bodenmaterial nach BREMNER (1960) durch Aufschluß mit Salicylschwefelsäure und Oxidation mit Natriumthiosulfat und Selenreaktionsgemisch. Die ^{15}N-Analyse wurde emissionsspektrometrisch durchgeführt (FAUST et al. 1981).

Ergebnisse und Diskussion

In der Tabelle 1 sind die Resultate für die sterile und unsterile Bodenvariante vergleichend dargestellt. Zunächst läßt sich erkennen (rechte Spalte), daß die Weizenpflanzen unter nicht sterilen Bedingungen 6,8 % des im Gesamtsystem befindlichen ^{15}N bzw. fast 7 % des in die Pflanzen eingebauten ^{15}N in den Boden abgegeben haben (Zeile 5). Diese Werte unterschreiten deutlich die N-Freisetzungsraten, die JANZEN (1990) nach NH_3-Begasung bei Weizen fand, sind aber in guter Übereinstimmung mit neueren Experimenten des gleichen Autors (JANZEN und

Tabelle 1:
Einfluß der Mikrobenbesiedlung des Wurzelraumes von Weizen auf die ^{15}N-Verteilung im System Pflanze-Boden nach einer $^{15}NH_3$-Sproßbegasung (insgesamt 21,5 mg NH_3-N: 11 Begasungen von jeweils 2 h und 11 ppm in Abständen von jeweils 2 d, 95 at.-% ^{15}Nexc.). Begasungsbeginn 4-5-Blatt-Stadium, Ernte zur Bestockung, Versuchsdauer 20 d, 3 Pflanzen/Gefäß. Mittel aus 12 Wiederholungen
TS = Trockensubstanz; x = mit α = 0,05 gegenüber Sterilvariante signifikant (Varianzanalyse, TUKEY-Test)

Fraktion [µg ^{15}N . (g Pflanzen-TS)$^{-1}$]	Sterile Variante		Unsterile Variante		(rel. zur Sterilvariante)
1 ^{15}N im System	11174	(100)	11573	(100)	(104)
2 ^{15}N im Sproß	10180	(91,1)	10034	(86,7)	(99)
3 ^{15}N in den Wurzeln	670	(6,0)	787	(6,8)	(117)
4 ^{15}N in den Pflanzen	10850	(97,1)	10821	(93,5)	(99,7)
5 in den Boden abgegebener ^{15}N, davon	324	**(2,9)**	752	**(6,5)^x**	(232)^x
H_2O-löslich	166 (51,3)		36 (4,8)		
nicht H_2O-löslich	158 **(48,7)**		716 (95,2)		
6 %-Anteil des wurzelbürtigen ^{15}N an dem in der Pflanze befindlichen ^{15}N(4)		**3,0**		**6,0^x**	

BRUINSMA 1993) und eigenen früheren Untersuchungen (REINING et al. 1995). Damit war die Netto-N-Abgabe zwar wesentlich niedriger als die Gesamt-Netto-C-Freisetzung der Pflanzenwurzeln (vgl. HELAL u. SAUERBECK 1989, MERBACH et al. 1990). Interessanterweise lagen aber die im Boden nach der kurzzeitigen Exsudatveratmung durch Mikroben verbleibenden C-Mengen mit 3,5 bis 8,5 % des in die Pflanze eingebauten C in ähnlicher Größenordnung wie die hier festgestellte Netto-N-Abgabe (von ca. 6 - 7 %).

Die nicht steril gehaltenen Pflanzen gaben signifikant mehr ^{15}N an den Boden ab als die sterilen (Zeile 5; Tabelle 1). Die Mikrobenbesiedlung vermochte also ähnlich wie bei der C-Freisetzung

(MEHARG u. KILLHAM 1991, MERBACH u. RUPPEL 1992) die Netto-^{15}N-Abgabe zu steigern und schien demnach eine „sink“-Funktion auszuüben. Als mögliche Ursachen für diesen Befund wäre eine verstärkte mikrobielle Autolyse von Wurzelrindenzellen (MARTIN 1977) oder eine ATP-ase-Hemmung durch Mikrobentoxine denkbar. Beweise gibt es dafür bisher nicht. Bei den Nichtsterilvarianten wurde ferner ein höherer ^{15}N-Anteil im nicht löslichen Boden-N-Pool gefunden als bei der Sterilvariante (Tabelle 1). Ähnliche Beobachtungen liegen für die ^{14}C-Ausscheidung nach $^{14}CO_2$-Begasung vor (MARTIN 1977). Auch dort waren von der Erhöhung der C-Netto-Freisetzung unter Mikrobeneinfluß vor allem die H_2O-unlöslichen Verbindungen betroffen (BARBER u. MARTIN 1976), während die Menge der wasserlöslichen C-Exsudate oftmals absank (KRAFFCZYK et al. 1984). Dies könnte möglicherweise als Beleg für einen sekundären Umbau primär wurzelbürtiger C- und N-Verbindungen durch Mikroben gelten. Zur weiteren Klärung dieser Frage sind vergleichende stoffliche Untersuchungen über den Verbleib wurzelbürtiger Substanzen von Steril- und Nichtsterilvarianten, möglichst unter Verwendung kombinierter $^{14}CO_2$- und $^{15}NH_3$-Applikation, erforderlich.

Dank

Der DFG wird für die finanzielle Unterstützung des Vorhabens gedankt.

Literaturverzeichnis

BARBER, D. A.; MARTIN, J. K.: The release of organic substances by cereal roots into soil. New Phytol. **76**, 69-80 (1976).

BREMNER, J. M.: The determination of nitrogen in soil. J. agric. Sci. **55**, 11-31 (1960).

FAUST, H.; BORNHACK, H.; HIRSCHBERG, K.; JUNG, K.; JUNGHANS, P.; KRUMBIEGEL, P.: ^{15}N-Anwendung in der Biochemie, Landwirtschaft und Medizin. - Eine Einführung. Schriftenreihe Anwendung von Isotopen und Kernstrahlungen in Wissenschaft und Technik (Berlin) Nr. **5**, 1-81 (1981).

HELAL, H.M.; SAUERBECK, D.: Carbon turnover in the rhizosphere - Z. Pflanzenernährung, Bodenk. **152**, 211-216 (1989).

JANZEN, H.H.: Deposition of nitrogen into rhizosphere by wheat root. Soil Biol. Biochem. **22**, 1155-1160 (1990).

JANZEN, H.H.; BRUINSMA, Y.: Rhizosphere N deposition by wheat under varied water stress. Soil Biol. Biochem. **25**, 631-632 (1993).

KRAFFCZYK, I.; TROLLDENIER, G.; BERINGER, G.: Soluble root exudates of maize: influence of pottassium supply and rhizosphere microorganisms. Soil Biol. Biochem. **16**, 315-322 (1984).

MARTIN, J.K.: Factors influencing the loss of organic carbon from wheat roots. Soil Biol. Biochem. **9**, 1-7 (1977).

MEHARG, A.A.; KILLHAM, K.: A novel method of quantifying root exudation in the presence of soil microflora. Plant and Soil **113**, 111-116 (1991).
MERBACH, W.; KNOF, G.; MIKSCH, G.: Quantifizierung der C-Verwertung im System Pflanze-Rhizosphäre-Boden. Tag.-Ber. Akad. Landw.-Wiss. Berlin **295**, 57-63 (1990).
MERBACH, W.; RUPPEL, S.: Influence of microbial colonization on $^{14}CO_2$ assimilation and amount of root-borne ^{14}C compounds in soil. Photosynthetica **26**, 551-554 (1992).
REINING, E.; MERBACH, W.; KNOF, G.: ^{15}N distribution in wheat and chemical fractionation of root-borne ^{15}N in the soil. Isotopes Environ. Health Stud. **31**, 345-349 (1995).
TOUSSAINT, V.; MERBACH, W.; REINING, E.: Deposition of ^{15}N into soil layers of different proximity to roots by wheat plants. Isotopes Environ. Health Stud. **31**, 351-355 (1995).

2

Pflanzliche Wurzelsysteme und Umweltbelastungen

Rhizosphärenprozesse, Umweltstreß und Ökosystemstabilität
7. Borkheider Seminar zur Ökophysiologie des Wurzelraumes
(Ed. W. Merbach) B. G. Teubner Verlagsgesellschaft Stuttgart, Leipzig, 1997, pp. 59-67

EINFLUSS VON EMISSIONSBELASTUNGEN IN WALDÖKOSYSTEMEN AUF DIE ENTWICKLUNG DES FEINWURZELSYSTEMS VON *PINUS SILVESTRIS* L.

LEHFELDT, J.

Zentrum für Agrarlandschafts- und Landnutzungsforschung (ZALF) e.V.

Institut für Landnutzungssysteme und Landschaftsökologie

Eberswalder Straße 84

D - 15374 Müncheberg

Abstract

The length density of pine (Pinus silvestris L.) fine root systems in different soil layers was measured in pine forest ecosystems at three sandy sites with different pollution levels. In spite of an increased nutrient supply in the soils, the root density at the more heavily polluted sites Rösa and Taura was clearly lower than that at Neuglobsow (background). The Taura site which was predominantly acid polluted showed a very low fine root development in the humus layer and a relatively constant length density of fine roots down to a depth of 55 cm. Differences in soil chemical soil properties, especially in the N saturation of the ecosystems, originating from the different pollution levels, were identified as a cause of the different development of fine root systems.

Einleitung

Die vorliegenden Untersuchungen sind Bestandteil des vom BMBF geförderten Verbundforschungsprojektes SANA (Sanierung der Atmosphäre in den neuen Bundesländern). Ziel des Projektes ist es u.a., die Auswirkungen unterschiedlicher Emissionsbelastungen auf Kiefernwaldökosysteme zu untersuchen.

In den neuen Bundesländern Deutschlands haben bis 1990/1991 in den industriellen Ballungsgebieten extreme Umweltbelastungen durch starke Emissionen von SO_2, NO_X bzw. NH_3 und Flugstäuben stattgefunden. Obwohl mit Ausnahme für das NO_X (Anstieg durch zunehmenden Kraftverkehr) die Schadstoffdepositionen seit 1991 stark reduziert werden konnten, muß davon ausgegangen werden, daß die Prozeßabläufe in den angrenzenden Waldökosystemen langanhaltend verändert worden sind.

Durch einen hohen Säureeintrag wird der natürliche Prozeß der Bodenversauerung in Waldökosystemen beschleunigt. Gleichzeitig steigt die Mobilität und damit die Auswaschung von Mg^{2+}, Ca^{2+} und K^{+} , und Aluminium wird als toxisch wirkendes Al^{3+} freigesetzt. Dem steht entgegen, daß Flugstäube meist alkalisch sind und Nährstoffe, aber auch Schadstoffe (Zn, Cu, Pb, Cd, organische Verbindungen) in den Boden eintragen.

Ein Schlüsselfaktor für die Veränderung der Prozeßabläufe in Waldökosystemen ist der anthropogen bedingte Eintrag von stickstoffhaltigen Verbindungen, da Stickstoff nicht nur ein wichtiger Nährstoff ist, sondern auch Einfluß auf die Ionenbalance im Boden ausübt. Die Zunahme des N-Angebotes im Boden ist weiterhin meist mit einer Verkrautung der Bodenoberfläche des Waldes verbunden, was Auswirkungen auf die Humusbildung hat.

Diese sehr komplexe Veränderung der Prozeßabläufe im Boden beeinflußt vor allem die Entwicklung des Feinwurzelsystems. Während für die Fichte und die Buche die Auswirkungen verschiedener Einflußfaktoren auf die Ausbildung von Feinwurzeln bereits in vielen Untersuchungen nachgewiesen wurden, sind entsprechende Arbeiten für die Kiefer, die auf den besonders sensiblen Sandstandorten Nordost- und Mitteldeutschlands verbreitet ist, nur vereinzelt zu finden.

Material und Methoden

Die drei untersuchten Kiefernwaldökosysteme befanden sich auf Standorten mit einem Depositionsgradienten über eine Entfernung von ca. 200 km.

Rösa - Dübener Heide, 10 km östlich von Bitterfeld, hohe Deposition von SO_2, NO_x und

alkalischer Flugasche bis 1991

Bodentyp: Podsol - Braunerden

Humusform: rohhumusartiger Moder, ca. 9,7 cm mächtig

Taura - Dahlener Heide, ca. 50 km nordöstlich von Leipzig, mittlere Deposition von SO_2 und NO_x

Bodentyp: Braunerde - Podsole

Humusform: feinhumusreicher Moder, ca. 6,5 cm mächtig

Neuglobsow - Stechlinsee, nördliches Brandenburg, geringe Deposition von Schadstoffen

Bodentyp: schwach podsolige Braunerden

Humusform: feinhumusarmer Moder, ca. 6,1 cm mächtig

Bodenphysikalische und bodenchemische Eigenschaften siehe WEISDORFER et al. (1995). Das Alter der Bäume betrug 40 bis 60 Jahre.

Die Probenentnahme erfolgte auf einer 44 m x 44 m abgegrenzten Waldfläche im Untersuchungsgebiet, über die ein Raster mit 4 m Linienabstand gelegt wurde. An dessen Schnittpunkten wurden 1993, 1994 und 1995 während der Monate März bis November im Abstand von 4 - 6 Wochen randomisiert und in 10 facher Wiederholung mit einem Wurzelbohrer (d = 80 mm) bis zu einer Bodentiefe von 55 cm (1993 nur bis 40 cm) Proben entnommen. Der Bohrkern wurde in die Humusauflage und die Bodentiefen 0 - 5 cm, 5 - 20 cm, 20 - 40 cm und 40 - 55 cm zerlegt. Innerhalb einer Woche nicht verarbeitete Proben wurden bei -18° C zwischengelagert.

Die Feinwurzeln (d < 2 mm) der Kiefern wurden aus den naturfeuchten Bodenproben ausgesammelt, im Ultraschallbad und falls erforderlich mit dem Pinsel vom anhaftenden Boden befreit und in folgende Fraktionen aufgeteilt:

- Wenig verzweigte Wurzeln d = 1 - 2 mm
- Stark verzweigte Wurzeln d < 1 mm (Feinstwurzeln)
- Wurzelenden mit hohem Verzweigungsgrad und häufig in clusterförmiger Anordnung (Wurzeln letzter und vorletzter Ordnung)

Die Ermittlung der Wurzellänge erfolgte mittels eines Bildverarbeitungssystems, indem zunächst die Projektionsfläche der Wurzeln gemessen wurde, die über eine Eichkurve in die Wurzellänge umgerechnet wurde.

Resultate

Ein Vergleich der Länge der Feinwurzeln (d < 2 mm) je Quadratmeter Boden bis 55 cm Tiefe läßt auf den untersuchten Standorten deutliche Unterschiede erkennen (Abb. 1). So war auf dem Standort Neuglobsow die jahresdurchschnittliche Durchwurzelungsintensität des Bodens (Mittelwert aus den Meßterminen pro Jahr) gegenüber den immissionsbelasteten Standorten Rösa und Taura während aller drei Untersuchungsjahre signifikant höher. Zwischen den Standorten Rösa und Taura konnte eine gesicherte Differenzierung der Feinwurzelentwicklung nur 1994 nachgewiesen werden.

Die Unterschiede der Wurzelentwicklung auf den untersuchten Standorten werden noch deutlicher, wenn nur die Feinstwurzeln (d < 1mm) und insbesondere die teilweise clusterförmig vorliegenden Wurzeln letzter und vorletzter Ordnung betrachtet werden. Die Wurzelfraktion d = 1 - 2 mm weist dagegen im Vergleich der Standorte nur geringe Differenzierungen auf.

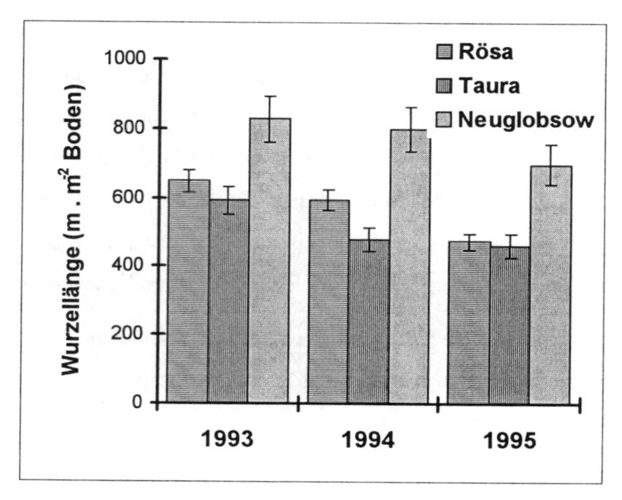

Abb. 1: Jährlicher Durchschnitt der Kiefernfeinwurzellänge

d < 2mm bis 55 cm Bodentiefe

Zur ausreichenden Versorgung der Kiefern mit Wasser und Nährstoffen ist nicht nur die absolute Menge an Feinwurzeln, sondern auch deren Tiefenverteilung von Bedeutung. Die in der Regel nährstoffreiche Humusauflage wird im Jahresmittel auf dem Standort Neuglobsow intensiv durchwurzelt (Abb. 2); im Mineralboden nimmt mit zunehmender Tiefe die Wurzellängendichte schnell ab, so daß im Vergleich zum gesamten untersuchten Wurzelraum der Anteil an Feinwurzeln in der Bodentiefe 40 - 55 cm zu allen Meßterminen weniger als 5 % betrug. Auf dem Standort Rösa sind bei insgesamt niedrigerem Niveau der Durchwurzelungsintensität die Unterschiede der Wurzellängendichte in der Humusauflage und der Bodentiefe 0 - 5 cm weniger deutlich ausgeprägt. Die Abnahme der Durchwurzelungsintensität mit zunehmender Bodentiefe ist jedoch deutlich erkennbar, und der Anteil an Feinwurzeln in der Tiefenstufe 40 - 55 cm erreicht maximal 8 %. Ein völlig abweichendes Verhalten der Wurzelentwicklung wurde auf dem Standort Taura beobachtet. In allen untersuchten Bodentiefen (einschließlich der Humusauflage) wurde eine annähernd gleiche Wurzellängendichte nachgewiesen. Dies führt dazu, daß der Anteil an Feinwurzeln in der Bodentiefe 40 - 55 cm bis zu 16 % anstieg und immer über 10 % lag.

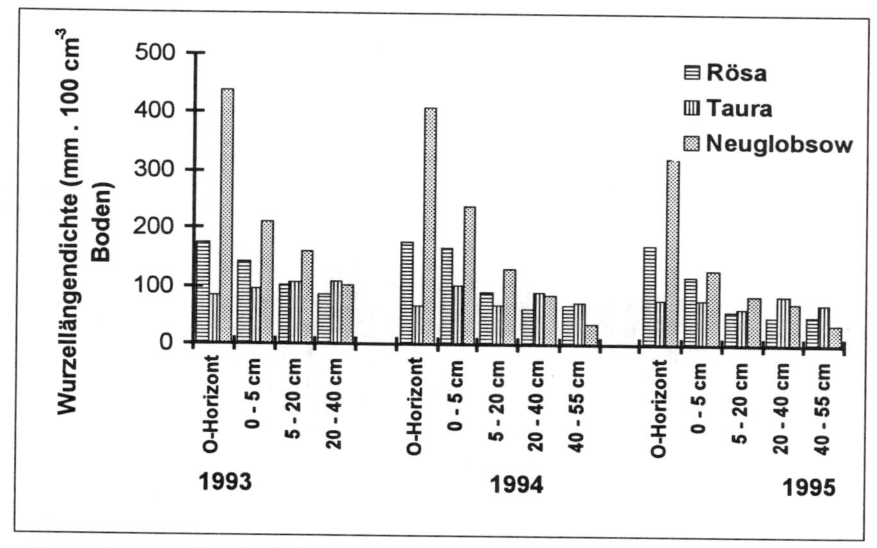

Abb. 2: Jährlicher Durchschnitt der Längendichten der Feinwurzeln (d < 2 mm) in verschiedenen Bodenschichten

Die Neubildungsrate von Fichten- und Buchenfeinwurzeln variiert baumphysiologisch- und witterungsbedingt im Verlaufe einer Vegetationsperiode, so daß die Durchwurzelungsintensität des Bodens (insbesondere der Humusauflage und des Ah-Horizontes) während dieser Zeit sehr unterschiedlich sein kann. Zum Nachweis einer Dynamik der Feinwurzelbildung bei Kiefern wurden deshalb im Zeitraum März bis November mehrfach Probenahmen durchgeführt. Werden die für die Wasser- und Nährstoffaufnahme wichtigen Feinstwurzeln d < 1 mm betrachtet, ist für alle drei Standorte erkennbar, daß bei summarischer Betrachtung des O- und Ah-Horizontes unabhängig von der standortspezifischen Höhe der Durchwurzelungsintensität die Wurzelentwicklung im Zeitraum Mai/Juni ein Maximum erreicht (Abb. 3). Anschließend stirbt ein beachtlicher Teil der Wurzeln ab, so daß die Wurzelmenge im Juli/August ein Minimum durchschreitet, um dann wieder anzusteigen.

Der starke Anstieg der Wurzelneubildung auf dem Standort Neuglobsow im August 1994 könnte auf die Beendigung einer längeren Trockenperiode im Juli bis Mitte August zurückzuführen sein. Auf den Standorten Rösa und Taura ist dieser Effekt trotz ähnlicher Witterungsbedingungen nicht zu beobachten. Die Trockenheit im Juni/Juli 1995 zeigt nach Wiederbefeuchtung des Bodens kaum Auswirkungen.

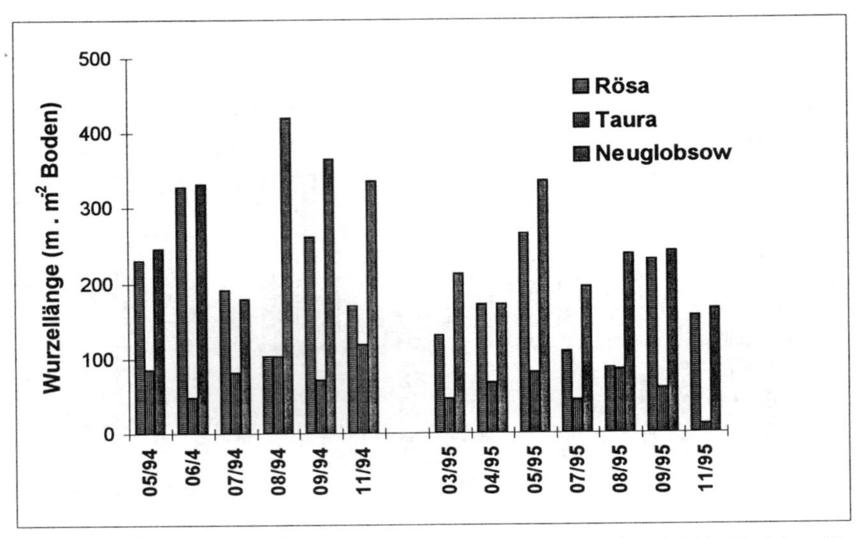

Abb. 3: Entwicklung der Kiefernfeinstwurzeln (d < 1 mm) im O- und Ah-Horizont (Summe) während der Vegetationsperiode

Diskussion

Aufgrund der Auswahl der Untersuchungsflächen können standörtliche Unterschiede bei den physikalischen Bodeneigenschaften als Ursache für die Ausbildung verschiedener Wurzelsysteme weitgehend unberücksichtigt bleiben. Varianzanalytische Verrechnungen der Ergebnisse zeigen weiterhin, daß signifikante Differenzierungen der Feinwurzelentwicklung nur zwischen den Standorten, nicht jedoch zwischen den Untersuchungsjahren nachzuweisen sind. Dies läßt den Schluß zu, daß trotz der großen Entfernung zwischen den Untersuchungsflächen witterungsbedingt keine grundsätzlichen Veränderungen des Wurzelsystems initiiert werden.

Bereits einleitend wurde darauf hingewiesen, daß Immissionen in Waldökosystemen vor allem die chemischen Bodeneigenschaften verändern. Aufgrund des meist hohen SO_2-Anteils der emitierten Schadstoffe wird den Auswirkungen einer Bodenversauerung auf die Wurzelentwicklung häufig besondere Beachtung geschenkt (MURACH 1984). Relativ übereinstimmend wird in der Literatur beschrieben, daß für die Feinwurzeln von Waldbäumen ein Säurestreß bei einem pH-Wert von < 3,9 beginnt und unterhalb eines pH-Bereiches von 3,5 - 3,2 Schädigungen der Wurzeln eintreten (MURACH 1984, SCHNEIDER 1990, PUHE 1994). Obwohl die Untersuchungen von WEISDORFER et al. (1995) auf eine in tiefere Bodenprofilbereiche vorangeschrittene Versauerung auf dem Standort Taura hinweisen, wird weder bei den bodenchemischen Untersuchungen noch bei der Analyse der Bodenlösungen der kritische pH-Wert von 3,5 auf einem der Standorte unterschritten; auf dem Standort Rösa ist aufgrund des hohen Anteils basischer Flugaschen in den Schadstoffemissionen sogar eine Aufbasung feststellbar. Wird außerdem die von MARSCHNER (1990) nachgewiesene höhere Säuretoleranz von Kiefern berücksichtigt, sind die auf den Standorten Rösa und Taura festgestellten Reduzierungen des Wurzelsystems offensichtlich nicht durch Säurestreß hervorgerufen. Unterstützt wird diese Einschätzung u.a. von SCHNEIDER (1990) und PUHE (1994), die als erstes Anzeichen einer Bodenversauerung in Waldökosystemen eine intensivere Durchwurzelung der Humusauflage bei gleichzeitig reduzierter Tiefendurchwurzelung des Mineralbodens beobachteten, was im deutlichen Gegensatz vor allem zu den Ergebnissen auf dem Standort Taura steht.

Die in der Literatur häufig diskutierte Al-Toxizität als Ursache für eine Wurzelschädigung ist vorwiegend unter Kulturbedingungen beobachtet worden. Außerdem reichen die auf den Standorten Rösa, Taura und Neuglobsow nachgewiesenen Konzentrationen an austauschbaren Al-Ionen bzw. ein Streßkennwert für das molare Verhältnis für Ca/Al von > 0,1 (WEISDORFER et al. 1995) nicht aus, um schädigende Einflüsse auf die Wurzelentwicklung zu begründen (ZÖTTL 1990).

Für ein optimales Wurzelwachstum haben nach MURACH (1984) eine ausreichende Nährelementkonzentration und das Verhältnis der Nährstoffe zueinander große Bedeutung. Im Vergleich der Standorte muß Neuglobsow als Nährstoffmangelstandort angesehen werden, während durch immissionsbedingte Einträge auf den Standorten Rösa und Taura ein deutlich höheres Angebot vor allem an Ca, Mg, Sulfat und Nitrat festgestellt worden ist (WEISDORFER et al. 1995). Die eindeutige Dominanz der Ausbildung von Feinwurzeln auf dem Standort Neuglobsow während aller Meßtermine läßt vermuten, daß das Nährstoffaneignungsvermögen der Kiefern auf diese Mangelzustände angepaßt ist. Gestützt wird diese Ansicht durch den gegenüber den Standorten Rösa und Taura hohen Anteil an Wurzeln letzter und vorletzter Ordnung, wodurch gute Voraussetzungen für einen hohen Grad der Mykorrhizierung gegeben sind.

In der Literatur wird verschiedentlich (z.B. MARSCHNER 1986) nachgewiesen, daß die Wurzeldichte um ein Vielfaches zunimmt, wenn die Nährstoffkonzentration im Boden ansteigt. Dies trifft aber offensichtlich nur zu, wenn durch Nährstoffeinträge spezielle Mängel beseitigt werden. RAPP (1991) u.a. beobachteten sowohl bei Fichte als auch Buche einen ähnlichen Effekt wie auf den Standorten Rösa und Taura, auf denen ein erhöhtes Nährstoffangebot zu einem Rückgang der Durchwurzelungsintensität führte.

Auf den Standorten Taura und insbesondere Rösa ist der hohe Nitratgehalt des Bodens auffällig. Für die Buche ist bekannt, daß bei Stickstoffsättigung des Bodens die Ausbildung von Feinstwurzeln (d < 1 mm) zurückgeht. In Analogie dazu könnte geschlußfolgert werden, daß auch bei den Kiefern in einem stickstoffreichen System wenige Wurzeln eine ausreichende Nährstoffversorgung gewährleisten können.

Die besondere Bedeutung der Stickstoffsättigung des Waldökosystems für die Feinwurzelentwicklung läßt sich auch aus anderen Beobachtungen ableiten. Für die Fichte wurde nachgewiesen, daß bei Trockenheit die Wurzelkonzentration im Boden abnimmt, um nach

Wiederbefeuchtung häufig wieder stark anzusteigen. Begründet wird dieser Anstieg mit der erhöhten Nährstoffverfügbarkeit durch Humusabbau bei Wiederbefeuchtung des Bodens (EICHHORN 1995). Bei N-Mangel wird der freigesetzte Stickstoff sofort von den Wurzeln bei gleichzeitiger Verstärkung des Wurzelwachstums aufgenommen, was die starke Erhöhung der Durchwurzelungsintensität des O- und Ah-Horizontes im August 1994 auf dem Standort Neuglobsow erklärt. Durch die bessere Absättigung des Ökosystems mit Stickstoff auf den immissionsbelasteten Standorten besteht bei den Kiefern nur ein geringes bzw. kein N-Defizit, so daß ein Teil des durch Humusabbau freigesetzten Ammoniums zu Nitrat umgesetzt wird, wodurch eine Protonenfreisetzung eintritt (BINKLEY und RICHTER 1987). Ein solcher, teilweise nur in der Rhizosphäre nachweisbarer Versauerungsschub (HÄUSSLING 1990), könnte dafür verantwortlich sein, daß auf den Standorten Rösa und Taura die Ausbildung von Feinwurzeln nach Zwischentrocknung im Boden nicht oder nur eingeschränkt gefördert wird.

Zusammenfassend muß eingeschätzt werden, daß die Unterschiede bei der Ausbildung der Kiefernfeinwurzelsysteme nur teilweise erklärt werden können. Insbesondere auf dem Standort Taura haben die Feinwurzeln der Kiefern Nährstoffaneignungsstrategien entwickelt, für deren Erklärung weitere Untersuchungen erforderlich sind.

Literaturverzeichnis

BINKLEY, D.; RICHTER, D.: Nutrient cycles and H^+ budget of forest ecosystems. Adv. Ecol. Res. 16, 1 - 5 (1987)

EICHHORN, J.: Stickstoffsättigung und ihre Auswirkungen auf das Buchenwaldökosystem der Fallstudie Zierenberg. Ber. Forschungsz. Waldökosysteme, Göttingen, Reihe A, Bd. 124, 1 - 174 (1995)

HÄUSSLING, M.: pH-Werte in der Rhizosphäre, Wurzelwachstum und Mineralstoffaufnahme von unterschiedlich geschädigten Fichten auf verschiedenen Standorten in Baden-Württemberg, sowie Wasser- und Nährstoffaufnahme entlang von Fichtenwurzeln. Ber. Forschungsz. Waldökosysteme, Göttingen, Reihe A, Bd. 73, 1 - 266 (1990)

MARSCHNER, H.: The Mineral Nutrition of Higher Plant. Academic Press, London - San Diego - New York - Berkely - Boston - Sydney - Tokyo - Toronto, 674 p. (1986)

MARSCHNER, B.: Elementumsätze in einem Kiefernökosystem aus Rostbraunerde unter dem Einfluß einer Kalkung/Düngung. Ber. Forschungsz. Waldökosysteme, Göttingen, Reihe A, Bd. 60, 1 - 227 (1990)

MURACH, D.: Die Reaktion der Feinwurzeln von Fichten (*Picea abies* Karst.) auf zunehmende Bodenversauerung. Göttinger Bodenkdl. Ber. 77, 1 - 126 (1984)

PUHE, J.: Die Wurzelentwicklung der Fichte (*Picea abies* Karst.) bei unterschiedlichen chemischen Bodenbedingungen. Ber. Forschungsz. Waldökosysteme, Göttingen, Reihe A, Bd. 108, 1 - 127 (1994)

RAPP, CHR.: Untersuchungen zum Einfluß von Kalkung und Ammoniumsulfat - Düngung auf Feinwurzeln und Ektomykorrhizen eines Buchenaltbestandes im Solling. Ber. Forschungsz. Waldökosysteme, Göttingen, Reihe A, Bd. 72, 1 - 293 (1991)

SCHNEIDER, B. U.: Wachstum und Ernährung von Feinwurzeln in unterschiedlich immissionsbelasteten Fichtenbeständen des Fichtelgebirges. Diss. Univ. Bayreuth, 1 - 154 (1990)

WEISDORFER, M.; SCHAAF, W.; HÜTTL, R. F.: Auswirkungen sich zeitlich ändernder Schadstoffdepositionen auf Stofftransport und -umsetzung im Boden. *In:* Atmosphärensanierung und Waldökosysteme. Ed. R. F. Hüttl, K. Bellmann, W. Seiler. Bd. 4, pp 56 - 74. Umweltwissenschaften, Blottner Verlag, Taunusstein (1995)

ZÖTTL, H. W.: Ernährung und Düngung der Fichte. Forstw. Cbl. 109, 130 - 137 (1990)

Rhizosphärenprozesse, Umweltstreß und Ökosystemstabilität.
7. Borkheider Seminar zur Ökophysiologie des Wurzelraumes.
(Ed. W. Merbach) B. G. Teubner Verlagsgesellschaft Stuttgart, Leipzig 1997, pp. 68-76

UNTERSUCHUNGEN ZUM SCHADSTOFFTRANSFER AUSGEWÄHLTER ORGANOCHLORPESTIZIDE UND POLYZYKLISCHER AROMATISCHER KOHLENWASSERSTOFFE AUS EINER LÖSS-SCHWARZERDE DES STANDORTES BAD LAUCHSTÄDT IN MAISWURZELN

HEINRICH, K., SCHULZ, E.
Umweltforschungszentrum Leipzig-Halle GmbH
Sektion Bodenforschung
Hallesche Straße 44
D - 06246 Bad Lauchstädt

Abstract

In a greenhouse pot experiment investigations were conducted to study the uptake of different amounts of the chlorinated hydrocarbons (lindane and methoxychlor) and the polycyclic aromatic hydrocarbons (fluoranthene and benzo(a)pyrene) by maize from chernozem soil. There were substantial differences in the uptake and translocation into maize (shoots and roots). With increasing time the concentration of all tested substances in plant decreased. This effect is due to growth dilution. Increasing concentrations of lindane (γ-HCH) and methoxychlor in soil lead to an increase of their concentrations in maize, whereas benzo(a)pyrene and fluoranthene showed no directly effect.

Einleitung

Der Rückstandssituation von Pflanzenschutzmitteln im Boden bzw. anderen organischen Substanzen, die z.B. durch Klärschlammapplikationen in den Boden gelangen können, wird heute aus verschiedenen Blickwinkeln besondere Beachtung geschenkt.

Umweltrisiken durch chemische Bodenbelastungen ergeben sich vor allem durch das spezifische Verhalten der Stoffe im Boden, wobei die organische Substanz des Bodens aufgrund ihrer Sorptionseigenschaften ein wichtiger Einflußfaktor ist. Mit steigendem Gehalt an organischer Substanz

nimmt die Pflanzenverfügbarkeit (bzw. Bioverfügbarkeit) des Schadstoffes im Boden ab, da durch Sorptionsprozesse Wirkstoffmoleküle aus der Bodenlösung entfernt werden (HEINRICH und SCHULZ 1996 a und b). Somit kommt es zu einer Erhöhung der Persistenz der Schadstoffe, die oftmals mit einer späteren Remobilisierung mit Erhöhung der Bioverfügbarkeit verbunden ist.
Daß die Pestizide bis zu einem gewissen Grad bioverfügbar sind, ist zwar erwünscht, um die pestizide Wirkung zu erzielen, allerdings zeigen vielfältige Untersuchungen, daß der Transfer Boden/Pflanze oftmals sehr viel größer als erwartet ist (HEINRICH und SCHULZ 1996 c und d; SCHULZ et al. 1996).
Die Aufnahme von Polyzyklischen Aromatischen Kohlenwasserstoffen (PAK) war lange Zeit umstritten. Daß eine Schadstoffverlagerung in die Pflanze erfolgt, wurde bisher in Gefäßversuchen (CRÖSSMANN 1992), in Feldversuchen (KÖNIG et al. 1987) und sogar in Hydrokultur (EDWARDS et al. 1982) untersucht und bewiesen.
Untersuchungen zum Boden/Pflanze-Transfer der PAK zeigen, daß der größte Schadstoffanteil an der Wurzeloberfläche adsorbiert ist, allerdings eine Translokation von PAK mit mehr als vier Ringen im Molekül von der Wurzel in den Sproß zu vernachlässigen ist (SIMS und OVERCASH 1983; EDWARDS 1988).
Im folgenden wird das Transferverhalten der Organochlorpestizide Lindan (γ-Hexachlorocyclohexan) und Methoxychlor sowie der PAK Fluoranthen und Benzo(a)pyren anhand eines Gefäßversuches mit Lößschwarzerde des Standortes Bad Lauchstädt sowohl zum zeitlichen Verlauf als auch zum Einfluß unterschiedlicher Applikationen auf den Schadstofftransfer in Mais dargestellt.

Material

In dem Gefäßversuch wurden die Organochlorpestizide Lindan und Methoxychlor sowie die PAK Fluoranthen und Benzo(a)pyren in einer Menge appliziert, die einer Bodenkontamination von 50 mg/kg TS für jede Schadstoffkomponente entsprach. Als Versuchspflanze wurde Mais (Anjou 09) eingesetzt. Der Versuch wurde mit KICK- BRAUCKMANN-Gefäßen (8,5 kg Boden/Gefäß , 8 Pflanzen/Gefäß, 4-8 Wiederholungen) bei 60% der maximalen Wasserkapazität des Boden durchgeführt. Neben einer angemessenen P, K, Ca, Mg-Düngung betrug die Stickstoffdüngung 3g N/Gefäß.
Der Boden entstammt dem Standort Bad Lauchstädt und besitzt einen C_{org} von 1,62%, einen N_t von 0,15% und einen $pH_{(CaCL2)}$ von 7,52.

Die Maispflanzen wurden in unterschiedlichen Entwicklungsstadien und zwar nach 30, 60, 90 und 120 Tagen geerntet und der Einfluß der Schadstoffapplikation auf die Biomasseproduktion bzw. der Schadstoffgehalt in den Pflanzen überprüft.
Des weiteren wurde der Einfluß unterschiedlicher Pestizid- (10, 50, 100 und 400 ppm Gesamt-CKW-Gehalt) bzw. PAK-Applikationen (100, 200, 400 und 800 ppm Gesamt-PAK-Gehalt) auf das Transferverhalten Boden/Pflanze untersucht (Ernte nach 60 Tagen).

Methoden

Die Pflanzen wurden sofort nach ihrer Ernte in Sproß und Wurzel separiert und die Wurzelteile sorgfältig gewaschen. Die Lagerung bis zur Analyse erfolgte bei -21°C. Da beim Zwischenerntetermin nach 30 Tagen das Saatkorn noch separierbar war, wurde es getrennt von der Wurzel untersucht. Die Bestimmung der Organochlorpestizide erfolgte nach SPECHT, TILKES 1980 und 1985 sowie in Anlehnung an die VDLUFA-Methode (KAMPE et.al. 1986).
Die Bestimmung der PAK erfolgte in Anlehnung an eine Methode von SPEER (1994).

Statistik

Die statistische Auswertung der Daten erfolgte mit dem Programmpaket Statistica für Windows (Version 4.5). Für die Ermittlung des Einflusses des Schadstoffgehaltes in den Pflanzen in Abhängigkeit von der Versuchsdauer bzw. der Schadstoffmenge im Boden sowie des Einflusses der Schadstoffart und -menge auf die Biomasseproduktion wurde ein multipler Mittelwertsvergleich (n=4; Tukey Test; α=5%) verwendet. Unterschiedliche Buchstaben in den Tabellen und Abbildungen stehen für signifikante Unterschiede. Groß- und Kleinbuchstaben kennzeichnen unterschiedliche Varianten.

Ergebnisse und Diskussion

Die Trockenmasseerträge für die Untersuchungen zum zeitlichen Verlauf des Boden/Pflanze-Transfers der Organochlorpestizide und der PAK sind in Abbildung 1a und b dargestellt.
Nach 30 Tagen wurde im Vergleich zur unbehandelten Kontrolle für beide untersuchten Schadstoffklassen ein signifikanter Rückgang des Trockenmasseertrages der Maiswurzeln beobachtet, wobei dieser in der Organochlorpestizidvariante mit einer 74%igen Abnahme stärker ausgeprägt war als in der PAK-Variante mit einem 44%igen Rückgang. Demgegenüber konnte ein Einfluß der Schadstoffe auf den Trockenmasseertrag der Pflanzensprosse nicht nachgewiesen werden.

Bei der Untersuchung des Saatkorns wurde eine signifikante Zunahme der Trockenmasse der Organochlorpestizidvariante um 137% im Vergleich zur unbehandelten Variante ermittelt, was aus den vorliegenden Daten nicht erklärlich ist. Die Applikation von Benzo(a)pyren und Fluoranthen hatte auf die Trockenmasse des Saatkorns keinen Einfluß.

Während bei den Maiswurzeln nach einer Pestizidapplikation noch nach 60 und 90 Versuchstagen ein signifikanter Rückgang des Trockenmasseertrages zu verzeichnen war, konnte ein signifikanter Einfluß einer PAK -Applikation nur noch nach 60 Tagen nachgewiesen werden.

Nach 120 Tagen konnten weder für die PAK- noch für die Organochlorpestizidvariante Unterschiede im Wurzelwachstum nachgewiesen werden.

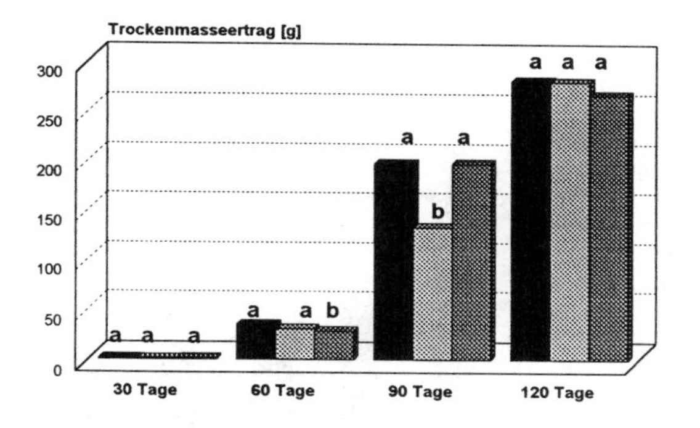

Abbildung 1a: Mittlerer Trockenmasseertrag von Mais (Sproß) unterschiedlichen Entwicklungsstadiums aus einem Gefäßversuch mit Lößschwarzerde des Standortes Bad Lauchstädt

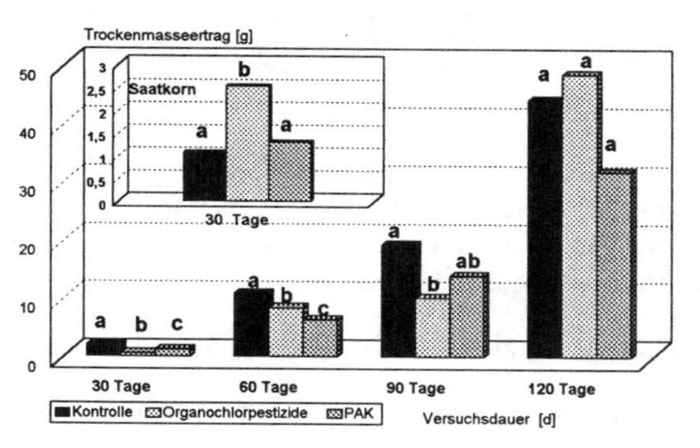

Abbildung 1b: Mittlere Trockenmassen von Mais (Wurzel, Saatkorn) unterschiedlichen Entwicklungsstadiums aus einem Gefäßversuch mit Lößschwarzerde des Standortes Bad Lauchstädt

Der Einfluß unterschiedlicher Organochlorpestizid- bzw. PAK-Konzentrationen im Boden auf den Trockenmasseertrag von Mais (Abbildung 2) zeigte sich am deutlichsten bei den Pflanzenwurzeln als Organe der größten Schadstoffaufnahme für im Boden befindliche Xenobiotika.

Für die PAK-Variante konnte kein eindeutiger Einfluß der Applikationsdosis auf den Trockenmasseertrag festgestellt werden. Der nicht signifikante Rückgang des Trockenmasseertrages schien viel mehr von der Schadstoffart als von der Applikationsdosis abhängig zu sein.
Dagegen konnte für die Organochlorpestizidvariante ein Einfluß der Applikationsdosis auf den Trockenmasseertrag aufgezeigt werden. Während die Pflanzen 10, 50 und 100 ppm Pestizidapplikation, wenn auch mit einem kontinuierlichen Rückgang des Trockenmasseertrages der Wurzeln, noch tolerierten, wurde bei 400 ppm ein signifikanter Trockenmasseertragsrückgang von 91% beim Sproß und 87% bei der Wurzel ermittelt.
Die in den Tabellen 1 und 2 angegebenen Schadstoffkonzentrationen wurden in Sproß und Wurzel bzw. im Saatkorn unter Berücksichtigung möglicher, nicht versuchsbedingter Einträge (z.B. Deposition aus der Luft) durch Differenzbildung mit den unbehandelten Kontrollen am jeweiligen Erntetermin bestimmt.

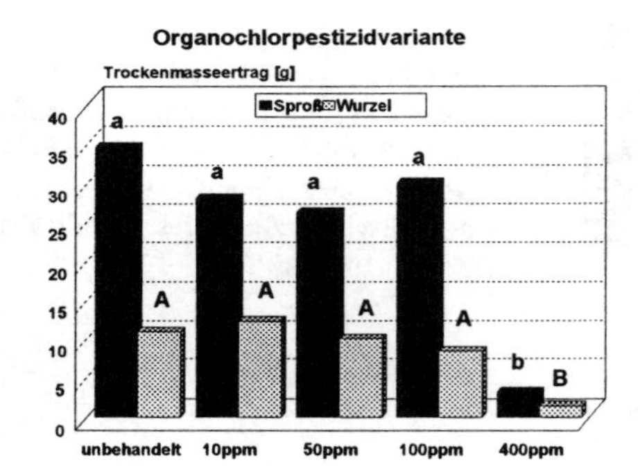

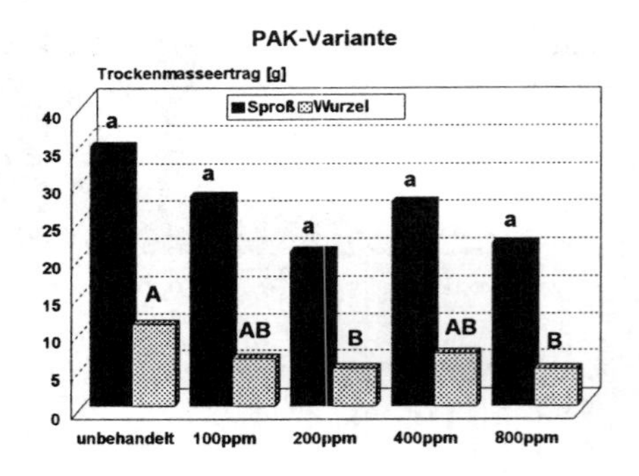

Abbildung 2: Mittlere Trockenmasseerträge [g] (n=4) von Mais (60 Versuchstage, Sproß, Wurzel) aus in einem Gefäßversuch mit Lößschwarzerde (Standort Bad Lauchstädt) mit unterschiedlichen Schadstoffapplikationen an PAK und Organochlorpestiziden

Wie aus Tabelle 1 ersichtlich, lagen die Lindankonzentrationen in der Gesamtpflanze nach 30 Tagen mit 178 ppm deutlich höher als die Methoxychlorkonzentrationen mit 19 ppm. In der PAK be-handelten Varianten wurden nach 30 Versuchstagen signifikant höhere Konzentrationen der besser wasserlöslichen Komponente Fluoranthen mit 16 ppm gegenüber 7,7 ppm Benzo(a)pyren in den Pflanzen nachgewiesen.
Im Versuchsverlauf nahmen sowohl die Organochlorpestizid- als auch die PAK-Gehalte infolge wachstumsbedingter Verdünnungsreaktionen in den Pflanzen kontinuierlich ab. Eine signifikante Verlagerung der Schadstoffe in den Sproß erfolgte nur nach 30 Tagen. Der Hauptteil der Schad-

stoffe war während des gesamten Versuchsverlaufes in den unterirdischen Pflanzenteilen konzentriert. Besonders bemerkenswert waren die hohen Restkonzentrationen der Organochlorpestizide im Saatkorn, was auf eine mögliche Penetration der Schadstoffe durch das Saatkorn schließen läßt. Zu ähnlichen Ergebnissen gelangte auch WESTCOTT (1985) bei der Untersuchung von mit Lindan gebeiztem Rapssaatgut nach einer Separierung von Saatkornhülle und Keimling.

Tabelle 1: Mittlere Schadstoffkonzentrationen bzw Schadstoffentzüge sowie Standardabweichungen [SD] (n=8 für 30 Tage; n=4 für 60, 90, 120 Tage) von Mais (Sproß, Wurzel, Saatkorn) in einem Gefäßversuch mit Lößschwarzerde des Standortes Bad Lauchstädt (für den multiplen Mittelwertsvergleich wurden Saatkorn und Wurzel zusammengezogen)

		Schadstoffgehalt und Standardabweichung [mg/kg TS]							Entzug [µg/Gefäß]
Schadstoff	Dauer [d]	Sproß	SD	Wurzel	SD	Saatkorn	SD	Gesamtpflanze	Gesamtpflanze
Lindan	30	**67,32**^{a}	16,04	**120,02**^{a}	11,03	**236,44**	12,86	**178,59**^{a}	**728**^{a}
	60	**2,69**^{b}	1,00	**5,78**^{b}	2,40			**3,71**^{b}	**142**^{b}
	90	**0,02**^{b}	0,008	**0,39**^{b}	0,03			**0,05**^{b}	7^{c}
	120	**0,02**^{b}	0,004	**0,06**^{b}	0,03			**0,02**^{b}	7^{c}
Methoxychlor	30	**1,34**^{a}	0,86	**53,37**^{a}	2,61	**18,79**	1,08	**18,78**^{a}	77^{a}
	60	**n.n.**		**59,14**^{b}	11,27			**12,81**^{b}	**492**^{b}
	90	**0,08**^{b}	0,001	**23,84**^{a}	10,69			**1,76**^{c}	**250**^{c}
	120	**n.n.**		**13,00**^{a}	5,98			**1,92**^{c}	**630**^{d}
Fluoranthen	30	**7,15**^{a}	0,10	**33,50**^{a}	0,83	**7,66**	1,26	**16,02**^{a}	**57**^{a}
	60	**0,02**^{b}	0,01	**6,07**^{b}	0,93			**1,13**^{b}	**38**^{b}
	90	**0,03**^{b}	0,001	**3,67**^{c}	1,34			**0,26**^{c}	**54**^{a}
	120	**0,002**^{b}	0,001	**0,09**^{d}	0,02			**0,01**^{c}	**3,5**^{c}
Benzo(a)-pyren	30	**1,03**^{a}	0,06	**2,25**^{a}	0,001	**0,12**	0,01	**7,76**^{a}	**27**^{a}
	60	**0,005**^{b}	0,001	**2,05**^{b}	0,96			**0,38**^{b}	**13**^{b}
	90	**0,003**^{b}	0,002	**5,09**^{c}	0,31			**0,34**^{b}	**71**^{c}
	120	**0,002**^{b}	0,001	**4,84**^{c}	1,37			**0,05**^{b}	**16**^{b}

Aus Tabelle 2 wird deutlich, daß die Schadstoffkonzentrationen in der Gesamtpflanze mit der Applikationsmenge der Organochlorpestizide streng positiv korreliert ist. Es wurden Korrelationskoeffizienten von 0,93 für das Lindan und 0,87 für das Methoxychlor ermittelt.

Die absoluten Lindan- und Methoxychlorentzüge [mg / Gefäß] hingegen stiegen bei Schadstoffapplikationen von 10, 50 und 100 ppm an. Eine Ausnahme bildete die 400 ppm Variante, in der es zu einem signifikanten Rückgang des Schadstoffentzuges und des Trockenmasserertrages in den Pflanzen kam. Bei einer Applikation der PAK konnte keine eindeutige Abhängigkeit der Schadstoffkonzentration in den Pflanzen von deren Konzentration im Boden festgestellt werden.

Bezogen auf den Gesamt-PAK-Gehalt [mg/kg TS] der Pflanzen enthielten die Versuchspflanzen bei einer Konzentration von 100, 200 und 400 ppm PAK im Boden eine gleichbleibende Belastung von 1,6 ppm, wobei die Anteile von Fluoranthen und Benzo(a)pyren bei jeder Applikationsdosis variierten. Bei einer Bodenkontamination von 800 ppm PAK erhöhte sich der Schadstoffgehalt in den Pflanzen auf 2,6 ppm. Der mengenmäßige Anteil beider Schadstoffe betrug dabei je 50%.

Tabelle 2: Mittlerer Schadstoffgehalt bzw. Schadstoffentzug sowie Standardabweichungen (SD) (n=4) von Mais (Versuchsdauer 60 Tage, Sproß, Wurzel) in einem Gefäßversuch mit Lößschwarzerde des Standortes Bad Lauchstädt

			Schadstoffgehalt und Standardabweichung [mg/kg TS]					Entzug [µg/Gefäß]
Schadstoff-art	Dosis [ppm]	Schadstoff	Sproß	SD	Wurzel	SD	Gesamt-pflanze	Gesamt-pflanze
Organochlor-pestizide	10	Lindan	**0,02**^{a}	0,002	**0,03**^{a}	0,005	**0,02**^{a}	**1**^{a}
		Methoxychlor	**0,04**^{A}	0,02	**4,13**^{A}	1,16	**1,28**^{A}	**52**^{A}
	50	Lindan	**0,58**^{a}	0,28	**0,43**^{a}	0,04	**0,54**^{a}	**19**^{a}
		Methoxychlor	**0,003**^{B}	0,001	**9,68**^{A}	0,76	**2,67**^{A}	**97**^{A}
	100	Lindan	**2,69**^{ab}	0,98	**5,78**^{b}	1,40	**3,36**^{b}	**129**^{b}
		Methoxychlor	**0**		**59,14**^{B}	5,27	**12,81**^{B}	**492**^{B}
	400	Lindan	**4,53**^{b}	1,79	**18,65**^{c}	0,02	**8,78**^{c}	**40**^{a}
		Methoxychlor	**0,02**^{AB}	0,002	**183,2**^{C}	10,23	**56,50**^{C}	**258**^{C}
PAK	100	Fluoranthen	**0,02**^{a}	0,01	**6,07**^{a}	0,93	**1,13**^{a}	**38**^{a}
		Benzo(a)pyren	**0,005**^{A}	0,001	**2,05**^{AC}	0,96	**0,38**^{AC}	**13**^{A}
	200	Fluoranthen	**0,05**^{a}	0,003	**0,23**^{b}	0,09	**0,18**^{b}	**5**^{b}
		Benzo(a)pyren	**0,02**^{A}	0,003	**7,33**^{CB}	0,96	**1,45**^{BC}	**37**^{B}
	400	Fluoranthen	**0,02**^{a}	0,001	**2,32**^{c}	0,28	**0,58**^{c}	**20**^{c}
		Benzo(a)pyren	**0,03**^{A}	0,003	**4,91**^{ABC}	0,98	**1,04**^{ABC}	**35**^{AB}
	800	Fluoranthen	**0,03**^{a}	0,001	**6,31**^{a}	0,76	**1,29**^{a}	**34**^{a}
		Benzo(a)pyren	**0,04**^{B}	0,002	**7,03**^{BC}	0,87	**1,34**^{BC}	**36**^{B}

Literaturverzeichnis

CRÖSSMAN, G.: Untersuchungen zum Transfer ausgewählter PAK bei gärtnerischen und landwirtschaftlichen Nutzpflanzen. in: Landesanstalt für Ökologie, Landschaftsentwicklung und Forstplanung Nordrhein-Westfalen (LÖLF), Recklinghausen (Hrsg.): Materialien zur Ermitt-lung und Sanierung von Altlasten. Band 7: Beurteilung von PCB und PAK in Kulturböden. 133-172 (1992).

EDWARDS, N. T.; ROSS-TODD, B. M.; GARVER, E. G.: Uptake and metabolism of ^{14}C-anthracene by soybean (Glycine max). Environmental and experimental botany 22, 349-357 (1982).

EDWARDS, N. T.: Assimilation and metabolism of polycyclic aromatic hydrocarbons by vegetation- an approach to this controversial issue and suggestions for future research.
In: Cooke, M.; Dennis, A. J. (ed.) Polycyclic aromatic hydrocarbons: A decade of progress. 10th Int. Symp. Battelle Press, Columbus, OH. 211-229 (1988)

HEINRICH, K.; SCHULZ, E.: Aufnahme ausgewählter Organochlorpestizide (CKW) aus einem Sandboden einer Tieflehm-Fahlerde durch Mais in einem Gefäßversuch.
Mitteilung der Deutschen Bodenkundlichen Gesellschaft 79, 283-286 (1996a)

HEINRICH, K.; SCHULZ, E.: Aufnahme ausgewählter Organochlorpestizide (CKW) aus einer Tieflehm-Fahlerde und einer Lößschwarzerde durch Mais in einem Gefäßversuch.
Tagung der Deutschen Bodenkundlichen Gesellschaft-AG Bodenschutz-Stoffliche Bodenbelastung. Leipzig, 07.-08. Mai (1996b) (im Druck)

HEINRICH, K.; SCHULZ, E.: Aufnahme ausgewählter Organochlorpestizide aus einem hoch belasteten Aueboden des Industriegebietes Bitterfeld durch Nutzpflanzen in einem Gefäßver-such. Tagung der Deutschen Bodenkundlichen Gesellschaft-AG Bodenschutz-Stoffliche Bodenbelastung. Leipzig, 07.-08. Mai (1996c) (im Druck)

HEINRICH, K.; SCHULZ, E.: Einfluß des Belastungsgrades unterschiedlicher Böden an ausgewählten pestizid wirkenden Chlorkohlenwasserstoffen auf deren Aufnahme durch Möhren im Gefäßversuch. Zeitschrift für Pflanzenernährung und Bodenkunde (1996d) (im Druck)

KAMPE, W.; ZÜRCHER, C.; JOBST, H. : Schadstoffe im Boden insbesondere Schwermetalle und organische Schadstoffe aus langjähriger Anwendung von Siedlungsabfällen. Landwirtschaftliche Untersuchungs-und Forschungsanstalt. Berichtnummer UBA-FB 10701003 (1986).

KÖNIG, W.; WITTKÖTTER, U.; HEMBROCK, A. : Gehalte an anorganischen und organischen Schadstoffen in Böden und Pflanzen des Humusanreicherungsversuchs Berrenrath nach langjähriger Düngung mit Klärschlamm und Müll-Klärschlamm-Kompost. VDLUFA-Schriftenreihe 23, 533-546 (1987).

SCHULZ, E.; KLIMANEK, E. M.; KALBITZ, K.; HEINRICH, K.: Investigations on beta-HCH decomposition in heavy polluted soils in the riverine area of the river Mulde in the region of Dessau. 4th forum HCH and unwanted pesticides, 15.-16.01.1996 Poznan, Poland (1996)

SIMS, R. C.; OVERCASH, M. R. : Fate of polynuclear aromatic compounds (PNA's) in soil-plant systems. Residue Rev. 88, 1-68 (1983).

SPECHT, W.; TILKES, M. : Gas-chromatographische Bestimmung von Rückständen an Pflanzenbehandlungsmitteln nach Clean-up über Gel-Chromatographie und Mini- Kieselgel-Säulenchromatographie. 3. Mitteilung. Fres. Z. Anal. Chem. 301, 300-307 (1980).

SPECHT, W.; TILKES, M. : Gas-chromatographische Bestimmung von Rückständen an Pflanzenbehandlungsmitteln nach Clean-up über Gel-Chromatographie und Mini- Kieselgel-Säulenchromatographie. 5. Mitteilung. Fres. Z. Anal. Chem. 322, 443-455 (1985).

SPEER; K. : Bestimmung von PAK in Lebensmitteln. In: Matter, L.(ed.): Lebensmittel- und Umweltanalytik mit der Kapillargaschromatographie. VCH (1994).

WESTCOTT, N., D.: Gamma-HCH in rape seedlings grown from treated seeds.
Pesticide Science 16, 4, 416-421 (1985)

Rhizosphärenforschung, Umweltstreß und Ökosystemstabilität.
7. Borkheider Seminar zur Ökophysiologie des Wurzelraumes.
(Ed. W. Merbach) B. G. Teubner Verlagsgesellschaft Stuttgart, Leipzig 1997, pp. 77-83

DER EINFLUSS VON PFLANZEN AUF ELIMINIERUNGSPROZESSE VON ORGANISCHEN UMWELTCHEMIKALIEN IM BODEN

GÜNTHER, Th., LÄTZ, M., PERNER, B., FRITSCHE, W.
Friedrich-Schiller-Universität Jena
Institut für Mikrobiologie
Philosophenweg 12
D - 07743 Jena

Abstract

The use of higher plants for soil bioremediation processes is an emerging technology. The beneficial effects of plants on the elimination of hazardous organic pollutants comprise an overall increase of microbial numbers and activities within the rhizosphere, an enhanced microbial metabolism of pollutants by providing root exudates for cometabolic oxidation and the release of unspecific oxidative enzymes which can detoxify aromatic compounds by oxidative binding to soil organic matter. In laboratory studies with soil columns contaminated with hydrocarbons, in the rhizosphere of ryegrass the organic pollutant disappeared faster than in the unplanted control columns. In the planted soil system microbial numbers and soil respiration rates were higher compared to the bulk soil.

Einleitung

Moderne Ökotechnologien nutzen in zunehmendem Maße pflanzliche Aktivitäten zur Eliminierung von umweltgefährdenden Stoffen aus Böden (ANDERSON et al. 1993). Durch das Aufbringen geeigneter Vegetation auf kontaminierte Böden kann deren biologisches Selbstreinigungspotential stimuliert und damit der Schadstoffabbau gefördert werden. Die unter dem Begriff „Phytoremediation“ zusammengefaßten Technologien werden zur *in-situ* Reinigung oberflächiger, weiträumiger Verunreinigung, zur Sicherung und zur Rekultivierung von Böden genutzt (GÜNTHER et al. 1993, SCHNOOR et al. 1995).

Pflanzen wirken in komplexer Weise auf den Verbleib von organischen Umweltchemikalien im Boden. Von primärer Bedeutung sind dabei die synergistischen Interaktionen von Makro- und Mikroorganismus in der Rhizosphäre. Diese Wechselwirkungen umfassen kooperative Leistungen beim Katabolismus von Natur- und Fremdstoffen. Im vorliegenden Beitrag werden Prinzipien und experimentelle Befunde dargestellt, wie Pflanzen potentiell die Eliminierung von organischen Schadstoffen aus Böden beeinflussen.

Stimulierter Metabolismus von organischen Schadstoffen in der Rhizosphäre

Organische Umweltchemikalien unterliegen im Boden Veränderungen, die zu ihrer Metabolisierung, Mineralisierung bzw. zur Festlegung an der organischen Matrix führen. In vegetationstragenden Böden ist mit dem Wurzelsystem ein weiteres Kompartiment vorhanden, das den Verbleib der Fremdstoffe zusätzlich beeinflussen kann. Pflanzen wirken auf diese Prozesse in mehrfacher Weise (Abb. 1). Die Abbauleistungen der Mikroorganismen der Rhizosphäre tragen hauptsächlich zur Eliminierung von organischen Umweltchemikalien bei. Durch die Ausscheidung von Wurzelexsudaten werden Anzahl, Aktivität und Diversität der Bodenmikroorganismen erhöht.

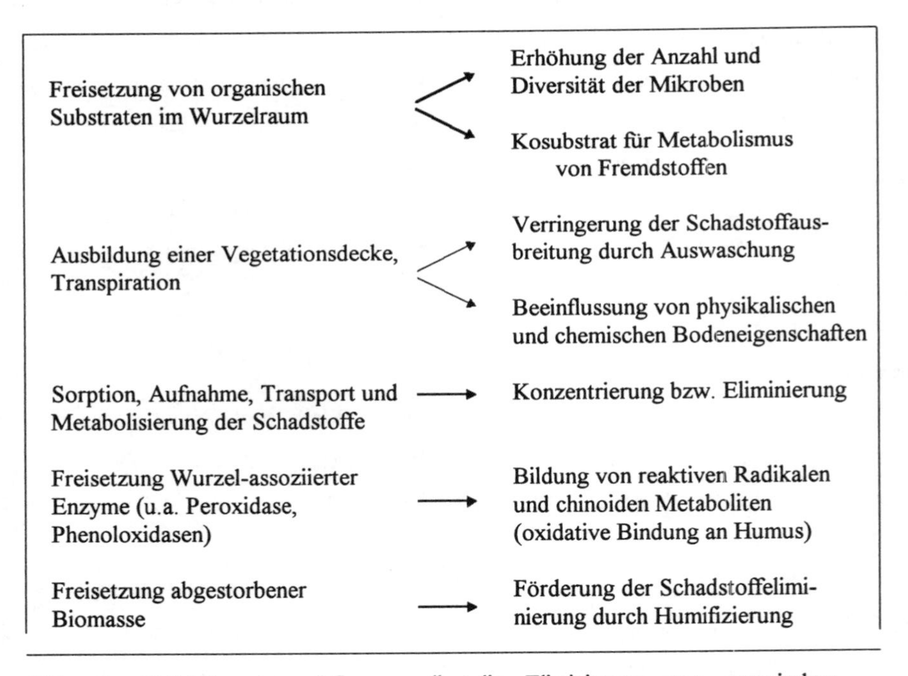

Abb. 1: Aktivitäten von Pflanzen, die die Eliminierung von organischen Umweltchemikalien im Boden beeinflussen.

Es gibt Hinweise darauf, daß Pflanzen durch eine spezifische Förderung von Mikrobenpopulationen des Wurzelraumes eine schnellere Eliminierung von toxischen Substanzen und damit eine erhöhte Resistenz erreichen (RADWAN et al. 1995, VAN ZWIETEN et al. 1995). Wurzelausscheidungen wie organische Säuren, Aminosäuren, Polysaccharide sind verwertbare Kohlenstoffquellen des mikrobiellen Wachstums. Gleichzeitig dienen sie als Substrat für den Kometabolismus von persistenten und xenobiotischen Verbindungen (z. B. Pestizide, polyzyklische aromatische Kohlenwasserstoffe oder polychlorierten Aromaten).
Neben der Beeinflussung mikrobieller Aktivitäten wirken Pflanzen direkt durch Sorption, Translokation und Metabolisierung auf den Verbleib von Schadstoffen im Boden. Abhängig von physiko-chemischen Eigenschaften (Molekulargewicht, Dampfdruck, n-Oktanol/Wasser-Verteilungskoeffizient) die die Bioverfügbarkeit der organischen Verbindungen bestimmen, werden diese mehr oder weniger stark durch die Wurzel aufgenommen, in der Pflanze akkumuliert und umgewandelt (BRIGGS et al. 1982, SCHEUNERT 1992).
Obwohl aliphatische Kohlenwasserstoffe unter natürlichen Bedingungen in Böden vorkommen bzw. anthropogen bedingt in diese eingetragen werden, liegen relativ wenig Informationen über ihren Einfluß und über ihren Verbleib in der Rhizosphäre vor (LEE and BANKS 1993, MALALLAH et al. 1996).
Das Anliegen der vorgestellten Untersuchungen war es, den Einfluß von Gräsern auf den Abbau von Mineralölkohlenwasserstoffen (MKW) in Modellbodensäulen unter Gewächshausbedinungen zu untersuchen. Da als Hauptfaktoren der MKW-Eliminierung mikrobielle Aktivitäten anzunehmen sind, wurden parallel zur Abnahme des organischen Schadstoffes mikrobielle Populationen und Aktivitäten bestimmt (GÜNTHER et al. 1996).

Material und Methoden

Als Versuchsboden wurde ein lehmiger Lößboden genutzt (Kösnitz, Thüringen, C_{org} 2.0%, pH 7.2, Ton 27%, Schluff 64%, Sand 9%,), der im Verhältnis 1:1 mit Sand vermischt wurde. Als Pflanzenmaterial wurde Weidelgras *(Lolium perenne L.)* verwendet. Zur Kultivierung der Pflanzen wurden Glaszylinder mit je 400g Boden eingesetzt, die unter Gewächshausbedingungen inkubiert wurden (Tag-Nacht-Rhythmus, 20-28°C). Bodensäulen ohne Pflanzen sowie mit $HgCl_2$ versetzte Proben dienten als biotische bzw. abiotische Kontrollen. Die Dotierung des Bodens erfolgte mit einer Mischung aus n- und iso-Alkanen der Kettenlänge C_{10}-C_{24} sowie polyzyklischen aromatischen Kohlenwasserstoffe (PAK) (Phenanthren, Anthracen, Fluoranthen und Pyren; Gesamtkonzentration: 5000 mg/kg). Die Mineralöl-Kohlenwasserstoffe (MKW) wurden in Diethylether gelöst und mit dem

Sand vermischt. Das Lösungsmittel wurde danach am Rotationsverdampfer abgezogen. Die Konditionierung des Bodens erfolgte über einige Tage bei 18°C. Die Isolierung der MKW erfolgte mittels Soxhlet-Extraktion (Petrolbenzin/Methylenchlorid, 90/10 (v/v)) über 6 Stunden. Zur gaschromatografischen Analyse der Aliphate und PAK diente ein Shimadzu GC 14A mit Kapillarsäule DB 5 (30 m x 0.254 mm) und Flammenionisationsdetektor. Die Lebendkeimzahl der Bodenproben wurde mit Verdünnungsausstrichen auf Nähragar (Merck) und nachfolgender Inkubation über 7 Tage bei 28°C ermittelt. Die Basalatmung wurde nach JÄGGI (1976) bestimmt. Die Dehydrogenaseaktivität wurde mit 2,3,5-Triphenyltetrazoliumchlorid (TTC) nach THALMANN (1968) bestimmt.

Ergebnisse und Diskussion

Die für die Untersuchungen verwendeten Mineralöl-Kohlenwasserstoffe sind charakteristische Bestandteile von Dieselkraftstoffen. Im Allgemeinen gelten n-Alkane dieser Kettenlänge (C_{10}-C_{24}) sowie drei- und vierkernige PAK als biologisch gut abbaubar (BOSSERT and BARTHA 1984). Um eine homogene Verteilung der wasserunlöslichen Schadstoffe im Versuchsboden zu gewährleisten, wurden diese aus einer organischen Lösung an Sand adsorbiert, der nachfolgend mit dem Testboden vermischt wurde.

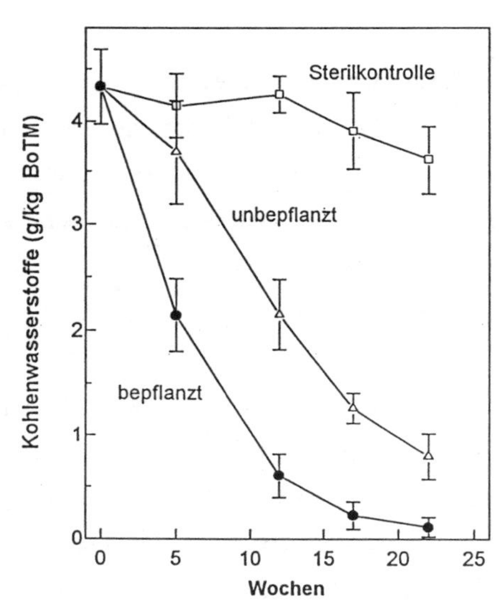

Abb. 2: Abnahme der Mineralöl-Kohlenwasserstoffe (MKW) in mit Weidelgras bepflanzten und unbepflanzten Bodensäulen. Der Boden wurde mit 5000 mg/kg MKW dotiert. Die Sterilkontrolle wurde zur Unterdrückung der biologischen Aktivitäten mit $HgCl_2$ behandelt.

Von der applizierten Ausgangskonzentration von 5000 mg/kg MKW konnten durch Soxhlet-Extraktion 4330 mg/kg wieder aus dem Boden extrahiert werden. Während des 22-wöchigen Versuches war eine deutliche Reduzierung MKW-Gehaltes meßbar. Die Hauptursache der Schadstoffeliminierung war dabei der biologische Abbau. Die abiotischen Verluste durch Ausgasung waren gering, ebenso die Sorption der MKW an die Pflanzenwurzeln.

Die Konzentration der MKW nahm in Bodensäulen mit Weidelgras schneller ab als in unbepflanzten Kontrollansätzen (Abb. 2). Innerhalb von 22 Wochen sankt der MKW-Gehalt in den bepflanzten Säulen auf 3% der Ausgangskonzentration und lag damit im Bereich der natürlichen Hindergrundkonzentration. In den unbepflanzten Säulen waren zum Versuchsende noch 18% des Schadstoffes vorhanden. Die in Abb. 3a und 3b dargestellten Ergebnisse der Keimzahl- und Basalatmungsbestimmung bestätigen den Befund der schnelleren Eliminierung der Schadstoffe in der Rhizosphäre. In den bepflanzten Bodensäulen waren sowohl die Lebendkeimzahl als auch die Atmungsrate höher als im wurzelfreien System.

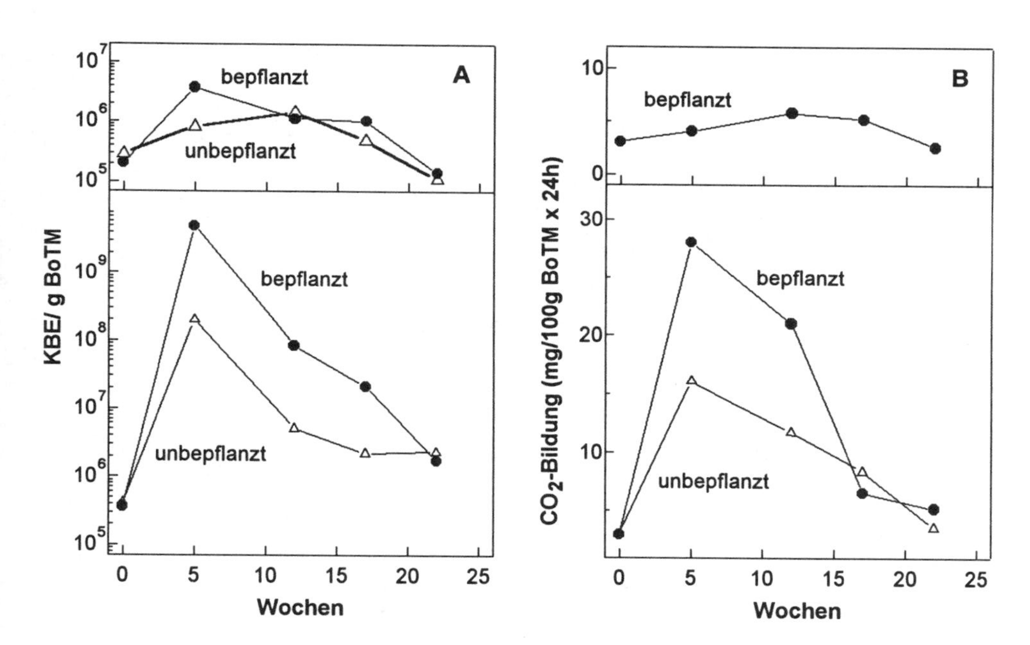

Abb. 3a: Kolonie-bildende Einheiten (KBE) aerober Mikroorganismen in bepflanzten und unbepflanzten Mineralöl-Kohlenwasserstoff-dotierten Bodensäulen (unten) und in Vergleichsansätzen ohne Schadstoffzusatz (oben).

Abb. 3b: Basalatmungsaktivität in bepflanzten und unbepflanzten Mineralöl-Kohlenwasserstoff-dotierten Bodensäulen (unten) und in Vergleichsansätzen ohne Schadstoffzusatz (oben).

Als ein weiterer Parameter, der mit bodenbiologischen Aktivitäten korreliert, wurde die Dehydrogenaseaktivität bestimmt (Abb. 4). Für die ersten Versuchswochen, die durch eine starke MKW-Abnahme gekennzeichnet waren, ergaben sich auch mit diesem Test höhere Werte für die bepflanzten Säulen.

Im Vergleich zu den MKW-dotierten Böden waren in nicht-kontaminierten Ansätzen deutlich geringere Keimzahlen und Aktivitäten meßbar, was auf eine produktive Verwertung der Alkane durch die Bodenmikroorganismen hindeutet.

Die Ergebnisse zeigen, daß in bepflanzten Bödensäulen zugesetzte Kohlenwasserstoffe mit höherer Rate eliminiert werden als in vegetationslosen Böden. In Übereinstimmung damit werden in der Rhizosphäre höhere mikrobielle Aktivitäten gemessen. Die Ursachen für die fördernde Wirkung von Weidelgras auf den Abbau der Mineralöl-Kohlenwasserstoffen sind bisher noch unklar. Da die Mehrzahl der n-Alkane als Wachstumssubstrate von vielen Bakterien genutzt werden kann, sollten kometabolische Oxidationen unter Nutzung von Wurzelexsudaten eine geringere Rolle spielen. Möglicherweise wird die Stimulierung des MKW-Abbaus durch eine Verbesserung von abiotischen Faktoren in der Rhizosphäre erreicht.

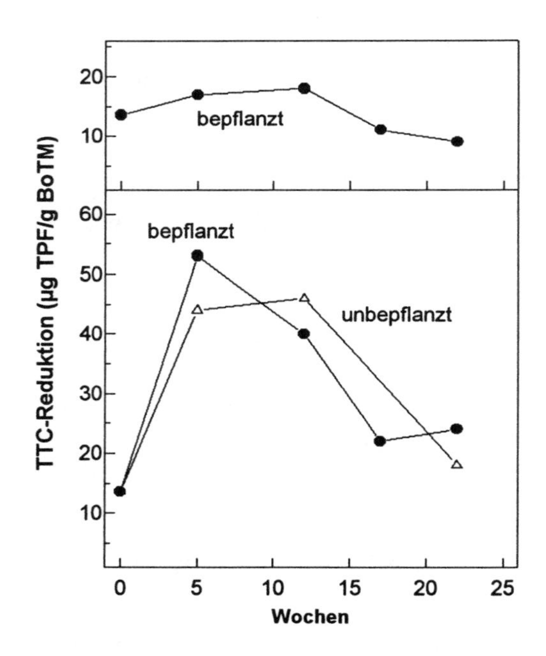

Abb. 4: Dehydrogenaseaktivität (Reduktion von Triphenyltetrazoliumchlorid) in bepflanzten und unbepflanzten Kohlenwasserstoff-dotierten Bodensäulen (unten) und in Vergleichsansätzen ohne Schadstoffzusatz (oben).

Danksagung

Die Untersuchungen wurden gefördert durch das Thüringer Ministerium für Wissenschaft, Forschung und Kultur und durch die Fonds der Chemischen Industrie, Frankfurt/M.

Literaturverzeichnis

ANDERSON, T. A.; GUTHRIE, E. A.; WALTON, B. T.: Bioremediation in the rhizosphere. Environ. Sci. Technol. 27, 2630-2636 (1993).

BOSSERT, I.; BARTHA, R.: The fate of petroleum in soil ecosystems. In Petroleum microbiology (Ed. R. Atlas) 435-474, Macmillan, New York (1984).

BRIGGS, G. G.; BROMILOW, R. H.; EVANS, A. A.: Relationships between lipophilicity and root uptake and translocation of non-ionised chemicals in barlay. Pestic. Sci. 13, 495-504 (1982).

GÜNTHER, TH.; TRAUTVETTER, D.; FRITSCHE, W.: Projekt Menteroda: Kombination von Sanierung und Rekultivierung. In: Bewertung und Sanierung Mineralöl-kontaminierter Böden. (Ed. G. Kreysa, J. Wiesner) DECHEMA, Frankfurt/M., 245-257 (1993).

GÜNTHER, TH.; DORNBERGER, U.; FRITSCHE, W.: Effects of ryegrass on biodegradation of hydrocarbons in soil. Chemosphere 33, 203-215 (1996).

JÄGGI, W.: Die Bestimmung der CO_2-Bildung als Maß der bodenbiologischen Aktivität. Schweiz. Landwirtsch. Forsch. 15 (314), 317-380 (1976).

LEE, E.; BANKS, M. K.: Bioremediation of petroleum contaminated soil using vegetation: A microbial study. J. Environ. Sci. Health A28, 2187-2198 (1993).

MALALLAH, G.; AFZAL, M.; GULSHAN, S.; ABRAHAM, D.; KURIAN, M.; DHAMI, M. S. I.: Vicia faba as a bioindicator of oil pollution. Environ. Pollut. 92, 213-217 (1996).

RADWAN, S.; SORKHOH, N.; EL-NEMR, I.: Oil biodegradation around roots. Nature 376, 302 (1995).

SCHEUNERT, I.: Belastung von Pflanzen und anderen Organismen mit Xenobiotika und deren Aufnahme über den Bodenpfad. Angew. Bot. 66, 153-156 (1992).

SCHNOOR, J. L.; LICHT, L. A.; Mc CUTCHEON, S. C.; WOLFE, N. L.; CARREIRA, L. H.: Phytoremediation of organic and nutrient contamination. Environ. Sci. Technol. 29, A 318-323 (1995).

THALMANN, A.: Zur Methodik der Bestimmung der Dehydrogenaseaktivität im Boden mittels Triphenyltetrazoliumchlorid (TTC). Landwirtsch. Forsch. 21, 249-258 (1968).

VAN ZWIETEN, L.; FENG, L.; KENNEDY, I. R.: Colonisation of seedling roots by 2,4-D degrading bacteria: A plant microbial model. Acta Biotechnol. 15, 27-39 (1995).

Rhizosphärenforschung, Umweltstreß und Ökosystemstabilität.
7. Borkheider Seminar zur Ökophysiologie des Wurzelraumes.
(Ed. W. Merbach) B. G. Teubner Verlagsgesellschaft Stuttgart, Leipzig 1997, pp. 84-89

BEDEUTUNG DES WURZELSYSTEMS FÜR DIE REGENERATION DER BRACHEVEGETATION IN NORDOST-BRASILIEN

WIESENMÜLLER, J., DENICH, M., VLEK, P. L.G.

Universität Göttingen, Institut tropische Pflanzenproduktion

Grisebachstr. 6

D - 37077 Göttingen

Abstract

The fallow vegetation of the eastern Amazon region, which is an integral part of the regional agro-ecosystem, usually regenerates vegetatively from stumps and roots of the former vegetation. Successional regrowth highly depends on root growth dynamics. The below ground productivity is directly influenced by seasonal changes of rainfall as well as human impact by agricultural land preparation. Two field experiments were established in order to investigate the impact of- 4 different land preparation methods on the regeneration capacity of the fallow vegetation. It was observed, that the traditional slash-and-burn treatment did not considerably affect the root and above-ground regrowth. Contrary to that, mechanized land preparation decreased the regeneration capacity of the fallow vegetation. In order to develop a sustainable agricultural land-use system it is recommended to use land preparation with low impact on the coarse root system. Ploughing, harrowing and repeated stump removal should to be avoided because they negatively affect fallow vegetation regrowth.

Einleitung

In der traditionellen Wald-Feld-Wechselwirtschaft des östlichen Amazonasgebietes (Abb. 1) schließt sich der 1-2-jährigen Kulturphase eine mehrjährige Waldbrache an (Abb. 2). In der Regel beginnt ihr Aufwuchs 2-3 Monate vor Beendigung der Anbauphase durch Adventivsprossung an Baumstümpfen und Wurzelbrut. Generative Regeneration und Ausbreitung durch Samenkeimung findet nur in geringem Maße statt (CLAUSING 1994). Im Initialstadium des Wiederaufwuchses ist ein vitales Wurzelsystem von Wichtigkeit (WIESENMÜLLER et al 1995). Neben der Mobilisierung und Nachlieferung von Bodennährstoffen und Wasser führt es durch ständigen Eintrag organischen Materials zur Verbesserung der Bodeneigenschaften und verhindert Auswaschungsverluste nach dem Roden der Vegetation. Die vorliegende Arbeit untersucht den Einfluß verschiedener Kulturflächenbehandlungen auf die ober- und unterirdische Regenerationskapazität der Sekundärvegetation.

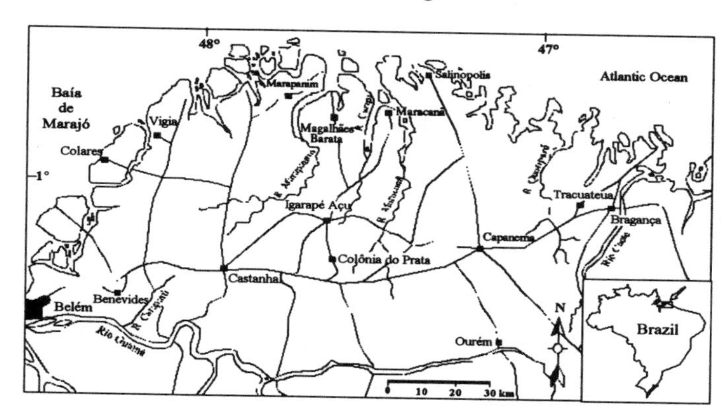

Abb. 1: Lageskizze des Untersuchungsgebietes. Alle Feldexperimente wurden in unmittelbarer Nähe von Igarapé Açu eingerichtet. Die Hauptstadt des Bundesstaates Pará befindet sich ca. 120 km östlich.

Materialien und Methoden

In 2 Sekundärvegetationen, 3- und 9-jährig (Exp. 3a oder Exp. 9a), wurden randomisierte Blockplots mit 4-facher Behandlungswiederholung angelegt. Behandlungen siehe Tabelle.

1 Sekundärvegetation	---	---	**Kontrolle**
2 Handrodung	Brand	---	Regeneration
3 Handrodung	ohne Brand	Entstockung manuell	Regeneration
4 Maschinelle Rodung mit Traktor	ohne Brand	Pflügen, Eggen	Regeneration
5 wie 4 und Rolofaca (s.u.)[im Anhang]	ohne Brand	Pflügen, Eggen	Regeneration

Anschließend erfolgte die Bestimmung der Wurzelmassendichte (WMD) und Wurzellängendichte (WLD) (BÖHM 1979) mittels

- Monolithmethode mit Stechzylindern, 100-250 ml, bis 50 cm Tiefe, n=10-16 (30)
- Extraktion der Wurzelmasse mittels Grabungen, 1x1 m bis 100 cm Tiefe, n=9-12
- Einsetzen von Ingrowthbags, Volumen 500 ml, bis 50 cm Tiefe, n=12-15
- Bestimmung der Phytomasse nach 1 Jahr Regeneration, ober- und unterirdisch

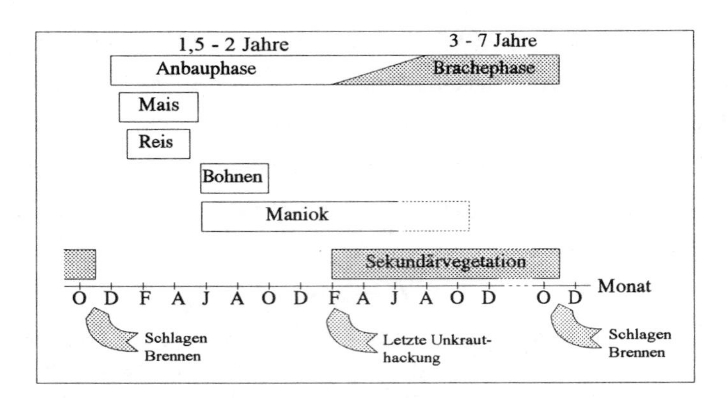

Abb. 2: Zeitliche Abfolge der Kultur- und Brachephase im traditionellen Anbausystem der Untersuchungsregion. Einer 1,5-2-jährigen Kulturphase schließt sich die Brachephase an. Typische Kulturen sind Reis, Mais, Bohnen und Maniok.

Ergebnisse und Diskussion

Es existierten ausgeprägte Unterschiede der Feinwurzelproduktion in unterschiedlichen Bodenhorizonten. Die Produktivität nahm von oben nach unten rapide ab. Im Vergleich mit der Tiefenstufe 0-10 cm konnten nach 360 d Verbleibdauer in 20-30 cm Tiefe nur 25 % bzw. in 40-50 cm Tiefe nur 11 % der WMD von 0-10 cm beobachtet werden. Einsatz von Traktor, Pflug, Egge und Rolofaca äußerten sich in stark verminderten WMDs und WLDs.

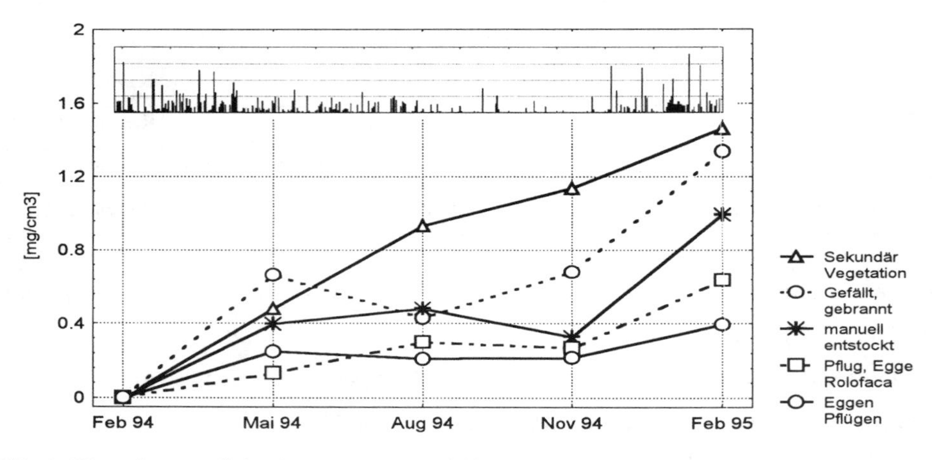

Abb. 3: Wurzelmassendichte in Ingrowthbags (Feinwurzeln bis 1mm Durchmesser), Exp. 3 Jahre, Tiefenstufe 0-10 cm, alle Behandlungen. Die Balkengrafik in der Abbildung zeigt alle Niederschlagsereignisse des Beobachtungszeitraums (Skalierung 0-80 mm).
Rolofaca = Schneidwalze

Mechanisierte Flächenbehandlungen erreichten nur ein Viertel bis ein Drittel der Werte der Brandvariante oder der Sekundärvegetation. Generell gilt: Je destruktiver der Eingriff auf das Wurzelsystem ist, desto geringer werden die WMDs und somit die Produktivität des Wurzelsystems. Die Behandlungseffekte wurden überlagert von einem saisonalen Rückgang der Wurzelmasse, hervorgerufen durch eine relative Trockenphase in der Zeit von Ende Juli bis Anfang Dezember. Der Einfluß der Niederschlagsverringerung wird mit destruktiveren Bodenbearbeitungen zunehmend wirksam (Abb. 3). Feinwurzelverluste können in der Regel kurzfristig ersetzt werden (Abb. 4). Die 3-jährige Sekundärvegetation zeigte Zuwächse von 128 % (=4,4 t/ha bis 50cm Tiefe) innerhalb von 4-5 Monaten. 83% des Jahreszuwachses wurden in den oberen 20 cm des Bodens produziert. Zuwachs oberirdischer Phytomasse ist schwach korreliert mit der Feinwurzelproduktion (r^2=0,34), aber eng mit der Grobwurzelbiomasse (r^2=0.81, Abb. 5).

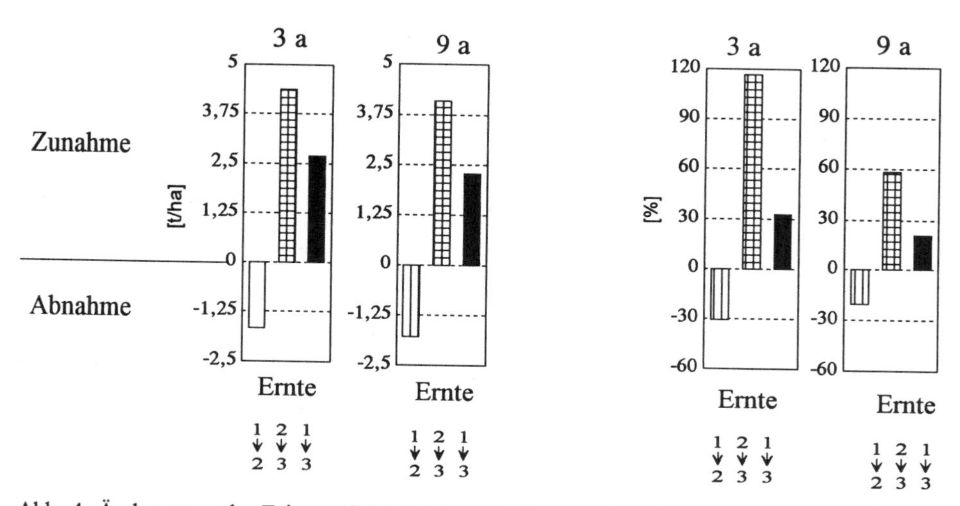

Abb. 4: Änderungen der Fein- und Schwachwurzelbiomasse im Jahresverlauf von 0-50 cm Tiefe, Kontrollplots der Experimente 3- und 9 Jahre. Der linke Teil der Abbildung zeigt die absoluten Änderungen in t/ha, der rechte Teil den prozentualen Zuwachs in Abhängigkeit von der absoluten Wurzelmasse (0-5mm) . 1. Ernte: März 94, 2. Ernte: November 94, 3. Ernte: März 95. Höhepunkt der Regenzeit März bis April, Höhepunkt der Trockenzeit November

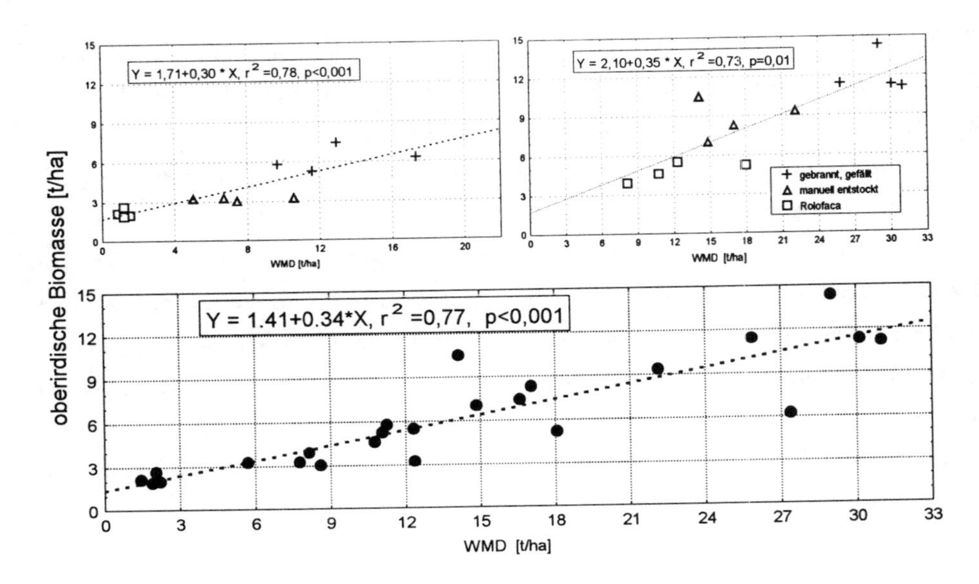

Abb. 5: Regression ober- und unterirdischer Biomasse, oben links Exp. 3 Jahre, oben rechts Exp. 9 Jahre nach Behandlungen, unten Kombination beider Altersstufen

Unabhängig von der Art der Flächenbehandlung verursachten alle Eingriffe in die Sekundärvegetation schädigende Wirkungen auf das Wurzelsystem. Die Destruktivität der Eingriffe, die sich in Verringerung der Regenerationsfähigkeit der Brache äußert, kann beträchtlich variieren. Besonders deutlich werden Unterschiede zwischen manuellen und mechanisierten Behandlungen. Enge Korrelationen zwischen Phyto- und Grobwurzelmasse wurden beobachtet. Es wird vermutet, daß Speicherkohlenhydrate, die in den Grobwurzeln lokalisiert sind, für diesen Effekt verantwortlich sind (BELL et al. 1996). Weitere Untersuchungen werden hierzu durchgeführt. Die traditionelle Kulturflächenvorbereitung, d.h. manuelles Fällen mit Brand, zeigt wenig schädigenden Einfluß auf Grobwurzeln, kann aber zu vorübergehendem Feinwurzelrückgang führen (bis zu 2 t/ha, was 15-50% der Gesamtfeinwurzelmasse entspricht). Im Hinblick auf nachhaltige Bewirtschaftung können mechanisierte Bodenbearbeitungsmethoden nicht empfohlen werden. Auch wiederholte manuelle Wurzelextraktionen dürften langfristig zu einer Produktivitätsminderung der Brachevegetation führen und sind damit als Dauermaßnahme negativ zu beurteilen.

Literaturverzeichnis

BELL, T.L.; PATE, J.S.; DIXON, K.W.: Relationships between fire response, morphology, root anatomy and starch distribution in south-west Australian Epacridaceae. Annals of Botany 77(4), 357-364 (1996)

BÖHM, W.: Methods of studying root systems. Berlin Heidelberg New York: Springer Verlag. (1979)

CLAUSING, G.: Frühe Regeneration und Wiederbesiedlung auf Kulturflächen der Wald-Feld-Wechselwirtschaft im östlichen Amazonasgebiet [Göttinger Beiträge zur Land- und Forstwirschaft in den Tropen und Subtropen]. Göttingen: Georg August Universität Göttingen 151 (1994).

WIESENMÜLLER, J.D.; DENICH, M.; VLEK, P.L.G.: Vegetative fallow regeneration in the Eastern Amazon Region, Brazil; 18-22 April 1993; Santarem, Brazil. Rio Piedras, Puerto Rico, USA: International Institute of Tropical Forestry, 111-114 (1995) .

3

C- und N- Umsatz im System Pflanze/Boden

Rhizosphärenprozesse, Umweltstreß und Ökosystemstabilität.
7. Borkheider Seminar zur Ökophysiologie des Wurzelraumes
(Ed. W. Merbach) B. G. Teubner Verlagsgesellschaft Stuttgart, Leipzig 1997, pp. 93-100

C- UND N-MINERALISIERUNG VON SPROSS UND WURZELN AUSGEWÄHLTER RUDERALPFLANZEN

MERBACH, I., KLIMANEK, E.-M.
UFZ Umweltforschungszentrum Leipzig-Halle
Sektion Bodenforschung
Hallesche Straße 44
D - 06246 Bad Lauchstädt

Abstract

In an incubation experiment the mineralization behaviour of shoots and roots of fallow weeds was tested. The differences between the species were small. Carbon mineralization was only 32-43 % of the C input. That means after an incubation of 90 days under optimal conditions (25 °C, 60 % WK_{max}) 57-68 % of the C input remained in the soil. Nitrogen content, carbon nitrogen ratio and cellulose content influenced significantly the height of mineralization at the 10. incubation day, but not at the end of incubation . The carbon mineralization was connected with a nitrogen immobilization of 110-180 kg/ha.

Einleitung

Ein Teil der in Deutschland stillgelegten Flächen begrünt sich selbst. Je nach Dauer der Brachezeit siedeln sich Segetal- und Ruderalarten an. Diese Pflanzen spielen aber auch außerhalb der landwirtschaftlichen Nutzfläche auf Ruderalstandorten eine Rolle. Da sie nicht abgeerntet werden, gelangt die gesamte Pflanzenmasse als Streu auf den Boden. Der Streuabbau stellt in terrestrischen Ökosystemen eine Schlüsselgröße im Stoffkreislauf dar. Während das Mineralisierungsverhalten landwirtschaftlicher Kulturpflanzen und ihrer Teile gut untersucht ist (JOHNEN 1974, KÖRSCHENS et al. 1987, KLIMANEK 1988, KÖRSCHENS et al. 1989, KLIMANEK 1990 a, b, c), liegen derartige Untersuchungen für Ruderalpflanzen bisher kaum vor (MERBACH, SAUERBECK 1995), obwohl sie von großer Bedeutung für die C/N-Dynamik dieser Pflanzengesellschaften sind. Die vorliegende Arbeit hat sich deshalb zum Ziel gesetzt, Höhe und Verlauf der C- und N-Mineralisierung von Sproß und Wurzeln ausgewählter Ruderalpflanzen sowie einige Einflußfaktoren auf die Mineralisierung zu untersuchen.

Material und Methoden

Das Pflanzenmaterial wurde Ende August im Stadium der Blüte (*Solidago canadensis*) bzw. Samenreife (andere Arten) in einem Bracheversuch in Bad Lauchstädt gewonnen. Die Wurzeln wurden bis 30 cm Tiefe ausgegraben, über Sieben gewaschen und von Verunreinigungen befreit. Nach der Trocknung bei 60 °C wurde das Pflanzenmaterial gemahlen. Jeweils 100 g Lauchstädter Boden (Lößschwarzerde, C_t = 2,00 % , N_t = 0,19 %) wurden mit den verschiedenen Pflanzensubstanzen (Menge auf 200 mg C berechnet) vermischt und bei 60 % WK_{max} und 25 °C 90 Tage in luftdichten Plastegefäßen inkubiert. Tabelle 1 zeigt die Versuchsvarianten und die stoffliche Zusammensetzung der Pflanzensubstanzen.

Tabelle 1

Versuchsvarianten und Charakteristik der Pflanzenzusätze

Variante	Abkürzung	C %	N %	C/N	% in der organischen Substanz						
					Zucker	Stärke	Rohfett	Hemizellulose	Rohzellulose	Rohlignin	Rohprotein
Boden ohne Zusatz											
Sproß											
Agropyron repens	AGRRE	51,0	0,8	61,1	10,0	5,3	1,2	25,9	43,2	9,9	4,6
Artemisia vulgaris	ARTVU	52,0	1,2	42,1	10,7	5,0	2,1	23,4	36,9	13,9	8,0
Cirsium arvense	CIRAR	51,7	1,3	40,4	4,5	6,4	3,5	21,3	42,9	12,6	8,8
Epilobium adnatum	EPIAD	53,2	0,8	68,7	5,6	3,7	3,4	15,7	46,2	9,4	5,9
Solidago canadensis	SOOCA	70,1	1,0	71,8	13,4	3,6	2,4	22,1	39,7	13,5	5,3
Mischverunkrautung	MISCH	45,9	1,3	36,7							
Wurzel											
Agropyron repens	AGRRE	49,7	0,7	66,6	28,1	7,3	0,4	23,2	28,9	8,1	3,9
Artemisia vulgaris	ARTVU	50,2	1,0	48,9	20,6	8,0	0,3	20,8	35,6	8,7	6,0
Cirsium arvense	CIRAR	49,6	1,1	46,7	19,4	17,0	0,7	2,1	41,1	12,1	7,6
Epilobium adnatum	EPIAD	43,6	0,7	63,1	11,5	6,9	0,9	9,8	51,5	15,4	4,0
Solidago canadensis	SOOCA	44,0	0,4	109	19,5	15,9	0,6	14,1	38,0	9,3	2,6
Mischverunkrautung	MISCH	45,9	0,6	82,1							

Es wurde mit 5 Wiederholungen gearbeitet. Die CO_2-Messung erfolgte im Gaskreislaufverfahren mit Hilfe eines Infrarotmeßgerätes (KLIMANEK 1995). Nach der Messung wurden die Inkubationsgefäße mit CO_2-freier Luft gespült. Während der Inkubation wurden zur Messung der N_{an}-Freisetzung zu 8 Terminen 2 Gefäße pro Variante entnommen. Die N_{an}-Bestimmung im Boden erfolgte nach Extraktion mit 1 %iger K_2SO_4 mit ionenselektiven Elektroden, die C-Bestimmung im Boden nach STRÖHLEIN und die N-Bestimmung im Boden nach KJELDAHL. Die C- und N-Bestimmung im Pflanzenmaterial erfolgte mit dem Elementaranalysator LECO, die Stoffgruppenanalysen nach LUFA-Standardmethoden.

Ergebnisse und Diskussion

In der C-Mineralisierung des Sproßmaterials traten nur geringe Unterschiede auf. Sie lagen zwischen 43 % Abbau bei Mischverunkrautung (einjährige Unkräuter) und 32 % Abbau bei *Solidago canadensis* (Abb. 1) und stimmten gut mit früher erhaltenen Ergebnissen bei Herbsternte von *Atriplex nitens*, *Lactuca serriola*, *Artemisia vulgaris* und *Solidago canadensis* überein (MERBACH, SAUERBECK 1995).

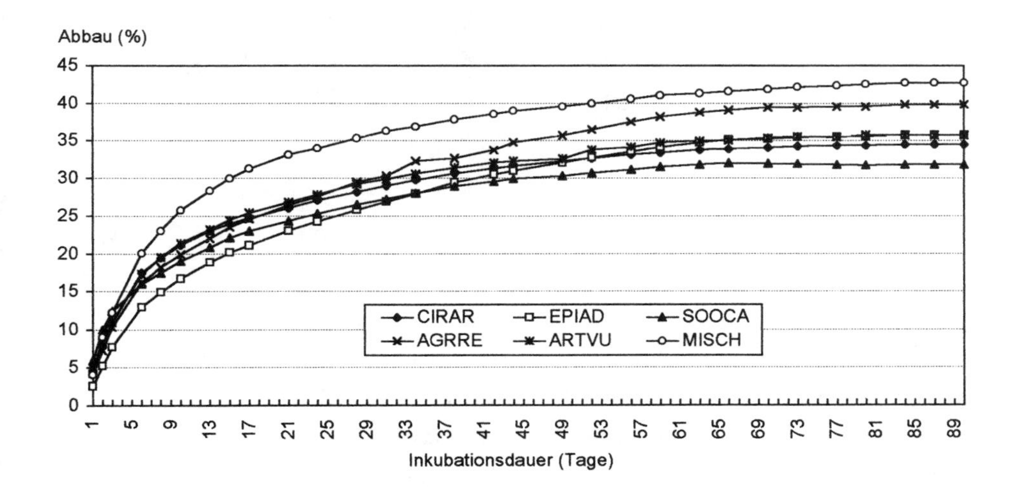

Abbildung 1

Mineralisierungsverlauf (Abbau in % der eingesetzten C-Menge) von Sproßmaterial verschiedener Pflanzenarten während einer Inkubationszeit von 90 Tagen bei 25 °C und 60 % WK_{max}

GD (5 %, Newman-Keuls-Test) = 8,2

Bei Mischverunkrautung verlief die Abbaukurve von Anfang an steiler. Obwohl die Pflanzen noch völlig grün waren, erreichten die Werte im allgemeinen nur das Niveau von Getreidestroh (KLIMANEK 1990 a). Stoppelfrüchte und grüner Sproß der meisten landwirtschaftlichen Nutzpflanzen wiesen mit 42 - 47 % bzw. 60 - 80 % Abbau wesentlich höhere Werte auf (KLIMANEK 1990 a). Bis zum 10. Tag wurden bei allen Unkräutern mehr als 50 % des insgesamt abgebauten C mineralisiert. Nach 70 Inkubationstagen war der leicht abbaubare Anteil mineralisiert (Abb. 2).

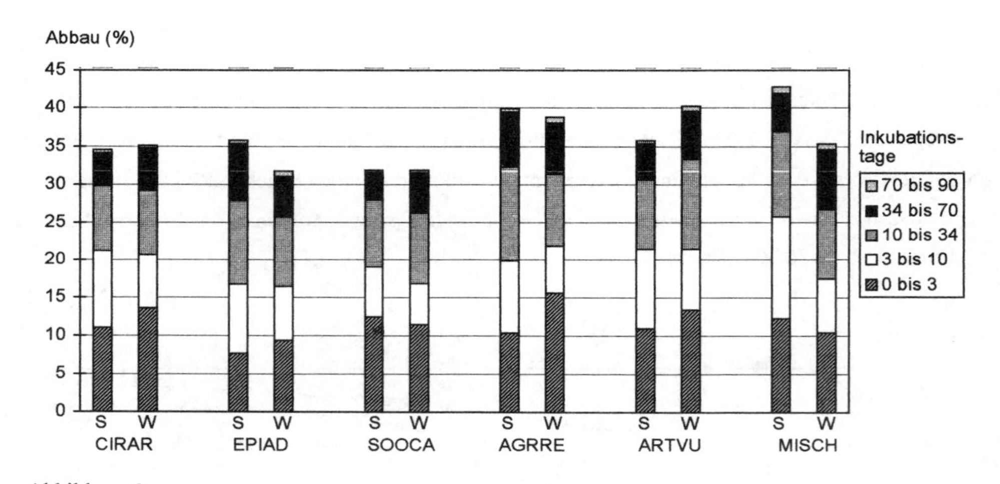

Abbildung 2

Mineralisierung (Abbau in % der eingesetzten C-Menge) von Sproß (S) - und Wurzel (W) - Material verschiedener Pflanzenarten nach 90 Tagen Inkubation bei 25 °C und 60 % WK_{max}

In der C-Mineralisierung des Wurzelmaterials traten ebenfalls nur geringe Unterschiede auf. Sie lagen zwischen 40 % Abbau bei *Artemisia vulgaris* und 32 % bei *Solidago canadensis* und *Epilobium adnatum* (Abb. 3). Bei *Agropyron repens*-Wurzeln verlief die Abbaukurve anfänglich steiler als bei den übrigen Pflanzenarten. Damit entsprach der Abbau der Unkrautwurzeln in etwa dem von reifen Getreidewurzeln und von Wurzeln einjähriger Leguminosen (KLIMANEK 1990 b). Wie beim Sproß wurden bei allen Unkräutern mehr als 50 % des insgesamt abgebauten C in den ersten 10 Inkubationstagen mineralisiert. Auch hier war die Mineralisierung nach 70 Tagen fast abgeschlossen (Abb. 2).

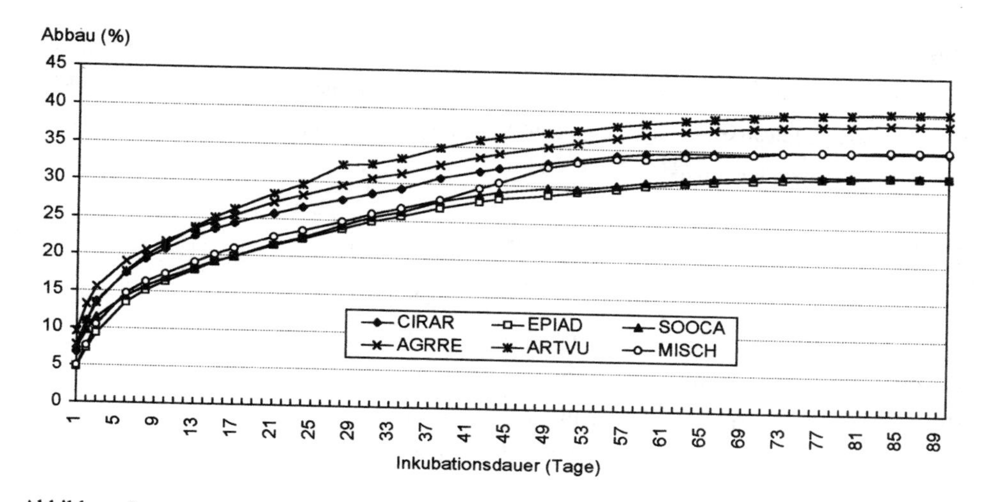

Abbildung 3

Mineralisierungsverlauf (Abbau in % der eingesetzten C-Menge) von Wurzelmaterial verschiedener Pflanzenarten während einer Inkubationszeit von 90 Tagen und 60 % WK_{max}
GD (5 %, Newman-Keuls-Test) = 7,7

Zwischen Sproß und Wurzel traten bei *Cirsium arvense*, *Solidago canadensis* und *Agropyron repens* nur geringe Unterschiede im Abbau auf. Während die Wurzeln von *Artemisia vulgaris* (mehrjährig) stärker als der Sproß mineralisiert wurden, lagen bei Mischverunkrautung und *Epilobium adnatum* (unter hiesigen Bedingungen überjährig) umgekehrte Verhältnisse vor (Abb. 2).

Die linearen Korrelationskoeffizienten in Tab. 2 zeigen, daß sich trotz der geringen Anzahl von Wertepaaren und der geringen Differenziertheit im Abbau der Pflanzensubstanzen einige Zusammenhänge zwischen Abbau und Inhaltsstoffen statistisch sichern ließen. So bestand am 10. Inkubationstag eine statistisch gesicherte negative Korrelation zwischen Abbau und Rohzellulosegehalt sowie zwischen Abbau und C/N-Verhältnis, eine statistisch gesicherte positive Korrelation zwischen Abbau und N-Gehalt. Am Ende der Inkubation ließen sich diese Korrelationen in Übereinstimmung mit KLIMANEK (1988) nicht mehr statistisch sichern. Im Vergleich zu KLIMANEK (1988) bestand trotz extrem hoher Zucker- und Stärkegehalte in den unterirdischen Organen der Unkräuter keine signifikante Korrelation zum Abbau.

Tabelle 2

Lineare Korrelationskoeffizienten zwischen Abbau (in % der eingesetzten C-Menge) und Gehalt an ausgewählten Inhaltsstoffen bzw. dem C/N-Verhältnis bei Sproß und Wurzeln von Unkräutern am 10. und 90. Inkubationstag

	n	10. Tag	90. Tag
N %	12	0,74^{++}	0,38
C/N	12	- 0,73^{++}	- 0,53
Zucker + Stärke %	10	0,19	0,09
Hemizellulose %	10	0,40	0,46
Rohzellulose %	10	- 0,66^{+}	-0,45
Lignin %	10	- 0,53	-0,44

Mit dem Abbau der Pflanzensubstanzen im Boden ist auch eine N-Transformation verbunden. In Abhängigkeit vom C/N-Verhältnis und dem N-Gehalt der Pflanze tritt der Stickstoff als anorganischer Stickstoff auf, oder er dient der Mikrobeneiweißbildung (KLIMANEK 1988). Bei der Mineralisierung von Unkrautsproß und -wurzeln kam es bis zum 10. Tag zu einer schnellen Immobilisierung (Abb. 4, 5).

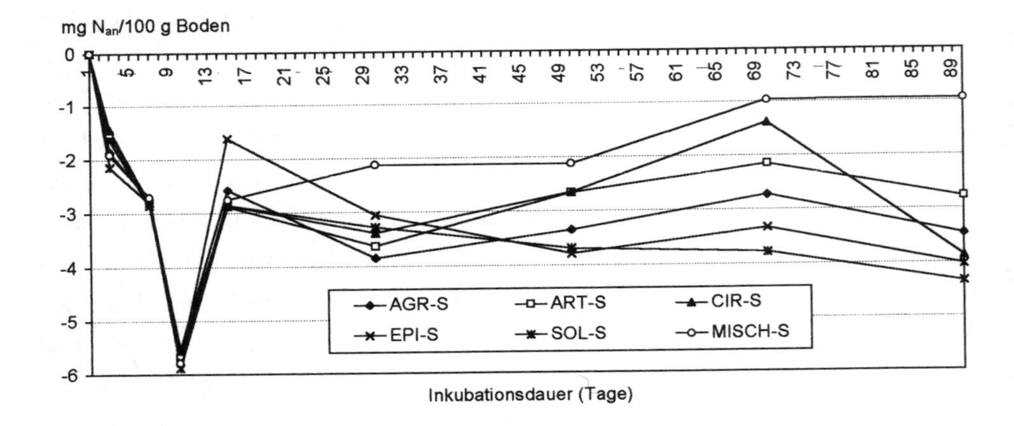

Abbildung 4

N-Immobilisierung beim Abbau von Unkrautsproß in Lauchstädter Boden, GD (5 %, Newman-Keuls-Test) = 1,11

Nur bei den Wurzeln von *Cirsium arvense* wurde zu Beginn der Inkubation kurzzeitig N freigesetzt. Obwohl dann eine gewisse Remobilisierung auftrat, blieb die N-Transformation stets im negativen Bereich zwischen - 2,8 und - 4,6 mg N_{an}/100 g Boden (außer Mischverunkrautung - 0,95 mg/100 g Boden). Das bedeutet, daß mit einer Festlegung von Bodenstickstoff in Höhe von 110-180 kg/ha zu rechnen ist, wenn das Pflanzenmaterial im Boden abgebaut wird. Nur bei Mischverunkrautung lag die N-Immobilisierung mit 38 kg/ha wesentlich niedriger.

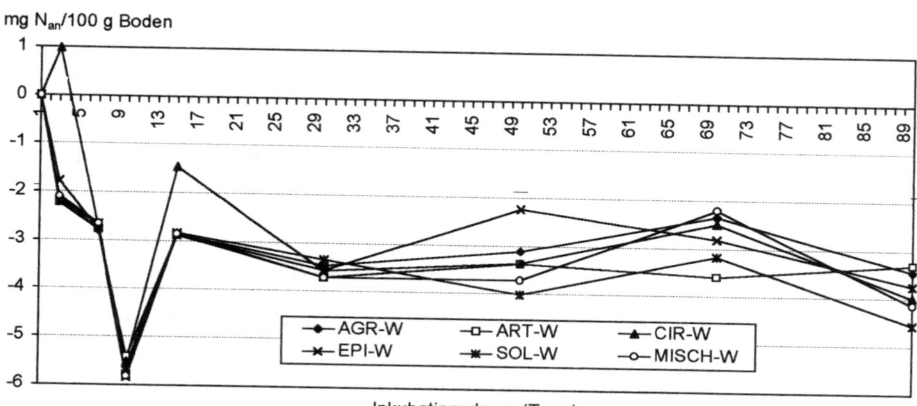

Abbildung 5

N-Freisetzung bzw. -Immobilisierung beim Abbau von Unkrautwurzeln in Lauchstädter Boden, GD (5 %, Newman-Keuls-Test) = 0,64

Zusammenfassung

In einem Inkubationsversuch wurde das Mineralisierungsverhalten von Sproß und Wurzeln ausgewählter Unkräuter untersucht. Dabei unterschieden sich die Pflanzenarten nur wenig. Die C-Mineralisierung betrug nur 32 - 43 % der eingesetzten C-Menge. Nach Inkubation über 90 Tage unter optimalen Bedingungen verblieben also 57 - 68 % des C-Input im Boden. N-Gehalt, C/N-Verhältnis und Rohzellulosegehalt beeinflußten die Höhe der C-Mineralisierung am 10. Inkubationstag signifikant, am Ende der Inkubation konnten keine signifikanten Einflüsse mehr festgestellt werden. Die C-Mineralisierung war mit einer N-Immobilisierung von 110-180 kg/ha verbunden.

Literaturverzeichnis

JOHNEN, B. G.: Menge und Umsetzung von Pflanzenwurzeln. Diss. Bonn (1974).

KLIMANEK, E. M.: Qualität und Umsetzungsverhalten von Ernte- und Wurzelrückständen landwirtschaftlich genutzter Pflanzenarten. Habilschrift Bad Lauchstädt, Forschungszentrum für Bodenfruchtbarkeit (1988).

KLIMANEK, E.-M.: Umsetzungsverhalten von Ernterückständen. Arch. Acker- Pflanzenbau Bodenkd. **34** , 559-567 (1990 a).

KLIMANEK, E.-M.: Umsetzungsverhalten der Wurzeln landwirtschaftlich genutzter Pflanzenarten. Arch. Acker- Pflanzenbau Bodenkd. **34**, 569-577 (1990 b).

KLIMANEK, E.-M.: Differenzierung der Ernte- und Wurzelrückstände nach ihrer stofflichen Zusammensetzung. Tag.-Ber. Akad. Landwirtsch.-Wiss. Berlin **295**, 41-48 (1990 c).

KLIMANEK, E.-M.: Messung der CO_2-Freisetzung aus Bodenproben von Laborinkubationsversuchen im Gaskreislaufverfahren. Agribiol. Research **47**, 3-4 (1995).

KÖRSCHENS, M.; FRANKO, U.; KLIMANEK, E.-M.; SCHULZ, E.; SIEWERT, C.; EICH, D.; FREYTAG, H.-E.; LÜTTICH, M.; RAUSCH, H.; KNOF, G.: Modell und Parameter der Umsetzung der organischen Substanz, der N-Speicherung und -Freisetzung in Abhängigkeit von der Zusammensetzung der organischen Ausgangsstoffe, den Standortfaktoren und dem Ertrag. Forschungsbericht, Forschungszentrum für Bodenfruchtbarkeit Müncheberg, Akademie der Landwirtschaftswissenschaften Berlin (1987).

KÖRSCHENS, M.; FRANKO, U.; KLIMANEK, E.-M.; SCHULZ, E.; SIEWERT, C.; EICH, D.; WRANKMORE, U.; WEDEKIND, I.; PFEFFERKORN, A.: Modell und Parameter des Einflusses der Wurzelmasseentwicklung der Hauptfruchtarten auf die C- und N-Dynamik des Bodens. Forschungsbericht, Forschungszentrum für Bodenfruchtbarkeit Müncheberg, Akademie der Landwirtschaftswissenschaften Berlin (1989).

MERBACH, I.; SAUERBECK, G.: N-Dynamik von Segetalzönosen auf Lößschwarzerde unter besonderer Berücksichtigung ihrer Streu. In: KÖRSCHENS, M.; MAHN, E.-G. (Hrsg.): Strategien zur Regeneration belasteter Agrarökosysteme des mitteldeutschen Schwarzerdegebietes, Teubner, Stuttgart, Leipzig, 239-276 (1995).

Rhizosphärenprozesse, Umweltstreß und Ökosystemstabilität.
7. Borkheider Seminar zur Ökophysiologie des Wurzelraumes.
(Ed. W. Merbach) B. G. Teubner Verlagsgesellschaft Stuttgart, Leipzig 1997, pp. 101-108

EINFLUSS VON ROHRGLANZGRAS (*PHALARIS ARUNDINACEA L.*) AUF N-UMSETZUNGSPROZESSE UND DIE EMISSION KLIMARELEVANTER SPURENGASE IN MODELLVERSUCHEN MIT NIEDERMOORSUBSTRAT

AUGUSTIN, J.[1], MERBACH, W.[1], RUSSOW, R.[2]

[1] Zentrum für Agrarlandschafts- und Landnutzungsforschung (ZALF) e. V., Institut für Rhizosphärenforschung und Pflanzenernährung, Eberswalder Str. 84, D - 15374 Müncheberg

[2] Umweltforschungszentrum Leipzig-Halle GmbH (UFZ), Sektion Bodenforschung, Hallesche Straße 44, D - 06246 Bad Lauchstädt

Abstract

The effect of plants on the N transformation processes and on the emission of radiatively active trace gases (N_2O, CH_4) in the system reed canarygrass (*Phalaris arundinacea L.*) - fen soil were determined in laboratory experiments with an automated gas analysis equipment and the ^{15}N tracer technique. Under dry soil conditions (pF=4) plants reduced, and under wet soil conditions (pF=2) plants enhanced soil and fertilizer N transformation and N_2O emission. The loss of fertilizer N was reduced by plant cover in any case (22, 8/29,1% without plants versus 4,7/10,5% with plants under dry/wet conditions).

Einleitung

Zum N-Haushalt entwässerter und stickstoffreicher Niedermoore (N_t-Gehalt zwischen 1,5 und 4% im trockenen Boden, N-Vorräte zwischen 5 und 250 $t*ha^{-1}$ - KUNTZE 1988) liegen nur wenige und zudem widersprüchliche Befunde vor. So schwanken z. B. die Angaben über die jährlichen N-Mineralisationsraten vergleichbarer Niedermoore zwischen 65 und 3000 kg $N*ha^{-1}$, und die wenigen, für Niedermoore erstellten N-Grobbilanzen weisen nicht eindeutig zuordenbare N-Überschüsse in Höhe von 100 bis 550 kg N pro ha und Jahr auf (EGGELSMANN u. BARTELS 1975, OKRUSZKO 1989, KUNTZE 1992, KÄDING 1994). Dies ist vor allem auf die erheblichen methodischen Schwierigkeiten zurückzuführen, die im Freiland der Aufklärung der auf Niedermooren ablaufenden Stofftransformationsprozesse bzw. der sie beeinflussenden Faktoren entgegenstehen.

Verschiedene Anzeichen deuten jedoch darauf hin, daß insbesondere der Pflanzendecke neben dem Grundwasserstand bzw. der Bodenfeuchte (BEHRENDT et a. 1994, OKRUSZKO 1989, ZANNER und BLOOM 1995) in diesem Kontext eine größere Bedeutung zuzukommen scheint als bislang angenommen. In Feuchtgebieten wachsende Pflanzen können beispielsweise die N-Mineralisation (LISHTVAN und BAMBALOW 1983), die Nitrifikation und Denitrifikation (LORENZ und BISBOER 1987, REDDY et al. 1989), die N-Aufnahme (AERTS et al. 1992) sowie den Austausch klimarelevanter Spurengase wie N_2O, CH_4 und CO_2 zwischen Boden und Atmosphäre (MOSIER et al. 1990, TOMAS et al. 1996) erheblich modifizieren. Ziel der hier vorgestellten Experimente war es daher, einen Beitrag zur Quantifizierung der Wirkung von Pflanzen in Kombination mit differenzierten Bodenfeuchteverhältnissen auf die N-Umsetzungs- und -austragsprozesse degradierter Niedermoore zu leisten. Hierzu wurden entsprechende Labormodellversuche unter Verwendung der ^{15}N-Tracertechnik und Einsatz eines speziell für derartige Fragestellungen entwickelten Gaswechselmeßsystems (AUGUSTIN et al. 1995) vorgenommen. Als Versuchsobjekt diente das auf Niedermoorgrünland weit verbreitete Rohrglanzgras (*Phalaris arundinacea L.*) vor allem wegen seines starken Sproß- und Wurzelwachstums (intensive N-Aufnahme ?) und der Fähigkeit zur Anpassung an extrem unterschiedliche Bodenfeuchteverhältnisse (Beeinflussung des Gasaustausches zwischen Boden und Atmosphäre ?; PETERSEN 1949, SCHRÖDER und ADOLF 1996).

Material und Methoden

Versuchskonzeption

Der Einfluß des Pflanzenwachstums sollte jeweils in einem Teilversuch mit geringem und einem mit hohem Wassergehalt im degradierten Niedermoortorf (1. Teilversuch: trockener Torf, Bodenwasserspannung pF=4; 2. Teilversuch: feuchter Torf, Bodenwasserspannung pF=2) in Kombi-nation mit einer ^{15}N-Düngergabe (Applikation von 600mg N als KNO_3 pro Gefäß in wässriger Lösung über Saugkerzen, ^{15}N-Abundanz: 46,9/28,8 at.% exc. 1./2. Teilversuch) getestet werden. Jeder Teilversuch umfaßte folgende Varianten: **1**. Boden ohne Rohrglanzgras und ohne N-Dün- gung (0N, ohne Pflanzen), **2**. Boden ohne Rohrglanzgras und mit N-Düngung (+N, ohne Pflanzen), **3**. Boden ohne N-Düngung und mit Rohrglanzgras (0N, mit Pflanzen), **4**. Boden mit N-Düngung und mit Rohrglanzgras (+N, mit Pflanzen). Zur Ermittlung des düngerbürtigen N fand sowohl die Differenzmethode (Vergleich der N-Aufnahme gedüngter und ungedüngter Pflanzen) als auch die ^{15}N-Isotopentechnik (Bestimmung der ^{15}N-Häufigkeit in den Pflanzen) Anwendung. Ein Vergleich der mit beiden Methoden gewonnenen Resultate sollte zudem Anhaltspunkte über versuchsbedingte Veränderungen im N-Mineralisations-Immobilisations-Turnover des Torfsubstrates liefern.

Pflanzenanzucht

Zur Pflanzenanzucht fanden PVC-Zylinder (Höhe 39,5 cm, Durchmesser 8 cm) mit gasdurchlässigen Außenwänden Verwendung. Zusammen mit umschließenden, gasdichten PVC-Zylindern und Bodenabdeckplatten bildeten sie für Gaswechselmessungen einsetzbare Wurzelraumküvetten. Das Substrat (Niedermoortorf vom Standort Paulinenaue/Havelluch, Bodentyp Mulm, C_t=35%, N_t=2,96%, pH=7,2, Bodenschicht 0-30 cm) wurde 2 Wochen vor Versuchsbeginn auf Feldkapazität angefeuchtet und in die Gefäße eingefüllt (70 Vol% Wasser, Lagerungsdichte 0,4g*cm^{-3}). Angaben zur Pflanzenkultur (1./2. Teilversuch): Rohrglanzgras der Sorte "Motterwitzer", Anzucht der Keimpflanzen für 10/19 Tage in Kleinstgefäßen, dann Einsetzen von je vier Pflanzen in Wurzelzylinder, Abdichten der Wurzelraumküvetten an der Sproßbasis mit Silikonkautschuk 3 Tage nach dem Umpflanzen, ^{15}N-Düngung und Ernte von Vergleichspflanzen 120/90 Tage nach Aussaat, Versuchsabschluß 205/112 Tage nach Aussaat. Aufrechterhaltung einer konstanten Bodenwasserspannung unter Verwendung speziell angepaßter Saugkerzen, die mit einer hängenden Wassersäule verbunden waren. Sonstige Kulturbedingungen: Beleuchtungszyklus 14 h Tag, 10 h Nacht, Beleuchtungsstärke: ca. 80 W*m^{-2}, Temperatur: Tag 20^0 C, Nacht 15^0 C, Anzahl Wiederholungen (Gefäße) pro Variante: 4.

Ermittlung der Spurengasemissionen

1. Ermittlung der Spurengasemissionen aus dem Wurzelraum: mit Hilfe eines speziell für diesen Anwendungsfall entwickelten, dynamischen Gasmeßsystems. Der Meßraum (Wurzelraumküvette) wurde ständig von Gas durchströmt (AUGUSTIN et al. 1995, Volumenstrom 0,24 m^3*d^{-1}, 10 Gaskanäle, Gasmultiplexer zur Umschaltung zwischen den Kanälen, Messung der Spurengaskonzentrationen mit Multigasmonitor des Typs 1302 der Firma Brüel und Kjaer bzw. eines automatisierten gaschromatografischen Systems mit ECD und FID als Detektoren). Von den insgesamt 16 pro Versuch angesetzten Pflanzgefäßen (Wurzelraumküvetten) wurden im täglichen Wechsel jeweils 8 Gefäße auf Spurengasemission untersucht. **2**. Quantifizierung des direkten Beitrages der Pflanzen zur Spurengasfreisetzung aus dem Boden: Verwendung der "closed-chamber"-Methode. Hierzu kurzzeitige Abdeckung der Sprosse mit lichtdurchlässiger Gashaube (ca. 1 Stunde, Volumen 6 l), Probenahme mittels vorher evakuierter Glasflaschen, Bestimmung der Gaskonzentrationen gleichfalls am gaschromatografischen System (AUGUSTIN et al. 1996). Die Gasfreisetzungsrate ergibt sich aus der Differenz der Spurengaskonzentrationen zwischen Gefäßeingang und -ausgang (bzw. Anfangs- und Endkonzentration unter der Sproßhaube) unter Bezugnahme auf den Volumen-

strom in der Wurzelküvette (bzw. des Haubenvolumens) und der am Gasaustausch beteiligten Gefäßoberfläche. Nachfolgend werden lediglich Meßgebnisse zur Spurengasemission für ausgewählte Termine vor und nach der N-Düngung vorgestellt.

N- bzw. ^{15}N-Bestimmungen

Unmittelbar vor der Düngung (Vorernte) und nach Abschluß des Versuches (Haupternte) erfolgte im Boden die Bestimmung des Gehaltes an austausbar gebundenen NO_3^-- und NH_4^+-N sowie in Boden und Pflanzen (Wurzel und Sproß) die Ermittlung des Gesamt-N-Gehaltes. Nach der Düngung wurde die ^{15}N-Häufigkeit (at.% ^{15}N exc.) von N_2O und N_2 in der Wurzelraumküvette und nach der Haupternte in den anderen, aufgeführten N-Fraktionen erfaßt. Eingesetzte Analysenmethoden: austauschbarer Nitrat- und Ammonium-N: Extraktion aus feuchten Bodenproben mit 0,01M $CaCl_2$-Lösung, emissionsspektrometrische Bestimmung der ^{15}N-Häufigkeit (FAUST et al. 1982), Gesamt-N: simultane Bestimmung des Stickstoffgehaltes und der ^{15}N-Abundanz (at.% ^{15}N exc.) mit Hilfe der Gerätekopplung Elementaranalysator VARIAN EL (N-Bestimmung nach Dumas-Prinzip) und NOI6PC (emissionspektrometrische ^{15}N-Analyse) nach MEIER und SCHMIDT (1992), Ermittlung des ^{15}N-Anteils im N_2O und N_2 nach SICH und RUSSOW (1996).

Ergebnisse und Diskussion

Die Lachgasemission aus dem Wurzelraum wurde in komplexer Weise von der Bodenfeuchte, dem Pflanzenbewuchs und der N-Düngung beeinflußt (Abb.1). Während im trockenen Torf die Emissionsrate unabhängig vom Pflanzenbewuchs und von der N-Düngung stets sehr niedrig blieb, war im feuchten Torfsubstrat eine drastische Erhöhung des an sich sehr hohen Niveaus der Lachgasfreisetzung sowohl aus den bepflanzten als auch den unbepflanzten Gefäßen nach N-Applikation zu verzeichnen. Die deutlich erhöhte ^{15}N-Häufigkeit vor allem im N_2O des Wurzelraumes dieser Gefäße läßt darauf schließen, daß dies tatsächlich auf die unmittelbare mikrobielle Umsetzung (Denitrifikation) wesentlicher Anteile des düngerbürtigen N zurückzuführen ist (Tab.1). Andererseits ist die deutliche Verminderung der Lachgasemissionen bei fehlender N-Düngung in bepflanzten Gefäßen offensichtlich auf die effizientere Verwertung der geringen NO_3^--Vorräte durch Rohrglanzgras zu Lasten der mikrobiellen Konkurrenz zurückzuführen (Abb.1). Bezüglich des Gasaustausches zwischen Boden und Atmosphäre scheint den Pflanzen unter den geprüften Bedingungen insgesamt nur eine geringe Bedeutung zuzukommen. Das gilt insbesondere für den

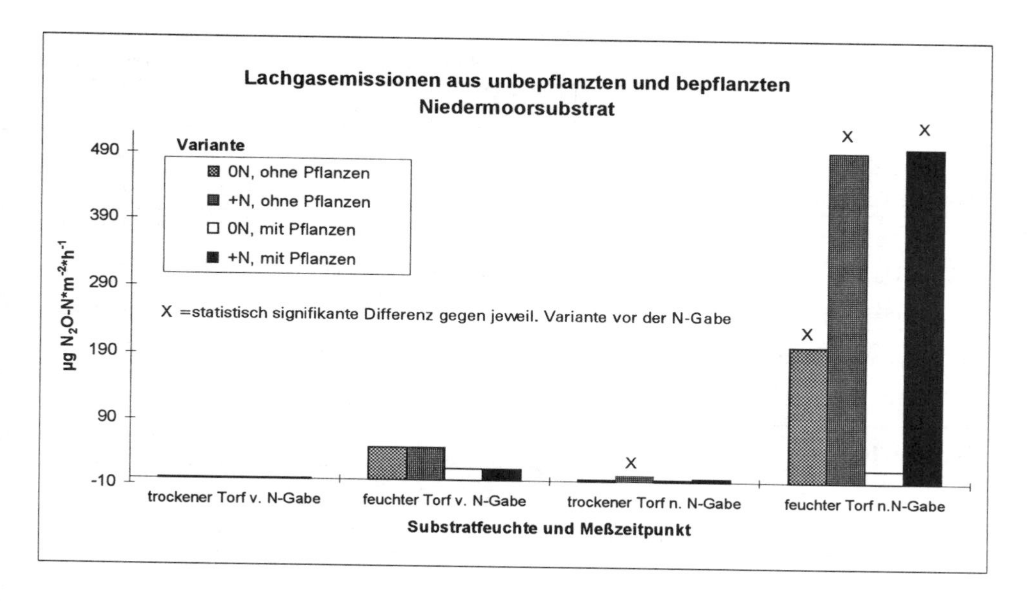

Abb. 1: Einfluß von Pflanzenbewuchs, N-Düngerapplikation und Substratfeuchte auf die Lachgasemissionen aus dem Wurzelraum in Labormodellsystem Rohrglanzgras- Niedermoorsubstrat (v. N-Gabe= Messung unmittelbar vor N-Gabe; n. N-Gabe: Messung zwei Wochen nach N-Gabe)

Variante	^{15}N-Abundanz N_2 (at.% ^{15}N)	^{15}N-Abundanz N_2O (at.% ^{15}N)
+N, ohne Pflanzen	0,38 ± 0,03	13,2 ± 15,5
+N, mit Pflanzen	0,38 ± 0,02	18,0 ± 15,8

Tab. 1: ^{15}N-Häufigkeit in N_2 und N_2O aus der Luft des Wurzelraumes ^{15}N-gedüngter Gefäße im System Rohrglanzgras-Niedermoortorf (feuchter Torf, 2 Wochen nach N-Applikation)

Lachgastransport aus trockenem Torf (Tab. 2). Die Verwertung des Dünger-N im System Rohrglanzgras-Niedermoor wurde ganz erheblich vom Pflanzenbestand beeinflußt . Sowohl bei trockenem als auch bei feuchtem Torf bewirkte der Bewuchs mit Rohrglanzgras eine deutliche Verringerung der ^{15}N-Düngerverluste (Tab. 3). Die Art und Intensität der Dünger-N-Transformation und -Aufnahme durch die Pflanzen wurde allerdings in komplexer Weise wiederum von den Aktivitäten der Pflanzen und den Bodenfeuchteverhältnissen gemeinsam bestimmt. Im trockenen Torf verursachte offenbar der zusätzliche Wasserentzug durch die Pflanzen eine weitere Verminderung der gesamten N-Umsetzungsprozesse im Vergleich zum unbewachsenen Boden. Darauf deuten

Spurengasemissionen	trockener Torf		feuchter Torf	
	0N	+N	0N	+N
Lachgas (µg N_2O-N*m^{-2}*h^{-1})	0	0	14,5*	2,0
Methan (µg CH_4-C*m^{-2}*h^{-1})	-13,9	-28,3	11,0*	19,0*

* = stat. signifk. Differenz gegen jeweil. Variante des trockenen Torfes (Varianzanalyse, t-Test)

Tab. 2: Direkter Einfluß von Rohrglanzgras auf den Austausch von N_2O und CH_4 zwischen Niedermoortorf und Atmosphäre in Abhängigkeit von Bodenfeuchte und N-Düngung (Meßmethode: kurzzeitige Abdeckung der Sprosse mit gasdichten Hauben, Zeitpunkt: 2 Wochen nach Düngung)

Bilanzgröße	trockener Torf		feuchter Torf	
	+N, ohne Pflanzen (%)	+N, mit Pflanzen (%)	+N, ohne Pflanzen (%)	+N, mit Pflanzen (%)
Gesamt-N Boden	77,2	84,2	70,9	59,5
darunter				
NO_3^--N	(38,8)	(72,9)	(15,6)	(8,6)
NH_4^+-N	(0,006)	(0,13)	(0,04)	(0,09)
v. Pflanzen aufgenommener N	-	11,1	-	30,0
Wiederfindungsrate	77,2*	95,3	70,9*	89,5

* = statistisch signifk. Differenz gegen jeweil. Variante +N, mit Pflanzen (Varianzanalyse, t-Test)

Tab. 3: Einfluß von Bodenfeuchte und Pflanzenbewuchs auf den Verbleib des Dünger-N im System Rohrglanzgras-Niedermoortorf (Relativwerte, bezogen auf applizierte Dünger-N-Menge v. 600 mg pro Gefäß; Wiederfindungsrate= gesamte Dünger-N-Menge im System)

sowohl der hier immer noch hohe Anteil düngerbürtigen Stickstoffs in der Nitrat-N-Fraktion des Bodens (Tab. 3) als auch die im Vergleich zur ^{15}N-Tracertechnik sehr viel geringeren Werte für düngerbürtigen N in den Pflanzen nach der Differenzmethode hin (Tab. 4). Letzteres ist möglicherweise auch auf die bevorzugte Aufnahme des bei geringer Feuchte ungleichmäßig im Boden verteilten Dünger-N durch die Wurzeln zurückzuführen. Im feuchten Torf bewirkten die Pflanzen eine weitere Förderung der an sich schon viel intensiveren Umsetzung des düngerbürtigen Nitrat-N (Tab. 3). Die N-Düngung hatte eine leichte Förderung der Mineralisation des im Torf gebundenen N zur Folge (Tab. 4; Anteil Dünger-N in Pflanzen nach Differenzmethode > Anteil

Parameter/Variante	trockener Torf	feuchter Torf
aufgenommene N-Menge (mg N/Gefäß)		
Variante 3 (0N, mit Pflanzen)	146,7	108,2
Variante 4 (+N, mit Pflanzen)	168,0	330,6
düngerbürtiger N in Pflanzen (mg N/Gefäß) und %ualer Anteil am aufgenommenen N (bezogen auf Variante 4)		
- nach Differenzmethode (Variante 4 - Variante 3)	21,3 (12,7)	222,4 (67,3)
- nach ^{15}N-Tracertechnik	70,8 (42,7)	193,2 (58,4)

Tab. 4: Ermittlung des Anteils düngerbürtigen Stickstoffs an der Gesamt-N-Aufnahme der Pflanzen im System Rohrglanzgras-Niedermoortorf bei geringer und bei hoher Bodenfeuchte unter Verwendung der Differenz- und der ^{15}N-Isotopenmethode

Dünger-N nach Isotopenmethode).

Obwohl die vorliegenden Untersuchungen bereits den erheblichen Einfluß von Pflanzen auf die N-Transformations- und -Austragsprozesse von Niedermooren in Wechselwirkung mit der Bodenfeuchte deutlich gemacht haben, ist eine abschließende Bewertung nur unter Berücksichtigung der für Niedermoore häufigen Verhältnisse vollständiger Überstauung möglich. Verschiedene Anzeichen deuten darauf hin, daß unter diesen komplett anaeroben Bedingungen die N-Umsetzungsprozesse erheblichen Veränderungen unterliegen können. Das betrifft neben der Denitrifikation die unter aeroben Verhältnissen nur schwach ausgeprägte Nitratammonifikation (AMBUS et al. 1992). Es ist deshalb vorgesehen, die Untersuchungen unter den Bedingungen vollständiger Überstauung fortzuführen. Darüber hinaus soll in nachfolgenden Experimenten geklärt werden, inwieweit Nitrifikation und Denitrifikation in Abhängigkeit vom Pflanzenbewuchs tatsächlich für die beobachteten Dünger-N-Verluste verantwortlich sind.

5.2. Literaturverzeichnis

AERTS, R., DE CALUWE, H., KONINGS, H.: Seasonal allocation of biomass and nitrogen in four Carex species from mesotrophic and eutrophic fens as affected by nitrogen supply. J. of Ecology **80**, 653-664 (1992)

AMBUS, P., MOSIER, A., CHRISTENSEN, S.: Nitrogen turnover rates in a riparian fen determined by ^{15}N dilution. Biol. Fert. Soils **14**, 230-236 (1992)

AUGUSTIN, J., BLASINSKI, F., STEFFENS, L., MERBACH, W.: Gaswechselmeßsystem zur Ermittlung der Wirkung pflanzlicher Wurzelsysteme auf die Spurengasemission aus Böden. In: MERBACH, W. (Ed.): Mikroökologische Prozesse im System Pflanze-Boden, B. G. Teubner Verlagsgesellschaft, Stuttgart-Leipzig 1995, 155-160

AUGUSTIN, J., MERBACH, W., SCMIDT, W., REINING, E.: Effect of changing temperature and water table on trace gas emission from minerotrophic mires. Angew. Bot. **70**, 45-51 (1996)

BEHRENDT, A., MUNDEL, G., HÖLZEL, D.: Kohlenstoff- und Stickstoffumsatz in Niedermoorböden und ihre Ermittlung über Lysimeterversuche. Z. f. Kulturtechnik und Landentwicklung **35**, 200-208 (1994)

EGGELSMANN, R., BARTELS, R. : Oxidativer Torfverzehr in Niedermoor in Abhängigkeit von Entwässerung, Nutzung und Düngung. Mitt. Dtsch. Bodenk. Ges. **22**, 215-221 (1975)

FAUST, H., BORNHACK, H., HIRSCHBERG, K., JUNGHANS, P., KRUMBIEGEL, P.: ^{15}N-Anwendung in der Biochemie, Landwirtschaft und Medizin. - Eine Einführung. Schriftenreihe Anwend. v. Isotopen und Kernstrahlungen in Wissenschaft und Technik 5, Berlin, 1-93 (1981)

KÄDING, H.: Ökologische Bewirtschaftung von Niedermoorgrünland unter Berücksichtigung der Nährstoffbilanzen. Archiv Acker- Pflanzenbau Bodenkunde **33**, 187-194 (1994)

KUNTZE, H. : Nährstoffdynamik der Niedermoore und Gewässereutrophierung. Telma **18**, 61-72 (1988)

KUNTZE, H. : Moorstandorte als Senken und Quellen von Nährstoffen. Vechtaer Studien zur Angewandten Geografie und Regionalwissenschaft **5**, 93-102 (1992)

LORENZ, J. S., BIESBOER, D. D.: Nitrification, denitrification, and ammonia diffusion in a cattail marsh. In: REDDY, K. R. (Ed.): Aquatic plants for water treatment and resource recovery, 525-550, Magnolia Publishing Inc., Orlando, Florida 1987

LISCHTWAN, I., BAMBALOW, N.: Mineralisierung und Umwandlung der organischen Substanz in Torfböden Belorußlands. Ber. Moorstandortk. u. Moormelioration, HU Berlin 8, 58-70 (1983)

MEIER, G., SCHMIDT, G.: Erfahrungen bei der simultanen Bestimmung von Gesamtstickstoff und ^{15}N durch Kopplung von 'Dumas' Stickstoffbestimmungsgeräten mit dem NOI-6. Isotopenpraxis Environm. Health Stud. **28**, 85-96 (1992)

MOSIER, A. R., MOHANTY, S. K., BHADRACHALAM, A., CHAKRAVORTI, S. P.: Evolution of dinitrogen and nitrous oxide from soil to the atmosphere through rice plants. Biol. Fertil. Soil **9**, 61-67 (1990)

OKRUSZKO, H.: Wirkung der Bodennutzung auf die Niedermoorbodenentwicklung, Ergebnisse eines langjährigen Feldversuches. Z. f. Kulturtechnik und Landentwicklung **30**, 167-176 (1989)

PETERSEN, A.: Die Gräser als Kulturpflanzen und Unkräuter auf Wiese, Weide und Acker. Akademie Verlag, Berlin 1949

SICH, I., RUSSOW, R.: ^{15}N-Analytik von NO und N_2O in Luft mittels GC-QMS. Posterabstract Jahrestagung AG Stabile Isotope , Berlin 1996, 55

REDDY, K. R., PATRICK, W. H., LINDAU, C. W.: Nitrification-denitrification at the plant root-sediment interface in wetlands. Limnol. Oceanogr. **34**, 1004-1013 (1989)

SCHRÖDER, F., ADOLF, G.: Untersuchungen zum Schnittzeitpunkt und zur Überflutung im ersten und zweiten Aufwuchs der Grasart *Phalaris arundinacea* L. Archiv Acker- Pflanzenbau Bodenk. **40**, 155-162 (1996)

THOMAS, K. L., BENSTEAD, J., DAVIES, K. L., LLOYD, D.: Role of wetland plants in the diurnal control of CH_4 and CO_2 fluxes in peat. Soil Biol. Biochem. **28**, 17-23 (1996)

ZANNER, C. W., BLOM, P. R.: Mineralization, nitrification, and denitrification in histosols of northern Minnesota. Soil Sci. Soc. Am. J. **59**, 1505-1511 (1995)

Danksagung
Frau Birgit Snelinski und Herrn Lutz Steffens sei an dieser Stelle ganz herzlich für die vorzügliche technische Betreuung der Versuche und deren sorgfältige Aufarbeitung gedankt.

Rhizosphärenprozesse, Umweltstreß und Ökosystemstabilität.
7. Borkheider Seminar zur Ökophysiologie des Wurzelraumes.
(Ed. W. Merbach) B. G. Teubner Verlagsgesellschaft Stuttgart, Leipzig 1997, pp . 109-117

LANGZEITUNTERSUCHUNGEN ZUR C- UND N-DYNAMIK DES BODENS IM GEFÄSSVERSUCH

KÖRSCHENS, M.
UFZ-Umweltforschungszentrum Leipzig-Halle GmbH, Sektion Bodenforschung Bad Lauchstädt
Hallesche Str. 44
D - 06246 Bad Lauchstädt

Abstract

Since 1982 a pot experiment with 3 different soil types and two extrem C-levels each has been carried out without nitrogen fertilization under field and greenhouse conditions. The N-uptake and changes of carbon in the soil were investigated. After 12 years the N-uptake amounts between 1030 and 2960 kg/ha. After 14 years in the average of all treatments the difference between field and greenhouse conditions was 0,36 % carbon. Under comparable experimental conditions changes depending on soil type and C-level amounts under field conditions between + 0.01 and +0.02 % C annualy, in greenhouse between + 0.004 and - 0.059 % C. The C/N ratio increases with a decreasing mineralisable part of carbon.

1. Einleitung

Der Kohlenstoff ist die wichtigste Voraussetzung für Bodenbildung, Bodenfruchtbarkeit und Ertrag. In der organischen Substanz des Bodens bindet er den Stickstoff im Verhältnis von rd. 10:1 und bestimmt damit gleichzeitig den N-Kreislauf und die N-Freisetzung. Letztere ist sehr entscheidend für die N-Versorgung der Pflanzen, die Effektivität der N-Düngung und das Ausmaß der N-Verluste. Auf diese Weise sowie über die Beeinflussung der CO_2- Konzentration der Atmosphäre durch Mineralisation bzw. Immobilisation im Boden wird der Kohlenstoff bzw. der mineralisierbare Anteil (C_m) zu einem wichtigen Umweltfaktor. Für ackerbaulich genutzte Böden liegt der anzustrebende C_m-Gehalt zwischen 0,2 und 0,6 %.

2. Material und Methoden

Für die o. g. Zielstellung wurde 1982 ein Gefäßversuch mit Mitscherlichgefäßen mit unterschiedlichen Böden und C-Gehalten angelegt. Die Böden wurden aus den Extremvarianten von drei Dauerdüngungsversuchen entnommen. Die Charakterisierung der Versuchsstandorte und der verwendeten Böden ist nachfolgend angegeben.

Charakterisierung der Herkunftsstandorte

Versuchsort	Groß Kreutz	Bad Lauchstädt	Lauterbach
Bodenform	Tieflehm-Fahlerde	Löß-Schwarzerde	Berglehm-Braunerde
Bodenart	lehmiger Sand	Lehm	Lehm
FAO-Klassifikation	Albic Luvisol	Haplic Phaeozem	Dystic Cambisol
Tongehalt (%)	3	23	15
Höhenlage m NN	42	110	580
langj. Niederschl. mm	537	484	900
Jahresdurch-schnittstemp. ° C	8,9	8,7	6,5

Eine Hälfte des Versuches wurde unter Freilandbedingungen aufgestellt, die Wasserversorgung erfolgte über die natürlichen Niederschläge. Die zweite Hälfte des Versuches stand in einem unbeheizten Glashaus und wurde mit aqua dest. auf 60 % der Wasserkapazität gehalten. Während des gesamten Versuchszeitraumes wurde keine N-Düngung gegeben. Es wurden jährlich Trockenmasseerträge und N-Entzüge je Gefäß bestimmt und (mit Ausnahme 1992) Bodenproben je Gefäß entnommen und als Mischprobe auf C und N untersucht.

3. Ergebnisse

Nachfolgend werden die Stickstoffentzüge nach 12 Versuchsjahren sowie die C- und N-Gehalte nach 14 Versuchsjahren ausgewertet. Die N-Entzüge zeigen sehr große Differenzen zwischen den Bodenarten und den C_{org} -Gehalten. Unter Gewächshausbedingungen liegen die Entzüge generell über denen im Freiland, bedingt durch günstigere Bodenfeuchten und höhere Temperaturen. Sie sind auf den vormals ungedüngten Varianten mit den geringsten C_{org}-Gehalten am niedrigsten, da einerseits der mineralisierbare C-Gehalt hier auch am kleinsten ist und andererseits der mit dem natürlichen Niederschlag eingetragene Stickstoff hier auch eine relativ größere Rolle spielt.

Der höchste N-Entzug wird erwartungsgemäß von dem Berglehm erzielt, da unter den natürlichen Gegebenheiten des Herkunftsstandortes eine vergleichsweise geringere Mineralisierung und stärkere Akkumulation von C_m erfolgt. Unerwartet ist die hohe Mineralisierungsleistung des Sandbodens im Vergleich zur Schwarzerde. Die N-Aufnahme liegt auf Sand über der des Lößbodens, obgleich die Differenz zwischen den beiden C-Stufen auf Löß wesentlich größer als auf Sand ist. Dies ist als Folge der günstigen Mineralisierungsbedingungen des Sandbodens zu werten.

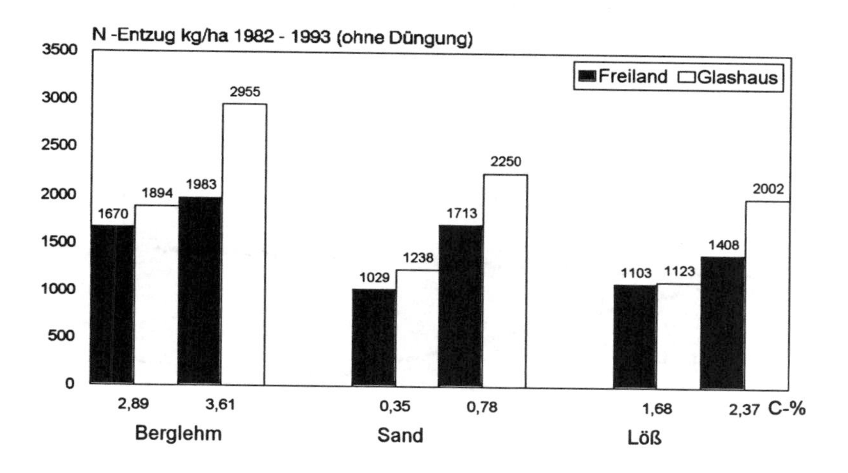

Abb. 1: N-Entzug in Abhängigkeit von Bodenart und C_{org} - Gehalt, geprüft im Gefäßversuch unter Freiland- und Gewächshausbedingungen

Die Mineralisierungsintensität eines Sandbodens beträgt im Vergleich zu Lehm das eineinhalb- bis zweifache. Es bestätigt sich, daß ein „normal“ versorgter Boden etwa 0,5 % C_m, entsprechend 200 dt/ha bzw. 2000 kg mineralisierbaren N enthält (Die Umrechnung von Gefäßversuchsdaten auf dt/ha ist nicht ganz korrekt und soll hier nur der Verdeutlichung der Größenordnungen dienen). Parallel zur N-Freisetzung verändern sich auch die C- und N-Gehalte.

Abb. 2 zeigt für die Berglehm-Braunerde sehr unterschiedliche Reaktionen für Freiland- und Glashausbedingungen, bedingt durch die auf Grund höherer Temperaturen und gleichmäßigerer Feuchte wesentlich höhere Mineralisierungsintensität im Glashaus. Unter Freilandbedingungen steigt der C-Gehalt bei einem niedrigen Ausgangsniveau deutlich höher als bei einem hohen Startwert. Als Ursache dafür kann die große Wurzelmasseentwicklung im Gefäßversuch angesehen werden. Im Glashaus tritt in beiden Fällen ein starker Rückgang der C-Gehalte ein, der bei hohem Ausgangsniveau mit einem Regressionskoeffizienten von - 0,059 deutlich höher liegt als bei niedrigem Startwert.
Gleiche Relationen zwischen den verschiedenen Versuchsbedingungen sind auch im Stickstoffgehalt zu verzeichnen (Abb. 3), allerdings tritt hier in allen Varianten eine Verringerung der N_t-Gehalte ein. Der Abfall ist, wie beim Kohlenstoff, am stärksten bei hohem Ausgangsniveau im Glashaus. Ursache dafür sind die günstigeren Umsetzungsbedingungen im Glashaus und der wesentlich höhere Gehalt an umsetzbarem C dieser Variante.

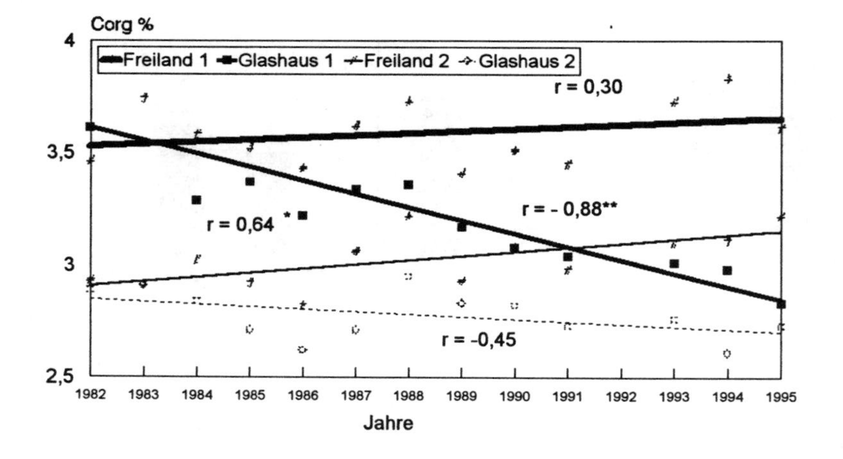

Abb. 2: Veränderungen der C_{org}-Gehalte einer Berglehm-Braunerde in Abhängigkeit vom Ausgangsniveau, geprüft im Gefäßversuch unter Freiland- und Gewächshausbedingungen (1 = hohe, 2 = niedrige Ausgangsgehalte)

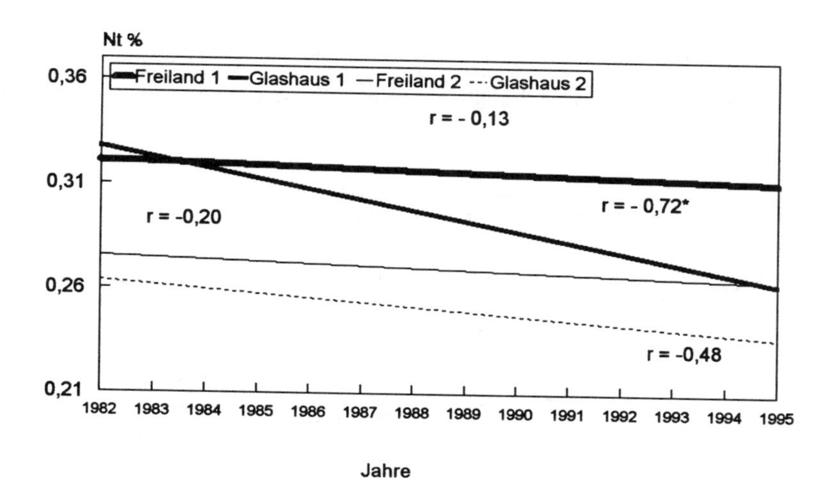

Abb. 3: Veränderungen der N_t-Gehalte einer Berglehm-Braunerde in Abhängigkeit vom Ausgangsniveau, geprüft im Gefäßversuch unter Freiland- und Gewächshausbedingungen (1 = hohe, 2 = niedrige Ausgangsgehalte)

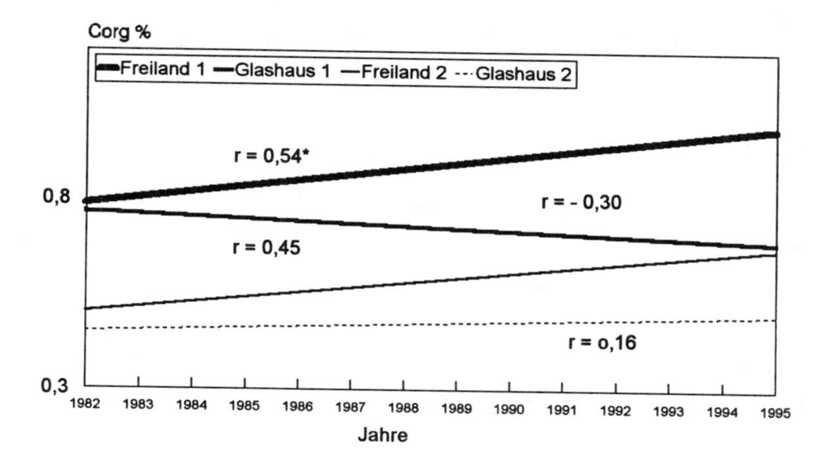

Abb. 4: Veränderungen der C_{org} - Gehalte eines Sandbodens in Abhängigkeit vom Ausgangsniveau, geprüft im Gefäßversuch unter Freiland- und Gewächshausbedingungen (1 = hohes, 2 = niedriges Ausgangsniveau)

Analoge Reaktionen zeigen sowohl der Sandboden als auch der Lößboden, lediglich die Regressionskoeffizienten für den Anstieg der C-Gehalte unter Freilandbedingungen sowie für den

Rückgang (hohes Ausgangsniveau) bzw. Stagnation (niedriges Ausgangsniveau) zeigen Unterschiede. Stickstoff zeigt bei allen Prüfgliedern einen mehr oder weniger starken Rückgang,

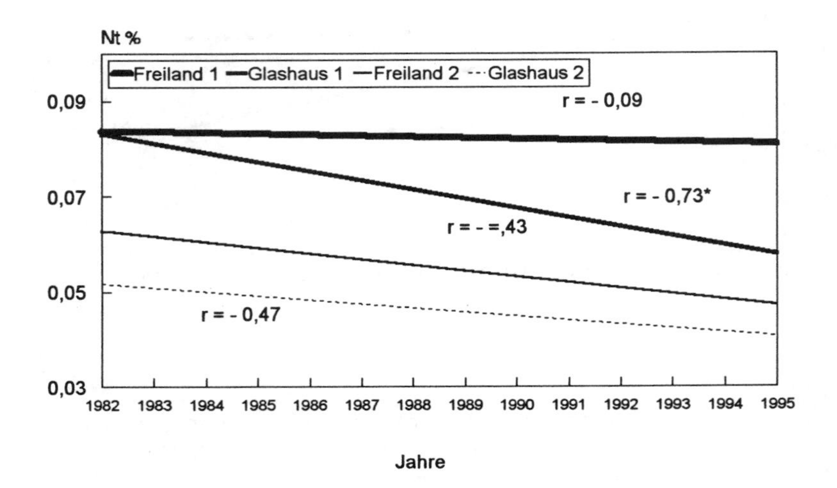

Abb. 5 : Veränderungen der N_t-Gehalte eines Sandbodens in Abhängigkeit vom Ausgangsniveau, geprüft im Gefäßversuch unter Freiland- und Gewächshausbedingungen (1 = hohes, 2 = niedriges Ausgangsniveau)

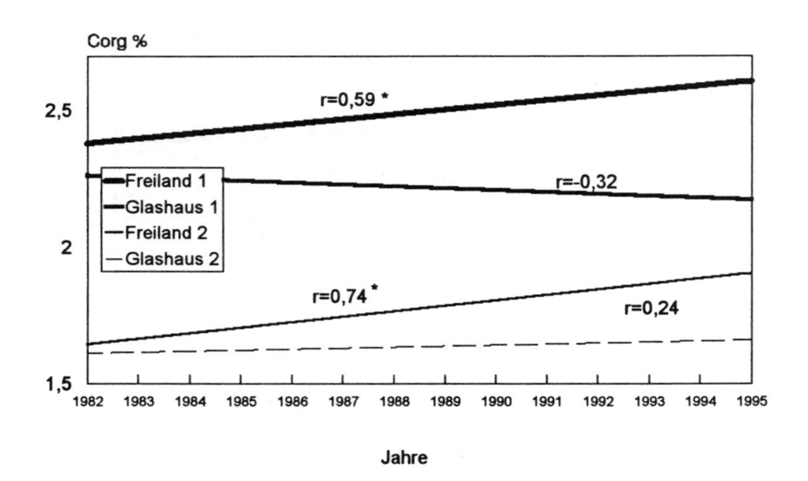

Abb. 6: Veränderungen der C_{org}-Gehalte eines Lößbodens in Abhängigkeit vom Ausgangsniveau, geprüft im Gefäßversuch unter Freiland- und Gewächshausbedingungen (1 = hohes, 2 = niedriges Ausgangsniveau)

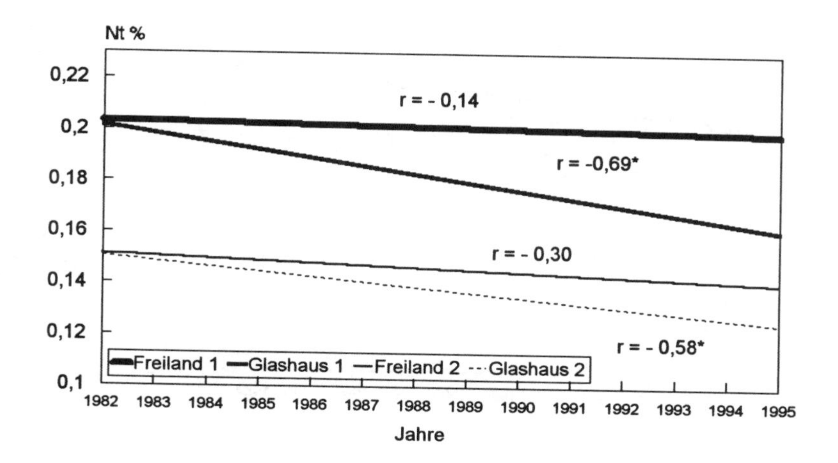

Abb. 7: Veränderungen der N_t-Gehalte eines Lößbodens in Abhängigkeit vom Ausgangsniveau, geprüft im Gefäßversuch unter Freiland- und Gewächshausbedingungen (1 = hohes, 2 = niedriges Ausgangsniveau)

der im Glashaus und bei hohem Startwert in allen Fällen am höchsten ist (Abb.4-7).
Die Größenordnungen der Veränderungen der Stickstoffgehalte im Boden und die Relationen zwischen den verschiedenen Varianten stimmen gut mit den in Abb. 1 dargestellten N-Entzügen überein.

Die Abb. 8 zeigt die Veränderungen der C- bzw. N-Gehalte im Durchschnitt aller einbezogenen Böden. Unter Freilandbedingungen steigt der C-Gehalt signifikant bei einem Regressionskoeffizienten von 0,016, im Glashaus tritt eine Verringerung um 0,010 % jährlich ein. Dementsprechend beträgt der Unterschied zwischen beiden Varianten nach 14 Versuchsjahren 0,36 % C. Der N-Gehalt sinkt sowohl im Freiland (b = - 0,0007) als auch im Glashaus (b = - 0,002). Die sich daraus ergebende Differenz ist mit 0,018 % N deutlich geringer als im C-Gehalt, bedingt durch geänderte C/N-Verhältnisse, die sich im Verlaufe der 14 Jahre deutlich erweitern. Diese Erweiterung ist mit einem Rückgang des umsetzbaren Anteils der organischen Substanz und entsprechenden Qualitätsänderungen zu erklären. Die umsetzbare OBS hat ein engeres C/N-Verhältnis, so daß mit zunehmender Verarmung auch das C/N-Verhältnis eines Bodens weiter werden muß.

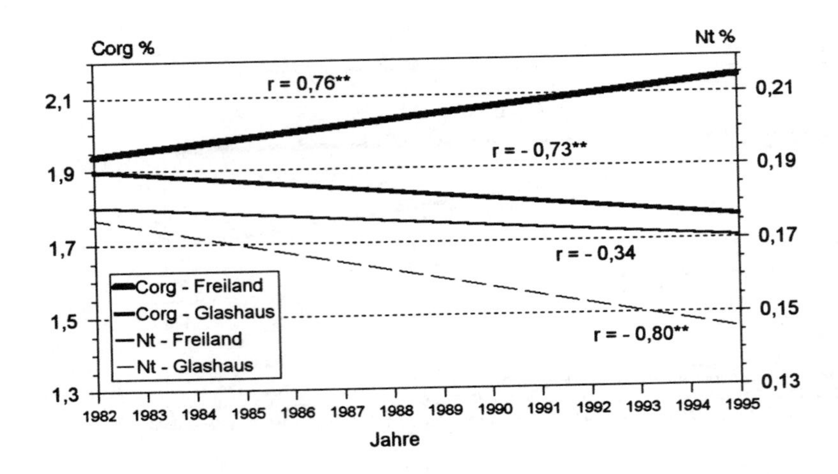

Abb. 8: Veränderungen der C_{org} - und N_t-Gehalte im Durchschnitt unterschiedlicher Böden, geprüft im Gefäßversuch unter Freiland- und Gewächshausbedingungen

Ergänzend zu den Ergebnissen des Gefäßversuches ist in Abb. 9 die C-Dynamik eines Modellversuches im Verlaufe von 40 Jahren dargestellt. In diesem Versuch wurde 1956 Boden unterschiedlicher Düngungsvarianten mit differenzierten C-Gehalten des Statischen Düngungsversuches Bad Lauchstädt in Betonringe gefüllt und die Veränderung der C-Gehalte

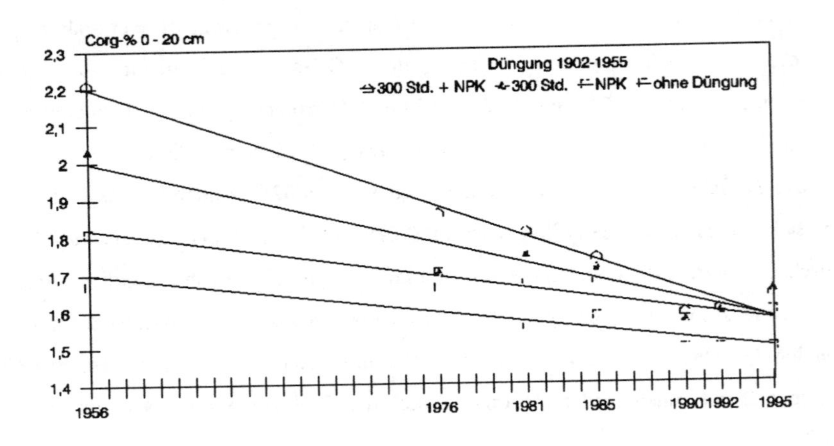

Abb. 9: Dynamik des C_{org} - Gehaltes in Abhängigkeit vom Ausgangsniveau unter Schwarzbrache in einem Modellversuch mit Löß-Scharzerde

unter Schwarzbrache im Verlaufe von 40 Jahren verfolgt. Die Ausgangswerte für C liegen zwischen 2,21 % und 1,70 %, die jährlichen Veränderungen zwischen 0,016 % und 0,005 % C.

Schlußfolgerungen

- Der absolute C-Gehalt im Boden ermöglicht keine Aussage über den Versorgungszustand des Bodens mit organischer Substanz und zur N-Freisetzung.
- Die Richtung der Veränderungen im C- bzw. N-Gehalt ist abhängig vom Ausgangsniveau und von den Standortbedingungen. Gleiche Maßnahmen können bei einem hohen Ausgangsniveau und/oder hoher Mineralisierungsintensität zu einer Verringerung, bei einem niedrigen Ausgangsniveau und/oder geringer Mineralisierungsintensität zu einer Erhöhung führen.
- Nach 14 Versuchsjahren wird im Gefäßversuch im Durchschnitt aller untersuchten Böden und Versorgungsstufen eine Differenz zwischen Freiland- und Gewächshausbedingungen von 0,36 % C erreicht.
- Mit einer Verringerung des umsetzbaren C erweitert sich das C/N-Verhältnis.
- Aus dem Modellversuch unter Freilandbedingungen wird deutlich, daß der C-Gehalt unter Schwarzbrache nach 40 Versuchsjahren den inerten Gehalt annähernd ereicht hat. Der Rückgang beträgt beim höchsten Ausgangsniveau 0,016 % C jährlich bzw. 0,64 % C nach 40 Jahren.
- Eine Veränderung im Bewirtschaftungssystem in praxisrelevanter Größenordnung, z. B. die Anwendung von 100 dt Stalldung je Hektar und Jahr, führt im Verlaufe von 10 Jahren zu einer gleichgerichteten Veränderung von 0,1 bis 0,2 % C.

4

Stoffumsatz in der Rhizosphäre und Streßwirkungen

Rhizosphärenprozesse, Umweltstreß und Ökosystemstabilität.
7. Borkheider Seminar zur Ökophysiologie des Wurzelraumes.
(Ed. W. Merbach) B.G. Teubner Verlagsgesellschaft Stuttgart, Leipzig 1997, pp. 121-128

WURZELSTERBEN DER TOMATE IM GESCHLOSSENEN HYDROPONISCHEN SYSTEM BEI UNTERSCHIEDLICHEN N-KONZENTRATIONEN DER NÄHRLÖSUNG

SCHWARZ, D.

Institut für Gemüse und Zierpflanzenbau, Großbeeren/Erfurt e.V.

Theodor-Echtermeyer-Weg 1

D - 14979 Großbeeren

Abstract

Different supplies of nutrients result morphological changes of the plant roots and in changes of activity. Often it is related with root death. Share of inactive roots in a total root system of tomatoes grown in hydroponics should be investigated for two cultivars (*Lycopersicon lycopersicum* cv. Counter, Karina) dependent on plant age in three variations of the nitrogen amount supplied (between 7 and 51 $mmol \cdot l^{-1}$).

First step of investigations was to produce evidence of the triphenyl tetrazolium chloride method to detect inactive roots of tomatoes grown in hydroponics. With this method the inactive part was determined in a fresh sample of about 0.5 g during a growing period of about 170 days at 4 in 1994 and 6 in 1995 sampling dates.

The best position to draw a representative sample was the middle of a root system and not the border. In the first 60 days of the growing period the inactive part of the roots stayed constant, lower than 10 %. After this time the part increased significantly until the end of the growing time and summed up to almost 70 %. The results were the same for both cultivars investigated. The influence of the increasing N supply was in 1994 not significant but it was in 1995. In general with increasing N in the nutrient solution the inactive part increased, too. The results showed that especially at the end of the growing period with high plant age growers have to pay attention to the roots to save the uptake of nutrients and water with a reduced active root system.

Einführung

Verschiedene Umwelteinflüsse, aber auch der Wechsel des Nährlösungs- bzw. Wasserangebotes können aktivitätsbedingte und morphologische Veränderungen des Wurzelsystems bewirken (SCHÜTZ 1987). Das schließt meist eine Veränderung der Wasser- und Nährstoffaufnahme ein, insbesondere dann, wenn Teile des Wurzelsystems nicht mehr für die Aufnahme verfügbar sind. Dabei kann es sich um abgestorbene Segmente handeln, die vorerst im Wurzelsystem enthalten bleiben und bei der Messung von morphologischen Merkmalen, wie Masse, Länge oder Durchmesser, mit erfaßt werden.

In vorliegenden Untersuchungen sollte deshalb der Versuch unternommen werden, stoffwechselaktives Wurzelmaterial von nicht aktivem zu differenzieren. Bei den Tomatenwurzeln in Hydroponik wurde daher zuerst eine visuelle Bonitur durchgeführt. Bis zu einem Pflanzenalter von 50 Tagen wiesen die Wurzeln eine weiße bis hellgelbe Farbe auf, z.T. waren sie fast farblos. Farbunterschiede, die eine Schlußfolgerung auf einen aktiven oder inaktiven Zustand zuließen, waren nicht festzustellen. Mit Beginn der Ernte fanden sich Wurzeln mit einer braunen Verfärbung und einer mazerierten Konsistenz. Daß es sich hierbei um inaktive Wurzeln handelte, wurde vermutet, blieb aber ohne Beleg. Eine Quantifizierung dieses Anteils war schwierig und fragwürdig, da der Nachweis der Inaktivität der Wurzeln fehlte.

Untersuchungsergebnisse zum Anteil abgestorbener Wurzeln im Wurzelsystem einer Pflanze, die nicht allein auf visueller Grundlage beruhen, wurden bisher nur von wenigen Autoren mitgeteilt. MÄHR und GRABHERR (1983) sowie EXNER (1989) nutzten für ihre Untersuchungen von Krummseggenrasen bzw. Gewächshausgurke den Test mit 2,3,5-Triphenyltetrazoliumchlorid (TTC) nach LARCHER (1969). Dagegen befaßte sich BUNER (1989) bei Tomate mit dem Färbeverfahren nach Strugger (zit. in Buner 1989), das auf einer unterschiedlichen Farbreaktion der Wurzeln gegenüber einer Lösung von Neutralrot und Methylenblau beruht.

Eigene Versuche mit dem Färbeverfahren nach STRUGGER brachten keine unterscheidbare Farbreaktion. Dagegen verliefen Tests mit TTC erfolgreich. Für die weiteren Untersuchungen ergaben sich folgende Fragen:

1) Ist der TTC-Test für den Nachweis inaktiver Wurzeln bei Tomate geeignet?
2) Wo sollte die Entnahme einer repräsentativen Probe für das Gesamtwurzelsystem erfolgen?
3) Wie verändert sich der Anteil inaktiver Wurzeln während einer Anbauperiode?
4) Wie beeinflussen die Sorteneigenschaften und das N-Angebot in der Nährlösung den Anteil inaktiver Wurzeln?

Material und Methode

Gewächshaus und Anbauverfahren

Das Wurzelmaterial wurde aus Versuchen entnommen, die 1994 und 1995 in einem Stahl-Glas-Gewächshaus vom Typ "TG 10" am Standort Großbeeren auf einer Bruttofläche von 1500 m^2 (2,1 Pflanzen·m^{-2}) etabliert waren. In 9 Doppelreihen standen je 200 Pflanzen in Mineralwollewürfeln (100*100*70 mm) in einer Nährfilmtechnik (NFT, SCHWARZ et al. 1996). Die pflanzenbaulichen Maßnahmen entsprachen dem Tomatenanbau unter Produktionsbedingungen (LANCKOW 1989). Eine CO_2-Begasung wurde nicht durchgeführt.

Nährlösungsversorgung

Die Nährlösung wurde mittels einer automatisierten Mischanlage "GPS 4300" (Fa. VAN VLIET) bereitet und zeitabhängig und in Abhängigkeit von der Stärke der Globalstrahlung appliziert. Die Herstellung erfolgte durch Mischen von konzentrierten Nährlösungen mit Rückflußwasser und Regenwasser. Der pH-Wert (4,5 bis 5,8) wurde durch Zumischen von verdünnter Salpetersäure geregelt. Die Zusammensetzung der Nährlösung entsprach den Empfehlungen von Voogt und BLOEMHARD (1994) bei Verwendung handelsüblicher Dünger. Über ein Kapillar-Tropfsystem erfolgte von einem Vorratsbehälter aus die Applikation an die Pflanzen. Die Wassergabe für die einzelnen Varianten mit unterschiedlichem N-Angebot unterschied sich nicht.

Meßwerte, Erfassung und Auswertung

Nach LARCHER (1969) erfolgt durch Dehydrogenaseaktivität eine Reduktion des TTC zu Triphenylformazan, das durch eine intensive rote Farbe in den Wurzeln sichtbar wird. Somit konnte die Quantifizierung durch Auszählung der Länge roter und nicht roter Wurzeln an einer Wurzelprobe von ca. 0,5 g Frischmasse erfolgen (TENNANT 1975). Der Anteil inaktiver Wurzeln wurde dann aus dem Verhältnis der Länge roter Wurzeln zur Gesamtlänge der Probe ermittelt. Untersucht wurden folgende Varianten mit jeweils 3 Wiederholungen (je 2 Pflanzen). Für alle Parameter erfolgte eine Varianzanalyse bei $p=0,05$.

1. Position
   Versuch 1994: (nur 59 Tage nach der Pflanzung)
   Versuch 1995: (nur 30, 58, 114 und 170 Tage nach der Pflanzung)
   Stufe 1: aus der Mitte des Wurzelsystems, ca. 10 cm vom Wurzelhals,
   2: vom Rand des Wurzelsystems.
2. Sorte (nur Versuch 1995)
   Stufe 1: cv. Counter
   2: cv. Karina

3. Stickstoffangebot
   Versuch 1994: 59, 108, 157 und 199 Tage nach der Pflanzung
   Stufe 1: N-Angebot ca. 11 $mmol·l^{-1}$ (EC-Wert 1,6 $dS·m^{-1}$)
   2: N-Angebot ca. 38 $mmol·l^{-1}$ (EC-Wert 5,3 $dS·m^{-1}$)
   3: N-Angebot ca. 51 $mmol·l^{-1}$ (EC-Wert 7,1 $dS·m^{-1}$).
   Versuch 1995: 30, 58, 86, 114, 142 und 170 Tage nach der Pflanzung
   Stufe 1: N-Angebot ca. 7 $mmol·l^{-1}$ (EC-Wert 1,0 $dS·m^{-1}$)
   2: N-Angebot ca. 42 $mmol·l^{-1}$ (EC-Wert 6,0 $dS·m^{-1}$)

Ergebnisse

Eignung des TTC-Testes

Die Überprüfung der Methode erfolgte mit Wurzeln von jungen vitalen Tomatenpflanzen. Nach dem Test waren keine inaktive Wurzeln vorhanden (Abb. 1). Um einen Teil bzw. das gesamte Wurzelsystem zu inaktivieren, wurden die Wurzeln verschiedenen Behandlungen ausgesetzt. Das Ergebnis einer extremen Behandlung durch Eintauchen in kochendes Wasser zeigte im Nachweis in allen untersuchten Proben ausschließlich inaktive Wurzeln. Nach Zermörsern der Wurzeln lag dieser Anteil im Mittel bei 90 %. Bei einer weiteren Variante wurde die Wurzeloberfläche mit Natriumhypochlorid desinfiziert. Ein Anteil von 32 % inaktiver Wurzeln wurde ermittelt.

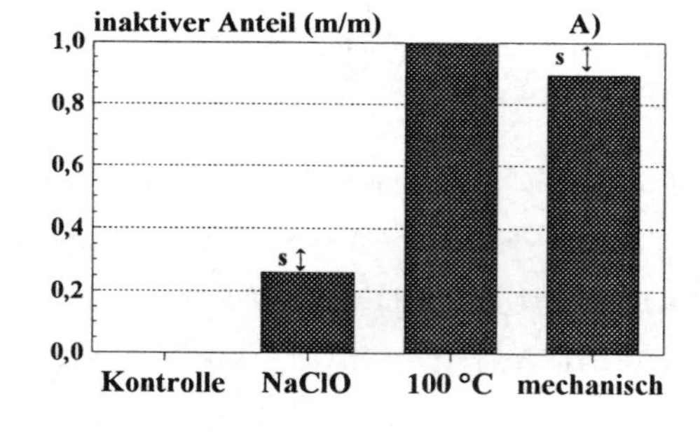

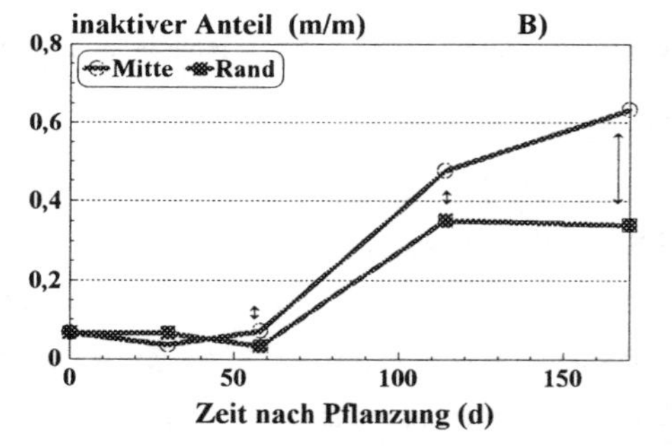

Abb. 1: Anteil inaktiver Wurzeln nach TTC-Test. A) Behandlung mit Natriumhypochlorid, kochendem Wasser und Zermörsern (s = Streuung). B) Während der Anbauzeit an verschiedenen Positionen im Wurzelsystem.

Ermittlung einer repräsentativen Probe

Die Proben aus der Mitte des Wurzelsystems wiesen nach der Ernte höhere Anteile inaktiver Wurzeln auf (Abb. 1B). Bei den Proben aus dem Randbereich war der Anteil von Wurzelspitzen wesentlich höher als in Proben aus der Mitte. Der Anteil inaktiver Wurzeln blieb ab 100. Tag nach der Pflanzung konstant bei 35 %. Aus der Mitte entnommene Proben variierten insbesondere in Messungen des Wurzeldurchmessers stärker als Proben vom Rand. Daher waren sie für das

Gesamtwurzelsystem repräsentativer. Bei der weiteren Untersuchung von Einflußfaktoren erfolgte die Entnahme aus der Mitte des Wurzelsystems.

Entwicklung des Anteiles inaktiver Wurzeln während der Anbauzeit

Unabhängig von der Entnahmeposition blieb der Anteil inaktiver Wurzeln bis 60 Tage nach der Pflanzung konstant unter 10 % (Abb. 1B). Danach erfolgte ein Anstieg des inaktiven Anteils. Zeitgleich mit Beginn dieses Anstieges begann auch die Ernte der Früchte. Zum Ende der Anbauzeit nach 170 Tagen erreichte der Anteil inaktiver Wurzeln im Mittel der untersuchten Varianten 65 %. Der Einfluß des Pflanzenalters war signifikant.

Entwicklung des Anteiles inaktiver Wurzeln bei zwei verschiedenen Tomatensorten

Die untersuchten Sorten 'Karina' und 'Counter' zeigten keine Unterschiede im Anteil inaktiver Wurzeln (Abb. 2). Zum Ende der Anbauzeit unterschieden sich die Ergebnisse, aber nicht signifikant, da eine starke Streuung (s=0,3) der Meßwerte vorlag.

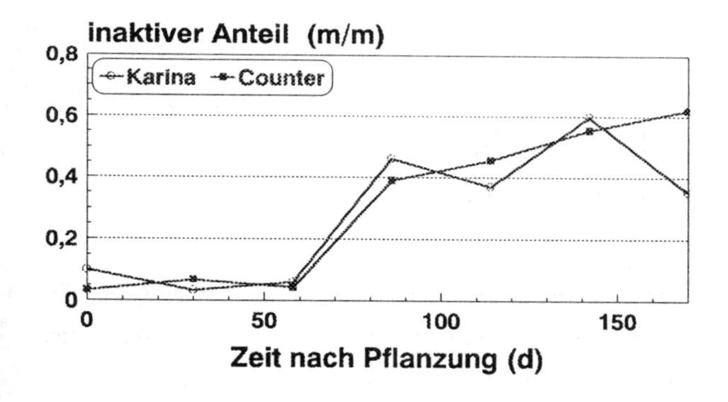

Abb. 2: Inaktiver Anteil Wurzeln von Tomaten der Sorten 'Karina' und 'Counter'.

Entwicklung des Anteiles inaktiver Wurzeln bei unterschiedlichen N-Angeboten

Nur das höchste N-Angebot (51 $mmol \cdot l^{-1}$) unterschied sich im Mittel aller und zu den 2 letzten Terminen des Versuchsjahres 1994 signifikant von den niedrigeren N-Angeboten (Abb. 3A). Deshalb wurden die Untersuchungen 1995 an 6 Terminen, aber nur bei den beiden extremen N-Angeboten von 7 und 42 $mmol \cdot l^{-1}$ durchgeführt. Es zeigte sich ein gesicherter Einfluß des N-Angebotes auf die aktive Wurzellänge, außer am vorletzten Termin 142 Tage nach der Pflanzung (Abb. 3B). Bis zum Zeitpunkt von 58 Tagen nach der Pflanzung war der inaktive Anteil signifikant höher bei dem hohen N-Angebot. Mit Erntebeginn nach ca. 60 Tagen nach der Pflanzung nahm der inaktive Anteil bei dem höheren N-Angebot schneller zu als bei dem N-

Angebot von 7 $mmol \cdot l^{-1}$. Während 142 Tage nach der Pflanzung die Anteile bei beiden N-Angeboten übereinstimmten, erfolgte eine leichte Abnahme zum Ende der Anbauzeit. Diese Abnahme verlief wiederum bei dem höheren N-Angebot schneller.

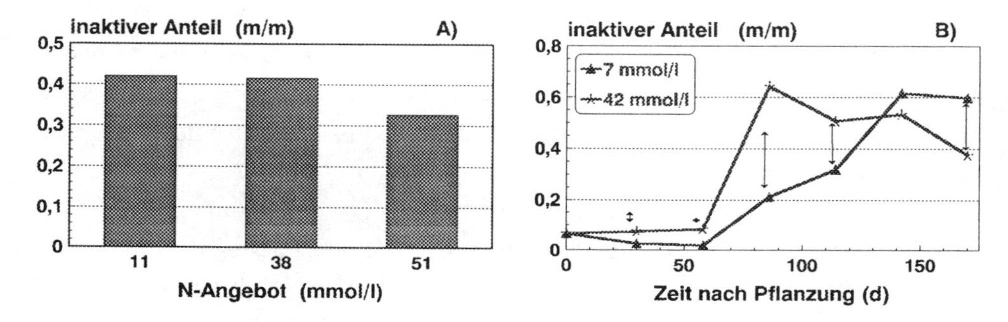

Abb. 3: Anteil inaktiver Wurzeln nach TTC-Test. A) Untersucht bei 3 N-Angeboten 1994 im Mittel von 4 Terminen. B) Untersucht während der Anbauperiode 1995 bei 2 N-Angeboten in der Nährlösung.

Diskussion und Schlußfolgerungen

Es konnte gezeigt werden, daß sich die Vitalfärbung mit TTC nach LARCHER (1969) für die Bestimmung des Anteils stoffwechselinaktiver Wurzeln bei Tomaten in Hydroponik eignet. Außerdem läßt sie sich schnell und relativ einfach handhaben.

Die allgemeinen Erfahrungen mit dieser Methode, den Anteil inaktiver Zellen zu bestimmen, werden ausführlich bei LARCHER (1969) diskutiert. Die spezifischen Erfahrungen mit Wurzelmaterial sind gering und beschränken sich auf wenige Veröffentlichungen (MÄHR und GRABHERR 1983, EXNER 1989) sowie mündliche Informationen (SOBOTIK 1994, VOGT 1996). Die mitgeteilten Erfahrungen sind widersprüchlich. Während erstgenannte Autoren über Ergebnisse zu einkeimblättrigen Pflanzenarten und Gewächshausgurke berichten, teilt VOGT (1996) mit, daß der Nachweis bei Gehölzen nicht funktioniert. Eine Ursache dafür könnte sein, daß TTC nicht in die Wurzelzellen eindringen konnte. Mit Hilfe eines Unterdruckes kann ein passiver Transport gewährleistet werden.

Die Bestimmung des Längenanteils nicht reagierender Wurzeln auf Grund einer unterschiedlichen Extinktion im Vergleich zu reagierenden Wurzeln (STEPONKUS und LANPHEAR, 1967; MÄHR und GRABHERR, 1983) erwies sich in vorliegenden Untersuchungen als zu zeitaufwendig. Eine Auswertung des Anteils gefärbter Wurzeln in einer Probe über ein Bildanalysesystem wird dagegen favorisiert und ist zukünftig zu prüfen.

Der Anteil inaktiver Wurzeln bei 170 Tage alten Tomatenpflanzen lag mit Maximalwerten von 75 % noch über Ergebnissen von Grasland und Zuckerrübe, die von DE WILLIGEN und VAN NOORDWIJK (1987) mit 53 % angegeben werden. Bei Winterweizen ermittelten sie sogar nur 13 %. Bisher konnten nicht die Ursachen für das verstärkte Absterben geklärt werden. Ein Zusammenhang mit dem Beginn der Erntephase liegt offensichtlich vor, da zu dieser Zeit verstärkt Assimilate in die Früchte transportiert werden.

Die anfänglich stärkere und später schnellere Schädigung der Wurzeln durch das höhere N-Angebot überraschte. Zwar ist der reduzierende Effekt des Stickstoff auf die Wurzellänge beschrieben (SCHÜTZ 1987), aber über eine Schädigung bzw. Inaktivierung durch Erhöhung des N-Angebotes im untersuchten Bereich ist nichts bekannt. Möglicherweise erfolgt die Schädigung durch das erhöhte Salzangebot in der Nährlösung, das sowohl einen Wasser- als auch einen Ionenstreß verursachen kann (KAFKAFI 1991).

Literaturverzeichnis

BUNER, H.: Magnesium-Aufnahme im Kulturverlauf von Tomaten (Lycopersicum lycopersicon). Diplomarbeit im Institut f. Pflanzenernährung, Universität Hannover (1989).

DE WILLIGEN, P.;VAN NOORDWIJK, M.: Roots, plant production and nutrient use efficiency. Doctoral Thesis, Agric. Univ. Wageningen (1987).

EXNER, M.: Einfluß von N- und Ca-Angebot, sowie Fruchtbehang auf die Ca-Ernährung von Gewächshausgurke (Cucumis sativus L.). Diplomarbeit im Institut f. Pflanzenernährung, Universität Hannover (1989).

KAFKAFI, U.: Root growth under stess. Salinity. In: Plant roots. The hidden half. Eds.: Waisel, Y., A. Eshel, U. Kafkazi. pp. 375-391. Marcel Dekker, Inc., New York, Basel, Hongkong (1991).

LANCKOW, J.: Modernes Produktionsverfahren Gewächshaustomate. iga-Ratgeber, Markkleeberg, p. 94 (1989).

LARCHER, W.: Anwendung und Zuverlässigkeit der Tetrazoliummethode zur Feststellung von Schäden an pflanzlichen Geweben. Mikroskopie 25, 207-218 (1969).

MÄHR, E.; GRABHERR, G.: Wurzelwachstum und -produktion in einem Krummseggenrasen (Caricetum curvulae) der Hochalpen. In: Wurzelökologie und ihre Nutzanwendung. Eds. W. Böhm et al. pp 405-416. Int. Symp. Gumpenstein, Irdning 1982 (1983).

SCHÜTZ, B.: Untersuchungen zum Stickstoffhaushalt bei Mais (Zea mays L.) auf der Grundlage morphogenetischer Wirkungen auf das Wurzelsystem. Diss. Univ. Kiel (1987).

SCHWARZ, D. ; KUCHENBUCH, R.: Growth analysis of tomato in closed recirculating systems in relation to EC-value of the nutrient solution. Acta Hort. im Druck (1996).

SOBOTIK, M.: mündl. Mitteilung (1994).

STEPONKUS, P.L.; LANGPHEAR, F.O.: Refinement of the triphenyl tetrazolium chloride method of determining cold injury. Plant Physiology 42, 1423-1426 (1967).

TENNANT, D.: A test of a modified line intersect method of estimating root length. J. Ecol., Oxford **63**, 995-1001 (1975).

VOGT, K.: mündl. Mitteilung (1996).

VOOGT, W.; BLOEMHARD, C.: Voedingsoplossing voor de teelt van tomatenin gesloten systemen. Proefstation voor Tuinbouw onder Glas, Naaldwijk 17, 2. Aufl. (1994).

Rhizosphärenprozesse, Umweltstreß und Ökosystemstabilität
7. Borkheider Seminar zur Ökophysiologie des Wurzelraumes
(Ed. W. Merbach) B. G. Teubner Verlagsgesellschaft Stuttgart, Leipzig 1997, pp. 129-134

AMINOSÄUREMUSTER IN WURZELN VON *AGROSTIS STOLONIFERA* L.

KLAUS, S., GZIK, A.

Universität Potsdam

Institut für Ökologie und Naturschutz

Maulbeerallee 2a

D - 14469 Potsdam

Abstract

In order to get information about reactions of wetland plants on a changing climate we studied some growth parameters and the pattern of free amino acids in roots of *Agrostis stolonifera* under increasing drought stress conditions, simulated by root application of polyethylene glycol. Fresh weight of shoots and roots was reduced with increasing intensity of stress, while dry weight was enhanced in roots under mild stress but not in shoots. Proline was found to accumulate in roots in high amounts with increasing strength and duration of stress. The pattern of free amino acids was considerably changed. Especially, the portion of aspartate and asparagine increased in roots under stress. The results suggest, that aspartate and asparagine play an important role in stress metabolism of *Agrostis stolonifera*.

Einleitung

Angesichts des prognostizierten Klimawandels gewinnt die Diskussion um die Gefährdung sensibler Biotope immer mehr an Bedeutung. So werden für das Land Brandenburg zunehmend extrem heiße und trockene Sommer erwartet (STOCK 1996), die zu Veränderungen in der Vegetation führen werden. Pflanzen von Feuchtgebieten, die an eine gute Wasserverfügbarkeit adaptiert sind, dürften in besonderem Maße von diesem Klimawandel betroffen sein. Um gefährdete Feuchtbiotope erhalten zu können, ist es dringend erforderlich, mögliche Auswirkungen der Klimaveränderungen auf einzelne charakteristische Pflanzenarten zu untersuchen.

Ein Ziel unserer Arbeiten besteht in der Analyse von Wurzelexsudaten charakteristischer Feuchtwiesengräser der Unteren Havelaue unter Streßbedingungen und in der Aufklärung ihrer Bedeutung für die Streßbewältigung. Voraussetzung für die Exsudation ist die Bereitstellung potentieller Exsudate in den Wurzeln (Zucker, Aminosäuren, Sekundärstoffe), die zunächst untersucht werden mußten. Erste Ergebnisse zu einigen Wachstumsparametern und zum Aminosäurehaushalt in *Agrostis stolonifera* unter Trockenstreßbedingungen sollen vorgestellt und diskutiert werden.

Material und Methoden

Pflanzenanzucht und Streßapplikation:

Die Anzucht der Pflanzen für die Bestimmung des Aminosäuremusters erfolgte aus Sproßstecklingen in Plastikgefäßen im Gewächshaus bzw. unter Freilandbedingungen. Als Substrat wurde Quarzkies mit einer Korngröße von 0,6 bis 1,2 mm verwendet. Meßpegel dienten der Kontrolle und Regulation des Wasserstandes, der auf ca. 10 cm unter der Substratoberfläche gehalten wurde.
Zur Simulation definierter Trockenstreßbedingungen wurde den Pflanzen Polyethylenglycol (PEG 6000) über die Wurzeln appliziert. Nach 7 und 14 Tagen unter Normalbedingungen, mildem (-0,6 MPa) und mittlerem Streß (-1,2 MPa) wurden Proben für die Untersuchungen entnommen.

Probennahme und -aufarbeitung:

Für die Bestimmung von Wachstumsparametern wurden die Pflanzen nach 14 tägiger Applikationsdauer entnommen und die Frisch- und Trockenmassen (Trocknung bei 105°C) ermittelt. Zur Bestimmung der Aminosäuren wurde frisches Wurzelmaterial grob zerkleinert und bei -80°C zwischengelagert. Die Proben wurden in tiefgekühlten Mörsern unter Zusatz von Quarzsand homogenisiert, mit 3% Sulfosalicylsäure aufgenommen und 30 min bei 0°C und 10000 U/min zentrifugiert.

Analyse der Extrakte:

Der Prolingehalt wurde nach der Methode von BATES et al. (1973) bestimmt. Die Trennung und quantitative Analyse der primären Aminosäuren erfolgte nach Vorsäulenderivatisierung mit Orthophtalaldehyd auf einer RP18-Säule (Eurospher 100 C18 von Dr. Ing. KNAUER GmbH) mit einem Gradienten aus Na-acetat-Puffer (pH 7,0) und Methanol bei 30 °C (GZIK 1996). Zur Detektion wurde das Fluoreszenzmeßgerät RF 551 von SHIMADZU verwendet. Die Auswertung erfolgte mit der Software „Eurochrom 2000“ der Firma KNAUER.

Ergebnisse und Diskussion

Bei kontinuierlicher Wurzelapplikation von PEG zeigten die Pflanzen bereits nach wenigen Stunden Welkeerscheinungen. Der Turgor stabilisierte sich bei längerem Streßeinfluß. Die behandelten Pflanzen erreichten jedoch über die ganze Versuchsdauer nicht die volle Turgeszenz der Kontrollen. Bereits nach 7 Tagen waren die gestreßten Bestände im Wachstum zurückgeblieben. Dieser Effekt verstärkte sich bei 14-tägiger Behandlung (Abb. 1). Die Frischmassen der Sprosse und der Wurzeln PEG-behandelter Pflanzen waren deutlich verringert. Während jedoch in den Sprossen bereits milder Streß von -0,6 MPa eine starke Hemmung der Frischmassen verursachte, trat dies bei den Wurzeln erst bei mittlerem Streß von -1,2MPa ein.

Im Gegensatz dazu waren die Trockenmassen nur im Sproß mit ansteigender Streßstärke zunehmend verringert (Abb. 1). In den Wurzeln war unter dem Einfluß von -0,6 MPa eine Zunahme um 14 % des Wertes der Kontrolle zu verzeichnen, was nur auf verstärkte Stoffimporte aus dem Sproß zurückgeführt werden kann. Die Ergebnisse weisen auf eine erhöhte „sink"-Kapazität der Wurzeln unter Streß hin. Die Wassergehalte nahmen in den Sprossen und in den Wurzeln mit steigender Streßstärke ab. Da die Zellstreckung außerordentlich empfindlich auf Wassermangel in den Zellen reagiert (HSIAO et al. 1976), dürften die verringerten Frischmassen auf einer gehemmten Aktivität in den Streckungszonen beruhen.

Der Prolingehalt (Abb. 2) war nach einer Woche bei sehr mildem Streß (-0,3 MPa) bereits auf den 4-fachen, bei -0,6 MPa auf den 16-fachen und bei -1,2 MPa auf den 39-fachen Wert im Vergleich zur Kontrolle angestiegen. Dieser Trend setzte sich mit zunehmender Streßdauer fort.

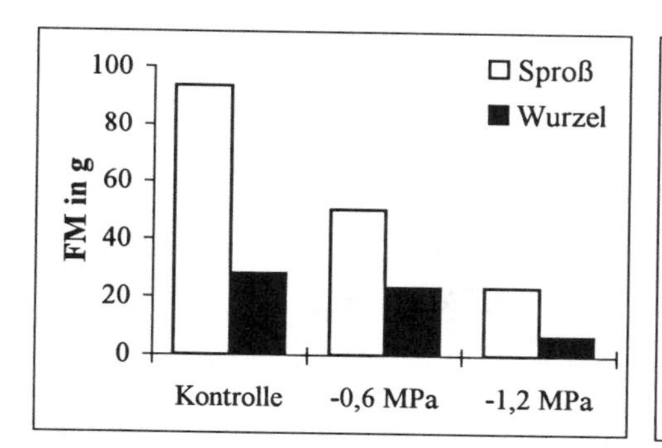

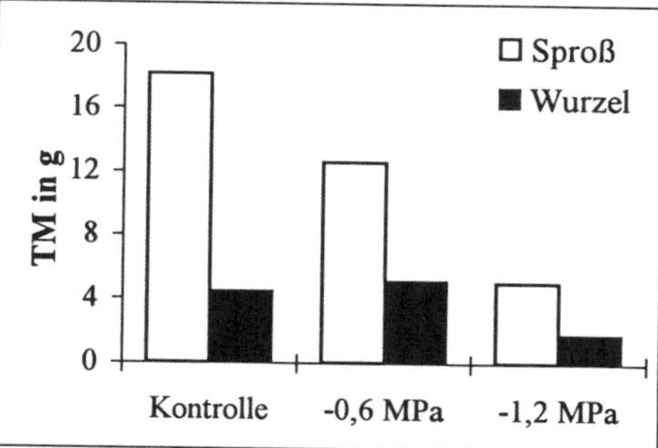

Abb. 1: Änderung der Frisch- und Trockenmassen der Sprosse und Wurzeln von *Agrostis stolonifera* in Abhängigkeit von der Stärke des osmotischen Stresses nach 14-tägiger Wurzelapplikation von Polyethylenglycol unter Freilandbedingungen bei Kultivierung in Quarzkies

Über eine starke Akkumulation von Prolin unter Trockenstreß ist bereits vielfach berichtet worden (s. Review: SAMARAS et al. 1995, GZIK 1996). Man nimmt an, daß Prolin dazu beiträgt, das osmotische Potential der Zelle zu erhöhen und empfindliche Makromoleküle zu schützen (SHEVYAKOVA 1983). CHIANG und DANDEKAR (1995) vermuten darüber hinaus auch eine Funktion als Stickstoff- und Energiereserve.

Auch der Gesamtgehalt an primären Aminosäuren stieg mit zunehmender Streßstärke (Tab. 1) an, aber bei weitem nicht in dem Maße wie beim Prolinspiegel. Die Werte lagen bei sehr mildem Streß beim 1,4-fachen Wert und erreichten bei mittlerem Streß das 2,7-fache des Gehaltes im Vergleich zu den Kontrollen.

Eine Akkumulation von Aminosäuren und verschiedenen stickstoffhaltigen Verbindungen unter Trockenstreß ist bereits bei einer Vielzahl von Organismen, einschließlich Pflanzen, beobachtet worden (CHIANG und DANDEKAR 1995). Sie haben wie das Prolin Bedeutung als zelluläre Osmolyte und können empfindliche Makromoleküle schützen. Die großen Unterschiede im Ausmaß der Akkumulation von Prolin und von primären Aminosäuren stellten auch SUNDARESAN und SUDHAKARAN (1995) an isolierten Blättern von *Manihot esculenta* fest. Sie fanden unter Streßbedingungen von -1,65 MPa eine 25-fache Erhöhung des Prolingehaltes, aber nur einen 1,5-fachen Anstieg des Gehaltes an freien Aminosäuren.

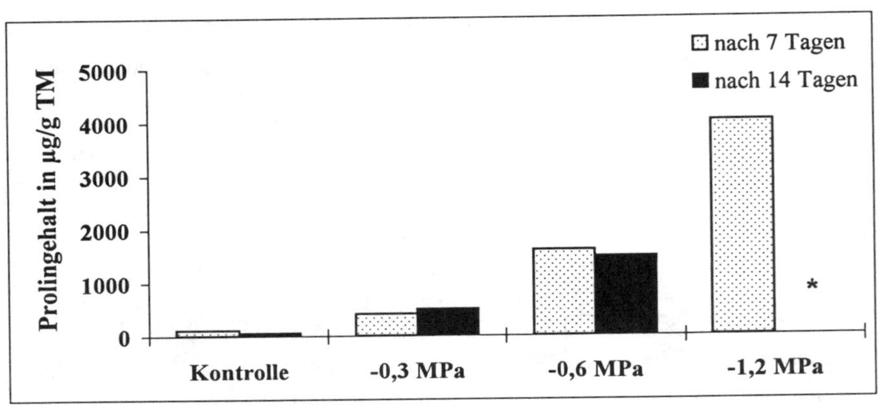

Abb. 2: Veränderungen im Prolingehalt der Wurzeln intakter Pflanzen von *Agrostis stolonifera* in Abhängigkeit von der Stärke des osmotischen Stresses nach 7- und 14-tägiger Wurzelapplikation von PEG unter Freilandbedingungen.(* Die Pflanzen unter dem Einfluß von -1,2 MPa waren bei diesem Versuchsansatz nach 14 Tagen bereits vollständig abgestorben).

Aminosäure	Angaben in µmol/g TM			
	Kontrolle	-0,3 MPa	-0,6 MPa	-1,2 MPa
Asp	69,13	124,88	165,35	133,96
Asn	11,64	10,26	36,10	80,45
Gln	6,51	3,12	14,21	9,41
Gly+Thr	4,36	5,78	11,58	18,71
Ala	4,11	2,50	6,61	9,57
Gaba	2,93	2,79	6,25	6,59
Ser	2,75	2,63	6,66	2,62
Val	2,70	2,08	2,90	2,61
Met	2,32	2,32	3,95	10,69
His	2,04	1,04	2,75	5,85
Ile	2,01	2,55	4,40	9,54
Phe	1,36	1,43	4,76	4,58
Trp	1,23	1,43	2,88	5,65
Leu	1,17	1,64	2,68	4,45
Arg	0,77	0,79	2,18	5,12
Tyr	0,15	0,12	0,24	0,42
Lys	0	0,25	0,15	1,02
total	115,19	165,61	273,66	311,24

Tab. 1: Veränderungen im Aminosäuremuster der Wurzeln 6 Wochen alter, intakter Pflanzen von *Agrostis stolonifera* in Abhängigkeit von der Stärke des osmotischen Stresses nach 7-tägiger Wurzelapplikation von Polyethylenglycol unter Freilandbedingungen.

Die Gehalte der einzelnen Aminosäuren wurden durch den Streß in unterschiedlicher Weise verändert. In den Kontrollpflanzen betrug der Anteil der Asparaginsäure am Gesamtgehalt an primären Aminosäuren 60 %, gefolgt von Asparagin mit 10 % und Glutamin mit 5,7 %. Glutaminsäure konnte weder in den Wurzeln der Kontrollen noch der behandelten Pflanzen nachgewiesen werden. Ursache dafür ist der sehr hohe Gehalt an Asparaginsäure, der zu einer starken Peakverbreiterung bei der HPLC-Trennung führt und die Glutaminsäure, die im Vergleich zur Asparaginsäure bei *Agrostis stolonifera* nur in geringen Mengen vorliegt, überlagert. Unter sehr mildem Streß (-0,3 MPa) wird die Erhöhung des Gesamtgehaltes an primären Aminosäuren lediglich durch eine starke Akkumulation von Asparaginsäure hervorgerufen. Erst bei einer Streßstärke von -0,6 MPa steigen auch die Gehalte der anderen Aminosäuren an. Besonders die Akkumulation von Asparagin trägt jetzt neben einem weiteren Anstieg des Asparaginsäurelevels zur Erhöhung des Gesamtpools bei. Darüber hinaus beobachteten wir mit steigender Streßstärke eine beachtliche Akkumulation solcher Aminosäuren, die in den Wurzeln der ungestreßten Pflanzen nur in sehr geringen Mengen enthalten sind bzw. nicht nachgewiesen werden konnten, so z.B. Phenylalanin, Tryptophan, Leucin, Arginin, Tyrosin und Lysin.

Offensichtlich finden unter den von uns gewählten Bedingungen bei Trockenstreß, simuliert durch Polyethylenglycol, Umstellungen des Stoffwechsels im Sproß und/oder in den Wurzeln von *Agrostis stolonifera* statt, die dazu führen, daß einige Aminosäuren mit zunehmender Streßstärke akkumuliert werden. Grund dafür dürfte u.a. das hohe N-Angebot durch massiven Proteinabbau und das limitierte Angebot an C-Skeletten durch den Rückgang der Photosynthese bei erhöhter Atmung sein. Da Asparagin neben Glycin und Arginin eines der N-reichsten Stoffwechselintermediate ist und als N-Transportform dient, reichert es sich unter diesen Bedingungen besonders stark an. Die Ergebnisse zeigen, daß Asparaginsäure und Asparagin im Streßstoffwechsel von *Agrostis stolonifera* von herausragender Bedeutung sind. In weiterführenden Untersuchungen ist zu klären, ob die starke Akkumulation einzelner Aminosäuren unter Streß auch zu einer verstärkten Exsudation dieser Verbindungen führt.

Literaturverzeichnis

BATES, L. S.; WALDREN, R. P.; TEARE, J. D.: Rapid determination of free proline for water stress studies. Pl. Soil 39, 205-207 (1973).

CHIANG, H.-H.; DANDEKAR, A. M.: Regulation of proline accumulation in *Arabidopsis thaliana* (L.) Heynh during development and in response to desiccation. Plant Cell Environ. 18, 1280-1290 (1995).

GZIK, A.: Accumulation of proline and pattern of α-amino acids in sugar beet plants in response to osmotic, water and salt stress. Environ. Exp. Bot. 36, 29-38 (1996).

HSIAO, T.C.; ACEVEDO, E.; FERERES, E.; HENDERSON, D.W.: Phil. Trans. R. Soc. London (B) 273, 479-500 (1976), zitiert nach MOHR, H.; SCHOPFER, P.: Pflanzenphysiologie. Springer Verlag 1992. S. 568.

SAMARAS, Y.; BRESSAN, R. A.; CSONKA, L. N.; GARCIA-RIOS, M. G.; PAINO D'URZO, M.; RHODES, D.: Proline accumulation during drought and salinity. In: Environment and plant Metabolism (SMIRNOFF, N. ed.). Bios Scient. Publ. Oxford 1995. Seite 161-187.

SHEVYAKOVA, N. I.: Metabolism and the physiological role of proline in plants under conditions of water and salt stress. Sov. Pl. Physiol. 30, 597-608 (1983).

STOCK, M.: Kurzfassung zur Pilotstudie: Mögliche Auswirkungen von Klimaänderungen auf das Land Brandenburg. [STOCK, M. und TÓTH, F. (Hrsg.)]. Berlin: ProduServ, 1996. S. 1-10.

SUNDARESAN, S.; SUDHAKARAN, P. R.: Water stress-induced alterations in the proline metabolism of drought-susceptible and -tolerant cassava (*Manihot esculenta*) cultivars. Physiol. Plant 94, 635-642 (1995).

Rhizosphärenprozesse, Umweltstreß und Ökosystemstabilität
7. Borkheider Seminar zur Ökophysiologie des Wurzelraumes
(Ed. W. Merbach) B. G. Teubner Verlagsgesellschaft Stuttgart, Leipzig 1997, pp. 135-142

WIRKUNG VON OSMOTISCHEM STRESS AUF DEN AMINOSÄURE-HAUSHALT IN KEIMLINGSWURZELN VON *ZEA MAYS* L.

GZIK, A.
Universität Potsdam,
Institut für Ökologie und Naturschutz
Maulbeerallee 2a
D - 14469 Potsdam

Abstract

Growth parameters, proline accumulation and α-amino nitrogen content in germinating maize seedlings were investigated under osmotic stress conditions. Polyethylene glycol (PEG) caused a decrease in fresh weight and length of all seedlings organs. The dry weight of coleoptiles was also reduced under stress while it was enhanced in roots. An increase in total α-amino nitrogen and a rapid accumulation of proline was observed in intact seedlings but not in isolated roots. In decapitated seedlings proline content of roots increased under stress conditions. The pattern of free amino acids estimated by HPLC-analysis was changed by PEG. The importance of these stress reactions are discussed.

Einleitung

Zahlreiche Pflanzenarten reagieren auf verschiedene Stressoren mit ähnlichen oder sogar gleichen Streßmechanismen. LESHEM und KUIPER (1996) postulierten die Existenz eines „general adaptation syndrome“ [GAS], das die Erhöhung der allgemeinen Streßresistenz von Pflanzen nach subletaler Belastung mit einem spezifischen Stressor einschließt. Die Akkumulation niedermolekularer organischer Verbindungen, die zur Stabilisierung des Zellturgors beitragen und dem Schutz empfindlicher Strukturen unter Streßbedingungen dienen (HANSON und HITZ 1982, RHODES 1987), könnte damit ein bedeutsamer Indikator für die Fähigkeit einer Pflanze zur generellen Streßabwehr sein.

Zur Sicherung steigender Ernteerträge für die Ernährung der wachsenden Weltbevölkerung ist eine hohe Streßresistenz der Kulturpflanzen gegenüber Witterungsfaktoren erforderlich (MCWILLIAM 1986). Der mit der globalen Erwärmung prognostizierte lokale Klimawandel erhöht die Anforderungen an die Streßresistenz der wichtigsten landwirtschaftlichen Nutzpflanzen wie Weizen, Reis, Mais und Sojabohnen (PARRY und ROSENZWEIG 1993). Nach POSCHENRIEDER und MIRSCHEL (1996) sind Auswirkungen von Klimaänderungen auf landwirtschaftliche Erträge auch im Land Brandenburg abzusehen.
Zur Bewertung der Streßresistenz und der damit verbundenen Anbaueignung unter veränderten Witterungsbedingungen sind neben der Erfassung von Wachstumsparametern auch Kenntnisse über den Streßmetabolismus erforderlich. Starke Veränderungen in den Poolgrößen der freien Aminosäuren, insbesondere die Akkumulation von Prolin, sind bei verschiedenen Spezies nachgewiesen worden (SHEVYAKOVA 1983, GOOD und ZAPLACHINSKI 1994, GZIK 1996).
Das Ziel unserer Untersuchungen besteht in der Aufklärung von Streßreaktionen in den Keimlingsorganen von *Zea mays*. Besonders intensiv wurden die Wurzeln untersucht, die Änderungen des Bodenwasserpotentials bei Trockenheit zuerst perzipieren und durch Biosynthese von Abscisinsäure die Induktionskette zur Streßabwehr auslösen (ZEEVART und CREELMAN 1988). In der vorliegenden Arbeit werden Ergebnisse aus Untersuchungen zu streß-bedingten Veränderungen im Aminosäurehaushalt und bei verschiedenen Wachstumsparametern von Maiskeimpflanzen vorgestellt und diskutiert.

Material und Methoden

Maiskaryopsen der frühen Sorte „Bonny“ wurden auf Filterpapier bei 26°C im Dunkelthermostat zur Keimung gebracht. Zur Auslösung eines definierten osmotischen Stresses wurden Polyethylenglycollösungen (PEG-6000) unterschiedlicher Konzentrationen über die Wurzeln gleichmäßig entwickelter, 3 bis 4 Tage alter Keimpflanzen appliziert. PEG ist nach HOHL und SCHOPFER (1991) besonders gut als externes Osmotikum für die Untersuchung von Trockenstreßreaktionen geeignet, da es nicht in den Apoplasten eindringt, und es keine Hinweise für nicht-osmotische Effekte gibt. Die Inkubation erfolgte bis zu einer Dauer von 4d bei Licht (97μmol Photonen $m^{-2}s^{-1}$) bzw. bei Dunkelheit und einem Tag/Nacht-Rhythmus von 12h/22°C und 12h/18°C in geschlossenen Plastikgefäßen. Nach der Entnahme wurden von den Keimlingsorganen die Längen und die Frisch- und Trockenmassen erfaßt.

Die Bestimmung des Prolingehaltes erfolgte nach BATES et al. (1973). Der α-Aminostickstoff wurde nach der Methode von NEHRING und HOCK (1971) ermittelt. Die freien Aminosäuren wurden nach Vorsäulenderivatisierung mit o-Phthalaldehyd-Reagenz auf einer RP-18-Säule (Eurosphere-C 18, 5μm) getrennt und fluorimetrisch quantitativ bestimmt (vgl. GZIK 1996).

Ergebnisse und Diskussion

Die Frischmassen aller Keimlingsorgane nehmen mit ansteigender Streßstärke ab (Abb. 1). Auch die Raten der Hemmung der Frischmasse werden mit zunehmender PEG-Konzentration geringer. Diese Abnahme der Frischmassen ist vor allem auf PEG-induzierte osmotische Effekte in den Keimlingsorganen zurückzuführen. Zu ähnlichen Ergebnissen kamen HOHL und

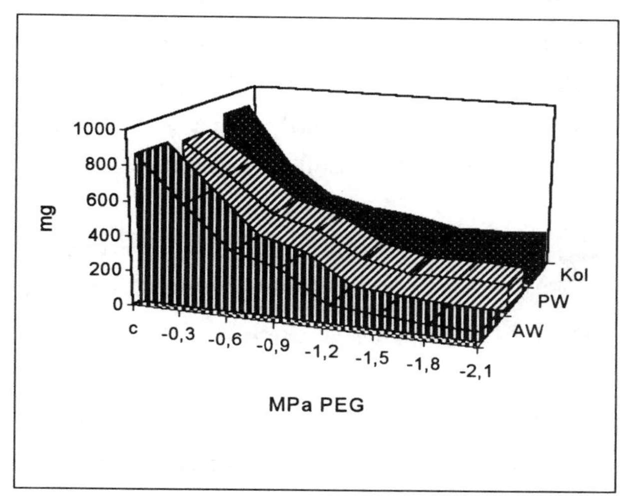

Abb. 1: Änderung der Frischmassen der Keimlingsorgane von *Zea mays* unter dem Einfluß von osmotischem Streß (Angaben in mg/10 Keimlingsorgane).

Applikationsbedingungen:
Licht: 97 μmol Photonen m^{-2} s^{-1}, Applikationsdauer 48h, Tag/Nacht-Rhythmus: 12h/22°C und 12h/18°C,
Kol = Koleoptilen,
PW = Primärwurzeln,
AW = Adventivwurzeln.

SCHOPFER (1991) bei ihren Untersuchungen mit Koleoptilabschnitten vom Mais, bei denen sie ein starkes osmotisches Schrumpfen unter dem Einfluß von PEG nachwiesen.

Die Trockenmassen waren jedoch nur bei den Koleoptilen unter Streßeinwirkung signifikant verringert (Tab. 1), was auf gehemmte Stoffimporte aus den Karyopsen und/oder erhöhte Exporte in die Wurzeln schließen läßt. Die Zunahme der Trockenmassen der Primär- und der Adventivwurzeln bei leichtem (-0,6 MPa) und mittlerem Streß (-1,2 MPa) unterstützt die Annahme einer streß-induzierten Umstellung der Stofftransporte durch veränderte „sink-source“ Verhältnisse. Das stimmt gut mit Beobachtungen verschiedener Autoren überein, wonach Wur-

Tab. 1: Unterschiede in den Frisch- und Trockenmasseänderungen der Keimlingsorgane von *Zea mays* während einer 48-stündigen Wurzelapplikation von PEG (Bedingungen s. Abb.1)

Keimlingsorgane	Kontrolle	osmotischer Streß		
		-0,6 MPa	-1,2 MPa	-1,8 MPa
		Frischmassen / 10 Keimlingsorgane (mg)		
Koleoptilen	2345	760	613	412
Primärwurzeln	912	730	639	422
Adventivwurzeln	887	470	384	183
		Trockenmassen / 10 Keimlingsorgane (mg)		
Koleoptilen	189	133	119	80
Primärwurzeln	68	94	97	80
Adventivwurzeln	66	81	79	51

zeln von Mais unter Trockenstreß noch wachsen, während das Sproßwachstum bereits gehemmt ist. LIPPMANN und BERGMANN (1994) zeigten, daß unter Streß bei jungen Maispflanzen die Gesamtoberfläche der Wurzeln vergrößert war. Bei starkem Streß (-1,8 MPa) ist die Schädigung der Keimlinge so groß, daß auch in den Wurzeln die Trockenmassen nicht mehr ansteigen.

Das Längenwachstum der Keimlingsorgane war jedoch bei allen Streßstärken gehemmt (Abb. 2). Das zeigt, daß durch die osmotischen Prozesse bei mildem und mittlerem Streß die Stoffakkumulation in den Wurzeln nicht in erhöhtes Längenwachstum umgesetzt werden kann.

Im Haushalt der freien Aminosäuren beobachteten wir in den Keimlingsorganen intakter Pflanzen z. T. dramatische Veränderungen. Der Gehalt an α-Aminostickstoff (Tab. 2) und an Prolin (Abb. 3) stieg mit zunehmender Streßstärke und Streßdauer in den Primär- und in den Adventivwurzeln stark an. Nach TULLY et al. (1979) kommt es in den Blättern junger Gerstenpflanzen unter osmotischem Streß zum Proteinabbau und zu einem starken Export an reduzier-

Tab.2: Veränderungen im α-Aminostickstoffgehalt der Wurzeln von *Zea mays* nach 4-tägiger kontinuierlicher Wurzelapplikation von PEG an intakte Keimpflanzen (Bedingungen s. Abb.1)

Keimlingsorgane	Inkubationszeit	Kontrolle	osmotischer Streß		
			-0,6 MPa	-1,2 MPa	-1,8 MPa
Primärwurzeln	48 h	859,7 ± 10,9	1014,4 ± 27,5	1582,6 ± 47,1	1998,5 ± 77,2
	96 h	736,5 ± 22,1	1517,0 ± 53,5	2802,3 ± 41,3	3190,8 ± 57,2
Adventivwurzeln	48 h	870,8 ± 35,3	967,1 ± 25,0	1616,6 ± 28,4	2025,2 ± 94,5
	96 h	1033,3 ± 39,4	1567,1 ± 20,8	2784,7 ±118,4	3230,6 ± 79,5

Abb. 2: Hemmung des Längenwachstums der Keimlingsorgane von *Zea mays* durch eine 96-stündige Wurzelapplikation von PEG bei Licht (Versuchsbedingungen s. Abb.1)

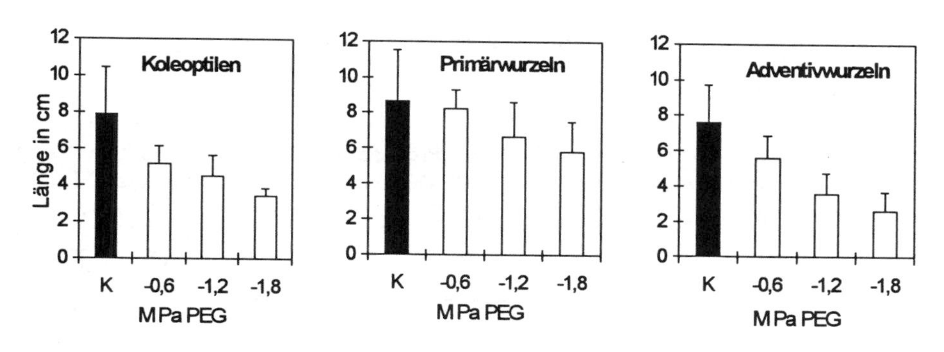

tem Stickstoff, was den Anstieg an α-Aminostickstoff in den Wurzeln verursachen könnte. Die Beobachtung der Autoren, daß die Prolinakkumulation in Blättern erst nach ihrer Isolierung intensiv abläuft, konnten wir nicht bestätigen. Nach Behandlung isolierter Wurzeln mit PEG wurden weder im α-Aminostickstoff- noch im Prolingehalt signifikante Veränderungen beobachtet. Im Gegensatz dazu stiegen die Werte in den Wurzeln dekapitierter Keimlinge und in den Koleoptilen entwurzelter Keimlinge an (Tab. 3).

Abb. 3: Der Anstieg des Prolingehaltes in den Keimlingswurzeln während einer kontinuierlichen Wurzelapplikation von PEG an intakte Maiskeimpflanzen (Bedingungen s. Abb.1)

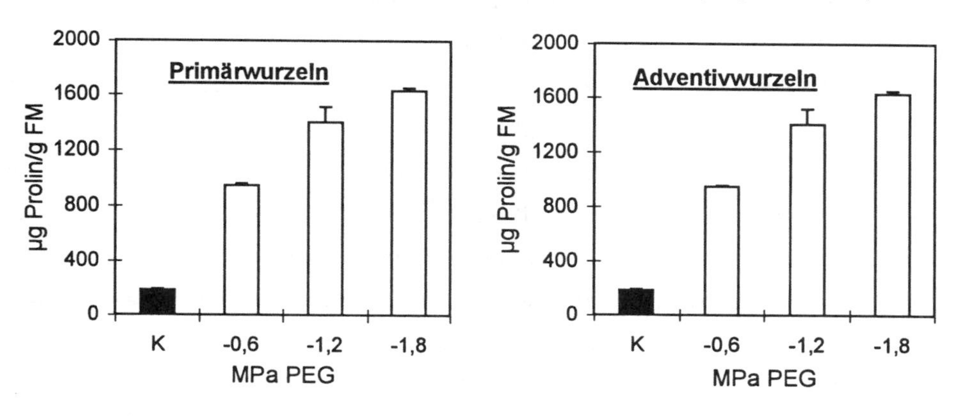

Der dramatische Anstieg an Prolin in den Wurzeln gestreßter intakter Keimlinge ist durch Importe allein jedoch nicht zu erklären. DELAUNEY und VERMA (1993) zeigten, daß unter Streßbedingungen die Feedback-Hemmung der Prolinbiosynthese aufgehoben wird, wodurch es zur starken Anreicherung dieser Aminosäure kommt. Die physiologische Funktion dieser Streßreaktionen besteht in der Erhöhung des osmotischen Potentials der Zellen (Osmoregulation) und im Schutz für lösliche Proteine unter den Bedingungen der Dehydratation des Zytoplasmas (SHEVYAKOVA 1983).

Tab. 3 Anstieg des α-Aminostickstoff- und des Prolingehaltes in Wurzeln dekapitierter und in Koleoptilen entwurzelter Maiskeimpflanzen während einer 48-stündigen Wurzelapplikation von PEG (Bedingungen s. Abb.1).

Keimlingsorgan	**Prolin (µg/g FM)**		**α-Amino-N (µg/gFM)**	
	Kontrolle	**-1,2 MPa**	**Kontrolle**	**-1,2 MPa**
Primärwurzeln	229,6	493,7	563,5	761,8
Koleoptilen	130,7	264,5	392,6	550,3

Licht scheint in den Wurzeln für die Prolinanreicherung von großer Bedeutung zu sein (Abb. 4). Bei Dunkelheit war die Erhöhung des Prolingehaltes in den Primärwurzeln sehr gering, während in den Adventivwurzeln der Streßeinfluß deutlich ausgeprägt war, wenn auch geringer als unter Licht. Diese Ergebnisse bestätigen die Befunde von IBARRA-CABALLERO et al. (1988), wonach die Prolinakkumulation stark lichtabhängig ist. Die Aussage der Autoren, daß diese Streßreaktion an intakte Chloroplasten und Licht gebunden ist und in etioliertem Gewebe vom Mais nicht abläuft, konnte mit unseren Experimenten jedoch nicht bestätigt werden. In weiteren Versuchen zur Streßinduktion bei Dunkelheit konnten wir auch in Blättern von Zukkerrüben, in Keimblättern von Gurken und in Koleoptilen vom Mais einen Anstieg des Prolingehaltes in Abhängigkeit von der Streßstärke nachweisen (unveröffentlicht).

Im Muster der Aminosäuren wurde insgesamt ein Anstieg der Konzentrationen im Vergleich zu den Kontrollen festgestellt (Tab. 4). Besonders stark erhöht waren Asparagin, Lysin und Arginin. Das deutet darauf hin, daß unter Streßbedingungen reduzierter Stickstoff verstärkt im Säureamid und in den basischen Aminosäuren gebunden wird. Auch diese Ergebnisse weisen auf einen erhöhten Abbau von Proteinen hin, deren Kohlenstoffskelette wahrscheinlich z.T. veratmet werden.

LESHEM und KUIPER (1996) postulierten, daß bei Einwirkung verschiedener Stressoren wie Trockenheit, Salzbelastung, Kälte, Frost oder Überflutung von den Wurzeln ein Signal in Form von Abscisinsäure zum Sproß gegeben wird, das die Schließung der Stomata verursacht und die Synthese osmotisch-wirksamer Verbindungen induziert. Als organische Osmoregulatoren werden in

Tab. 4 Änderungen im Aminosäuremuster der Primärwurzeln von Maiskeimlingen unter osmotischem Streß, Angaben in % der Kontrollen (Bedingungen s. Abb. 1)

Behandlung (PEG)	Asp	Glu	Asn	Gln	Gly/Thr	His	Gaba	Arg	Lys
-0,6 MPa	173	170	732	199	365	306	255	246	772
-1,2 MPa	163	216	834	100	285	170	178	237	768
-1,8 MPa	126	134	998	91	172	168	150	288	812

Abb. 4: Abhängigkeit der streß-induzierten Prolinakkumulation in Maiswurzeln intakter Keimpflanzen während einer 42-stündigen Versuchsdauer vom Licht (Bedingungen s. Abb.1)

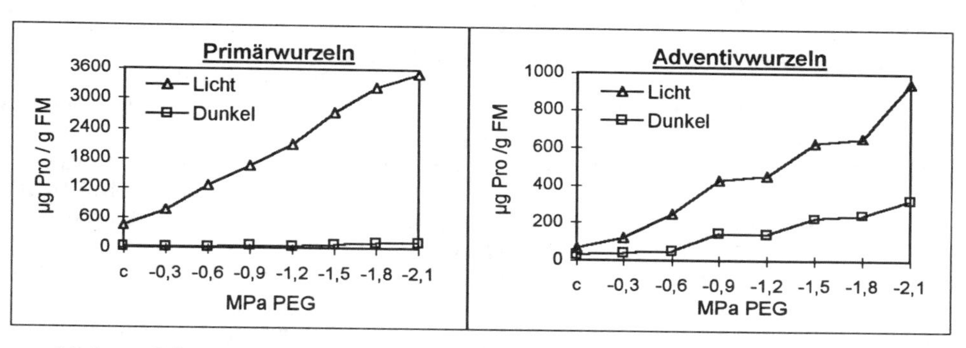

verschiedenen Pflanzenarten Polyalkohole, N-haltige niedermolekulare Verbindungen und Saccharide wirksam. Nach FRENSCH und HSIAO (1995) kann der Gehalt an Osmotica zum limitierenden Faktor für das Wachstum unter Streßbedingungen werden. Die Konzentration an osmotisch-wirksamen organischen Verbindungen wird in den Wurzeln unter Streß durch den Wasserverlust, durch Import organischer Verbindungen und durch Hydrolyse von Makromolekülen erhöht. Eine Umsteuerung des Stoffwechsels führt zur sehr starken Akkumulation von Verbindungen, die besonders wirksam bei der Osmoregulation und beim Schutz sensibler Strukturen sind. Die hohen Prolinkonzentrationen können nach LESHEM und KUIPER (1996) bis zu 50% der beobachteten Osmoregulation verursachen. Diese sekundäre Aminosäure ist nach unseren Erfahrungen besonders gut als Indikator für den aktuellen Streßzustand bei vielen Pflanzenarten geeignet.

Literaturverzeichnis

BATES, L. S.; WALDREN, R. P.; TEARE, J. D.: Rapid determination of free proline for water stress studies. Pl. Soil 39, 205-207 (1973).

DELAUNEY, A. J.; VERMA, D. P. S.: Proline biosynthesis and osmoregulation in plants. The Plant Journal 4, 215-223 (1993).

FRENSCH, J.; HSIAO, T. C.: Turgor regulation and expansion growth of maize roots during adjustment to water stress. In: MERBACH, W. (Hrsg.): Mikroökologische Prozesse im System Pflanze-Boden. B. G. Teubner-Verlagsgesellschaft Stuttgart-Leipzig 1995, 102.

GOOD, A. G.; ZAPLACHINSKI, S. T.: The effect of drought stress on free amino acid accumulation and protein synthesis in *Brassica napus*. Physiologia Pl. 90, 9-14 (1994).

GZIK, A.: Accumulation of proline and pattern of α-amino acids in sugar beet plants in response to osmotic, water and salt stress. Environmental and Experimental Botany 36, 29-38 (1996).

HANSON, A. D.; HITZ, W. D.: Metabolic response of mesophytes to plant water deficits. Ann. Rev. Pl. Physiol. 33, 163-203 (1982).

HOHL, M.; SCHOPFER, P.: Water relations of growing maize coleoptiles. Comparison between mannitol and polyethylene glycol 6000 as external osmotica for adjusting turgor pressure. Plant Physiol. 3, 716-722 (1991).

IBARRA-CABALLERO, J.; VILLANUEVA-VERDUZKO, C.; MOLINA-GALAN, J.; SAN-CHEZ-DE-JIMENEZ, E.: Proline accumulation as a symptom of drought stress in maize: A tissue differentiation requirement. J. Exp. Bot. 39, 889-897 (1988).

LESHEM, Y. Y.; KUIPER, P. J. C.: Is there a GAS (general adaptation syndrome) response to various types of environmental stress? Biol. Plant 38, 1-18 (1996).

LIPPMANN, B., BERGMANN, H.: Einfluß einer Vorbehandlung von Mais mit Aminoalkoholen auf Wurzelwachstum und Wurzelexsudation unter Trocken-Streß. In: MERBACH, W. (Hrsg.): Mikroökologische Prozesse im System Pflanze-Boden. B.G. Teubner Verlagsgesellschaft Stuttgart-Leipzig 1995, 123-126.

MCWILLIAM, J. R.: The national and international importance of drought and salinity effects on agricultural production. Austr. J. Plant Physiol. 13, 1-13 (1986).

NEHRING, H.; HOCK, A.: Eine verbesserte Methode zur Bestimmung von Aminostickstoff. Pharmazie 26, 616 - 619 (1971).

PARRY, M.; ROSENZWEIG, C.: The potential effects of climate change on world food supply. In: Interacting stresses on plants in a changing climate. [JACKSON, M. B.; BLACK, C. R. eds.]. NATO ASI Series. Vol. 16. Springer Verlag Berlin Heidelberg 1993, p. 1-26.

POSCHENRIEDER,W.; MIRSCHEL, W.: Auswirkungen von Klimaänderungen auf landwirtschaftliche Erträge. In: Mögliche Auswirkungen von Klimaänderungen auf das Land Brandenburg. [STOCK, M. und TOTH, F. Herausg.]. ProduServ GmbH Verlagsservice Berlin 1996. Seite 80-91.

RHODES, D.: Metabolic response to stress. In: DAVIES, D. D. (ed.) Biochemistry of plants. Vol. XII: Academic Press, New York. Pages 201-241 (1987).

SHEVYAKOVA, N. I.: Metabolism and the physiological role of proline in plants under conditions of water and salt stress. Sov. Pl. Physiol. 30, 597-608 (1983).

TULLY, R. E.; HANSON, A. D.; NELSEN, C. E.: Proline accumulation in water-stressed barley leaves in relation to translocation and nitrogen budget. Plant Physiol. 63, 518-523 (1979).

ZEEVART, J. A. D.; CREELMAN, R. A.: Metabolism and physiology of abscisic acid. Ann. Rev. Plant Physiol. and Plant Mol. Biol. 39, 439-473 (1988).

Rhizosphärenprozesse, Umweltstreß und Ökosystemstabilität.
7. Borkheider Seminar zur Ökophysiologie des Wurzelraumes.
(Ed. W. Merbach) B. G. Teubner Verlagsgesellschaft Stuttgart, Leipzig 1997, pp. 143-150

WELCHE BEDEUTUNG HAT DIE OH^--AKTIVITÄT BEI DER INTOLERANZ VON *LUPINUS* - ARTEN GEGENÜBER HÖHEREN *p*H-WERTEN IM WURZELRAUM ?

PEITER, E., YAN, F., SCHUBERT, S.
Universität Hohenheim
Institut für Pflanzenernährung (330)
Fruwirthstraße 20
D - 70599 Stuttgart

Abstract

Lupin production in Germany is restricted by poor growth of this genus on neutral or alkaline soils. This intolerance towards higher pH values may be attributed to several soil chemical and physical factors. There is indication in the literature that OH^- activity in the root medium negatively affects root growth of lupins even at moderate pH values. The aim of the experiments reported here was to examine whether variation in root growth exists among lupin genotypes regarding OH^- activity in the root medium. The experiments were set up as nutrient solution cultures with seedlings of *L. luteus* L., *L. angustifolius* L., *L. albus* L., *L. mutabilis* L., *Pisum sativum* L. and *Vicia faba* L. The seedlings were grown for 48 h in unbuffered nutrient or test solutions. Their pH was adjusted to values between 5 and 8. Root growth within 48 h was determined and the rate of root growth calculated. There was no significant reduction in root elongation at pH 6. pH 7 caused a decrease of root elongation by less than 20 %. Lupins and pea did not differ in this respect. No consistent species or cultivar differences were observed. The results indicate that OH^- activity itself has no strong inhibitory effect on root elongation and thus seems not to be the major cause for the poor performance of lupins on neutral or alkaline soils.

Einleitung

Der Anbau von Lupinen gewinnt in Deutschland seit einiger Zeit wieder an Interesse. Als Ursachen können Rohproteingehalte der Samen von 35-45 % sowie eine hohe biologische Wertigkeit des Eiweißes angegeben werden (HONDELMANN 1996). Einer Ausbreitung des Anbaus auf bessere Standorte steht aber unter anderem die Intoleranz der *Lupinus* - Arten gegenüber Böden mit neutraler bis alkalischer Reaktion entgegen.

Bei höheren pH-Werten können sowohl chemische als auch physikalische Faktoren wachstumslimitierend wirken. Bei den chemischen Bodenparametern ist die Alkalinität der Bodenlösung, d.h. die freie OH^-- bzw. HCO_3^--Konzentration (TANG et al. 1993b; WHITE und ROBSON 1990), aber auch die davon abhängige Verfügbarkeit von Makro- und Mikronährstoffen in Betracht zu ziehen. Nach DE SILVA et al. (1994) ist das Sproßwachstum durch erhöhte Ca^{2+}-Konzentration der Bodenlösung reduziert. Eine geringe Phosphatverfügbarkeit ist charakteristisch für kalkhaltige Böden. Auch bei der Eisen- und Zinkversorgung könnten auf diesen Böden Probleme auftreten (PLESSNER et al. 1992; ATWELL 1991). In ihren physikalischen Eigenschaften sind diese Böden meist durch einen hohen Tonanteil gekennzeichnet. Sie neigen zu Verdichtung und Oberflächenverkrustung, was sowohl das Wurzelwachstum als auch das Auflaufen von Lupinen negativ beeinflussen kann (DRACUP et al. 1993; WHITE und ROBSON 1989). Die genannten Bodenfaktoren hängen miteinander zusammen. Als Beispiel sei die HCO_3^--Konzentration der Bodenlösung genannt, die sowohl mit der OH^--Aktivität als auch mit der Bodendichte positiv korreliert ist. Eine Trennung der Faktoren in Modellversuchen ist erforderlich, um Aussagen über deren Beteiligung an der Symptomatik zu erhalten.

TANG et al. (1992) verglichen in Nährlösungsversuchen das Wurzelwachstum bei Keimlingen von *Lupinus angustifolius* cv. Kubesa und *Pisum sativum* cv. Dundale. Mit einer Steigerung des pH- Wertes einer ungepufferten Lösung von 5 auf 6,5 sank das Wurzelstreckungswachstum bei *L. angustifolius* um 43 %, während die Reduktion bei *P. sativum* nur 1,5 % betrug. Dieser Effekt wurde einer OH^--Toxizität zugeschrieben. Die Autoren vermuten, daß die OH^--Toxizität einen wesentlichen Anteil an der Intoleranz gegenüber hohen pH-Werten hat. Ziel der vorliegenden Arbeit ist es, diese Hypothese bei verschiedenen *Lupinus* - Genotypen zu überprüfen.

Material und Methoden

Experiment 1

Verwendet wurden Samen von *Lupinus luteus* L. cv. Borsaja, *L. albus* L. cv. Amiga, *L. mutabilis* L. ex Späth, *Pisum sativum* L. cv. Prisma und *Vicia faba* L. cv. Alfred. Je 20 Samen wurden an den oberen Rand eines auf 15 * 30 cm gefalteteten Filterpapierbogens plaziert, der mit 60 ml einer 1 mM $CaSO_4$, 1 µM H_3BO_3 - Lösung befeuchtet war. Das Filterpapier mit den Samen wurde aufgewickelt und aufrecht in eine Kunststoffschale gestellt. Die Keimung fand in einem auf 25 °C temperierten Wärmeschrank statt. Nach 5 Tagen betrug die Wurzellänge der Keimlinge 10-15 cm. Die Keimlinge wurden vorsichtig aus dem Filterpapier genommen und mittels Schaumstoffstreifen in PVC-Deckeln fixiert, die sich auf 50 l - Wannen befanden. Die Wannen waren mit belüfteter Testlösung gefüllt, die folgende Zusammensetzung hatte: 1 mM $CaSO_4$, 1 mM K_2SO_4, 1 mM Na_2SO_4, 2 µM H_3BO_3. Die Belüftungsluft wurde durch 200 ml Natronkalkplätzchen geleitet, um den CO_2-Gehalt und somit den Bicarbonatgehalt der Nährlösung zu minimieren. Der pH-Wert der Lösung betrug einheitlich 5,5 und wurde 12 Stunden nach Einsetzen der Keimlinge mit NaOH (0,5 M) bzw. H_2SO_4 (0,25 M) auf die Behandlungswerte 5, 6, 7 und 7,5 eingestellt. In regelmäßigen Abständen wurde nachtitriert (Abb.1). Die Pflanzen wuchsen bei 24 °C und Dauerbeleuchtung (Osram L 58 W/25 und Osram L 58 W/77, 220 µE m^{-2}). Die Wurzellänge wurde mit einem Lineal bei Behandlungsbeginn und nach 48 Stunden gemessen. Die Anzahl der Wiederholungen pro Wanne betrug 10.

Experiment 2

Verwendet wurden Samen von *L. luteus* L. cv. Borsaja, *L. angustifolius* L. cv. Kubesa, *L. angustifolius* L. cv. Rubine, *L. albus* L. cv. Amiga, *L. albus* L. cv. Minori, *L. albus* L. cv. Feli, *Pisum sativum* L. cv. Prisma und *Vicia faba* L. cv. Alfred. Die Samen wurden 18 h vorgequollen

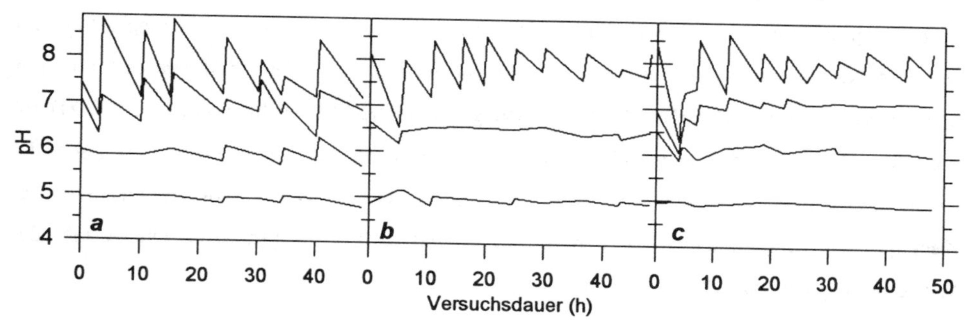

Abb. 2. Verlauf der Nährlösungs-pH-Werte während der 48stündigen Versuchsdauer bei Experiment 1 (a), Experiment 2 (b) und Experiment 3 (c).

($0,6$ mM $CaCl_2$, 2 µM H_3BO_3) und analog zu Experiment 1 zum Keimen gebracht. Nach 2,5 (*L. albus, L. mutabilis, P. sativum*), 3 (*L. luteus, L. angustifolius*) bzw. 3,5 Tagen (*V. faba*) hatten sie eine Wurzellänge von 6-10 cm erreicht. Je ein Keimling pro Genotyp wurde vorsichtig mittels Schaumstoffstreifen in einem PVC-Deckel fixiert, der sich auf einem 2,5 l - Kunststofftopf befand. Die Pflanzen wuchsen in einer belüfteten ungepufferten Nährlösung nach TANG et al. (1992), bestehend aus 0,1 mM NH_4NO_3, 0,4 mM $Ca(NO_3)_2$, 0,02 mM KH_2PO_4, 0,6 mM K_2SO_4, 0,2 mM $MgSO_4$, 0,6 mM $CaCl_2$, 5 µM H_3BO_3, 0,03 µM Na_2MoO_4, 0,75 µM $ZnSO_4$, 1,0 µM $MnSO_4$, 0,2 µM $CuSO_4$, 10 µM FeEDDHA. Nach der Methode von TANG et al. (1992) wurde das CO_2 teilweise aus der Belüftung entfernt, indem die Luft durch 1 l 0,2 M KOH geleitet wurde. Vor dem Einsetzen der Pflanzen wurde der pH der Nährlösung mit KOH (50 mM) und H_2SO_4 (25 mM) auf die Werte 5, 6,5 und 8 eingestellt. Der pH-Wert wurde in regelmäßigen Abständen kontrolliert und gegebenenfalls nachtitriert (Abb. 1). Um die K^+-Konzentration in allen Töpfen gleich zu halten, wurde gegebenenfalls K^+ als K_2SO_4 (25 mM) zugegeben. Der Versuch wurde bei 24 °C in einer abgedunkelten Klimakammer durchgeführt, während der Messungen fand eine grüne 25 W-Glühbirne Verwendung. Die Wurzellänge der Keimlinge wurde unmittelbar vor dem Einsetzen und nach 48 h gemessen. Die Anzahl der Wiederholungen betrug 10.

Experiment 3

Verwendet wurden Samen von *L. luteus* L. cv. Borsaja, *L. angustifolius* L. cv. Kubesa, *L. angustifolius* L. cv. Rubine, *L. angustifolius* L. cv. Yandee, L. *albus* L. cv. Amiga, *L. albus* L. cv. Minori und *L. mutabilis* L. ex Hege. Die Samen wurden 2 h vorgequollen (0,6 mM $CaCl_2$, 2 µM H_3BO_3). Nach der Quellung wurden sie analog zu Experiment 1 zum Keimen gebracht. Sobald die Wurzellänge der Keimlinge 5-7 cm betrug, wurden sie wie in Experiment 1 auf 50 l - Wannen gesetzt. Diese waren mit der unter Experiment 2 beschriebenen belüfteten Nährlösung gefüllt, der 0,5 mM Na_2SO_4 zugegeben waren. Das CO_2 wurde nicht aus der Belüftung entfernt. Vor Versuchsbeginn wurde der pH - Wert der Lösung mit NaOH (0,1 M) bzw. H_2SO_4 (0,05 M) auf die Werte 5, 6, 7 und 8 eingestellt. In regelmäßigen Abständen wurde nachtitriert (Abb. 1). Temperatur- und Lichtverhältnisse waren analog zu Experiment 2. Die Wurzellänge der Keimlinge wurde unmittelbar vor dem Einsetzen und nach 48 h gemessen. Die Anzahl der Wiederholungen betrug 10.

Ergebnisse

Experiment 1

Mit steigendem pH-Wert der Testlösung von pH 5 auf pH 7 verringerte sich das Wurzelwachstum von *L. luteus* cv. Borsaja, *P. sativum* cv. Prisma und *V. faba* cv. Alfred (Tab. 1). Über pH 7 gab es keine weitere Abnahme mehr. *L. albus* cv. Amiga und *L. mutabilis* ex Späth zeigten keine Abhängigkeit des Wurzelwachstums vom pH-Wert der Testlösung.

Tab. 1. Absolute Wurzelwachstumsraten (mm h^{-1}) der Keimlinge in Experiment 1 und relative Änderung gegenüber pH 5. Mittelwert ± Standardfehler.

	pH 5	pH 6	pH 7	pH 8
L. luteus cv. Borsaja	0,66 ± 0,03 (100 %)	0,56 ± 0,03 (84 %)	0,44 ± 0,05 (66 %)	0,43 ± 0,03 (65 %)
L. albus cv. Amiga	1,33 ± 0,05 (100 %)	1,43 ± 0,09 (108 %)	1,35 ± 0,06 (102 %)	1,42 ± 0,06 (107 %)
L. mutabilis ex Späth	1,15 ± 0,11 (100 %)	1,08 ± 0,11 (94 %)	1,11 ± 0,10 (97 %)	1,22 ± 0,10 (107 %)
P. sativum cv. Prisma	1,52 ± 0,06 (100 %)	1,36 ± 0,05 (89 %)	1,13 ± 0,10 (74 %)	1,30 ± 0,06 (86 %)
V. faba cv. Alfred	1,54 ± 0,09 (100 %)	1,27 ± 0,09 (83 %)	1,10 ± 0,06 (71 %)	1,22 ± 0,09 (79 %)

Experiment 2

Die Wurzelwachstumsraten waren bei allen Pflanzen (mit Ausnahme von *V. faba* bei pH 5) und allen pH-Werten deutlich höher als in Experiment 1 (Tab. 2). Bezüglich der relativen Wurzelwachstumsrate zeigten sich leichte Differenzierungen. *L. angustifolius* cv. Rubine zeigte bei pH 8 die geringste Toleranz unter den untersuchten Genotypen. Die Reduktion betrug 28 % gegenüber pH 5. Bei *L. luteus* cv. Borsaja, *L. angustifolius* cv. Kubesa , *L. albus* cv. Amiga, *L. albus* cv. Feli und *P. sativum* cv. Prisma war das Wurzelwachstum bei pH 6,5 um durchschnittlich 11 % und bei pH 8 um durchschnittlich 18 % niedriger als bei pH 5. Die größte Hemmung durch pH 6,5 gegenüber pH 5 wurde bei *L. albus* cv. Feli festgestellt und betrug auch bei diesem Genotyp nur 12 %. *L. albus* cv. Minori und *V. faba* cv. Alfred zeigten keine Wurzelwachstumsreduktion bei höheren pH-Werten.

Experiment 3

Die absoluten Wurzelwachstumsraten bei pH 5 waren vergleichbar mit denen in Experiment 2 (Tab. 3). Bei pH 6 war das Wurzelwachstum bei keinem Genotyp reduziert. Mit einer durchschittlichen Reduktion von 14 und 23 % bei pH 7 und 8 gegenüber pH 5 verhielten sich *L.*

luteus cv. Borsaja und *L. angustifolius* cv. Kubesa ähnlich wie in Experiment 2. *L. angustifolius* cv. Yandee unterschied sich in ihrem Verhalten nicht von diesen beiden Genotypen. Auch die beiden *L. albus* - Sorten zeigten nur eine tendenzielle Reduktion bei pH-Werten über 6. *L. mutabilis* ex Hege reagierte nicht negativ auf erhöhte pH - Werte.

Tab. 2. Absolute Wurzelwachstumsraten (mm h^{-1}) der Keimlinge in Experiment 2 und relative Änderung gegenüber pH 5. Mittelwert ± Standardfehler.

	pH 5	pH 6,5	pH 8
L. luteus cv. Borsaja	1,83 ± 0,09 (100 %)	1,65 ± 0,10 (90 %)	1,50 ± 0,05 (82 %)
L. angustifolius cv. Kubesa	1,80 ± 0,10 (100 %)	1,59 ± 0,07 (89 %)	1,46 ± 0,05 (81 %)
L. angustifolius cv. Rubine	1,40 ± 0,04 (100 %)	1,37 ± 0,05 (98 %)	1,01 ± 0,05 (72 %)
L. albus cv. Amiga	1,91 ± 0,05 (100 %)	1,73 ± 0,05 (91 %)	1,61 ± 0,04 (84 %)
L. albus cv. Feli	1,54 ± 0,04 (100 %)	1,34 ± 0,05 (88 %)	1,21 ± 0,05 (79 %)
L. albus cv. Minori	1,63 ± 0,06 (100 %)	1,60 ± 0,13 (98 %)	1,63 ± 0,08 (100 %)
L. mutabilis ex Späth	1,88 ± 0,07 (100 %)	1,84 ± 0,12 (98 %)	1,72 ± 0,07 (91 %)
P. sativum cv. Prisma	1,87 ± 0,08 (100 %)	1,67 ± 0,04 (89 %)	1,57 ± 0,06 (84 %)
V. faba cv. Alfred	1,59 ± 0,08 (100 %)	1,61 ± 0,10 (101 %)	1,56 ± 0,10 (98 %)

Tab. 3. Absolute Wurzelwachstumsraten (mm h^{-1}) der Keimlinge in Experiment 3 und relative Änderung gegenüber pH 5. Mittelwert ± Standardfehler.

	pH 5	pH 6	pH 7	pH 8
L. luteus cv. Borsaja	1,78 ± 0,04 (100 %)	1,71 ± 0,06 (96 %)	1,51 ± 0,05 (85 %)	1,41 ± 0,05 (79%)
L. angustifolius cv. Kubesa	1,82 ± 0,09 (100 %)	1,74 ± 0,07 (96 %)	1,57 ± 0,08 (86 %)	1,38 ± 0,04 (76 %)
L. angustifolius cv. Rubine	1,66 ± 0,07 (100 %)	1,66 ± 0,06 (100 %)	1,45 ± 0,08 (87 %)	1,24 ± 0,07 (75 %)
L. angustifolius cv. Yandee	1,95 ± 0,06 (100 %)	2,03 ± 0,08 (104 %)	1,60 ± 0,05 (82 %)	1,44 ± 0,03 (74 %)
L. albus cv. Amiga	1,78 ± 0,03 (100 %)	1,78 ± 0,02 (100 %)	1,63 ± 0,06 (92 %)	1,53 ± 0,08 (86 %)
L. albus cv. Minori	1,88 ± 0,06 (100 %)	1,87 ± 0,04 (99 %)	1,58 ± 0,05 (84 %)	1,66 ± 0,06 (88 %)
L. mutabilis ex Hege	1,80 ± 0,09 (100 %)	1,84 ± 0,07 (102 %)	1,82 ± 0,11 (101 %)	1,93 ± 0,08 (107 %)

Diskussion

Die absoluten Wachstumsraten waren in Experiment 1 insgesamt niedriger als in den Experimenten 2 und 3. Letztere entsprechen in etwa den Wachstumsraten, die von TANG et al. (1992) gefunden wurden. Experiment 1 wurde im Gegensatz zu den Experimenten 2 und 3 mit einer Testlösung und unter Dauerbeleuchtung durchgeführt. Es ist daher wahrscheinlich, daß entweder ein Nährstoffbedarf, der nicht aus den Kotyledonen gedeckt werden konnte, oder der Lichteinfluß sich hemmend auf das Wurzelwachstum auswirkte. Für einen Nährstoffeffekt spricht, daß die Wachstumsrate insbesondere bei der kleinkörnigen Art *L. luteus* stark reduziert war.

Da in Experiment 1 der erwartete Effekt einer starken Wurzelwachstumsreduktion der *Lupinus* - Arten bei mittleren pH-Werten ausblieb, wurden die Experimente 2 und 3 im Hinblick auf Nährlösungszusammensetzung, Licht- und Temperaturverhältnisse nach der Methodik von TANG et al. (1992) durchgeführt. Diese Modifikation der Versuchsbedingungen hatte jedoch keine Erhöhung der Empfindlichkeit zur Folge. Mit steigendem pH-Wert war bei fast allen Genotypen, auch der Erbse, nur eine leichte Reduktion der Wurzelwachstumsrate festzustellen. Als Ausnahme kann *L. mutabilis* angesehen werden, welche keinerlei Reaktion gegenüber höheren pH-Werten zeigte.

Artspezifische Unterschiede waren nur in Experiment 1 bemerkbar. *L. luteus* cv. Borsaja war gegenüber hohen pH-Werten intoleranter als die übrigen Arten. Da dieser Effekt in den Experimenten 2 und 3 nicht auftrat, ist der Einfluß einer der oben genannten wachstumslimitierenden Faktoren denkbar. *L. luteus*, *L. angustifolius* und *L. albus* unterschieden sich nicht in ihren Verhaltensweisen. Dies ist nicht in Übereinstimmung mit Erfahrungswerten aus dem Feld, wo eine in dieser Reihenfolge steigende Toleranz gegenüber hohen pH-Werten beobachtet wird. Eine sortenspezifische Variation ist aus den Versuchsergebnissen nicht zu erkennen. Bezüglich der Toleranz gegenüber höheren Boden-pH-Werten ist diese jedoch vorhanden (TANG et al. 1993a) und wurde auch in einem Gefäßversuch in Bodenkultur gefunden (PEITER, unveröffentlicht). Dabei reagierte interessanterweise *L. angustifolius* cv. Kubesa mit einer stärkeren Wachstumsreduktion als *L. angustifolius* cv. Yandee.

In den Experimenten 1 und 2 kann trotz des Durchleitens der Belüftung durch Natronkalk bzw. KOH ein Bicarbonateffekt auf das Wurzelwachstum nicht vollständig ausgeschlossen werden. Durch die Wurzelatmung freiwerdendes H_2CO_3 würde bei pH 7 und pCO_2 von $3 * 10^{-4}$ bar theoretisch zu 10 % zu HCO_3^- deprotoniert (SIGG und STUMM 1991). Nach WHITE und ROBSON (1990) bewirkt eine erhöhte HCO_3^--Konzentration im Wurzelraum von *L. angustifolius* neben der Induktion von Eisenchlorose ein reduziertes Wurzelwachstum.

Nach vorliegenden Ergebnissen muß die von TANG et al. (1992) aufgestellte Hypothese, daß bei höheren pH-Werten eine OH^--Toxizität für die Reduktion des Wurzelwachstums verantwortlich sei, in Frage gestellt werden. Angesichts einer Wachstumsreduktion um weniger als 20 % bei pH 7 in Nährlösung, wie sie in unseren Experimenten gefunden wurde, und einem unbekannten Anteil der HCO_3^--Konzentration an diesem Effekt ist nicht davon auszugehen, daß die OH^--Aktivität *per se* im Feld eine bedeutende Rolle für das schlechte Wachstum von Lupinen auf neutralen bis alkalischen Böden spielt.

Literatur

ATWELL, B. J.: Factors which affect the growth of grain legumes on a solonized brown soil. II. Genotypic responses to soil chemical factors. Aust. J. Agric. Res. 42, 107 - 119 (1991).

DE SILVA, D. L. R.; RUIZ, L. P.; ATKINSON, C. J.; MANSFIELD, T. A.: Physiological disturbances caused by high rhizospheric calcium in the calcifuge *Lupinus luteus*. J. Exp. Bot. 45, 585 - 590 (1994).

DRACUP, M.; GREGORY, P. J.; BELFORD, R. K.: Restricted growth of lupin and wheat roots in the sandy A horizon of a yellow duplex soil. Aust. J. Agric. Res. 44, 1273 - 1290 (1993).

HONDELMANN, W.: Die Lupine. Geschichte und Evolution einer Kulturpflanze. Landbauforschung Völkenrode, Sonderheft 162. Bundesforschungsanstalt für Landwirtschaft Braunschweig-Völkenrode, Braunschweig (1996).

PLESSNER, O.; DOVRAT, A.; CHEN, Y.: Tolerance to iron deficiency of lupins grown on calcareous soils. Aust. J. Agric. Res. 43, 1187 - 1195 (1992).

SIGG, L.; STUMM, W.: Aquatische Chemie - Eine Einführung in die Chemie wässriger Lösungen und in die Chemie natürlicher Gewässer. 2nd ed. Verlag der Fachvereine an den schweizerischen Hochschulen, Zürich (1991).

TANG, C.; LONGNECKER, N. E.; THOMSON, C. J.; GREENWAY, H.; ROBSON, A. D.: Lupin (*Lupinus angustifolius* L.) and pea (*Pisum sativum* L.) roots differ in their sensitivity to pH above 6.0. J. Plant Physiol. 140, 715 - 719 (1992).

TANG, C.; BUIRCHELL, B. J.; LONGNECKER, N. E.; ROBSON, A. D.: Variation in the growth of lupin species and genotypes on alkaline soil. In: Plant nutrition - from genetic engineering to field practice. BARROW, N. J. editor. Kluwer, Dordrecht, NL (1993a). pp. 759 - 762.

TANG, C.; KUO, J.; LONGNECKER, N. E.; THOMSON, C. J.; ROBSON, A. D.: High pH causes disintegration of the root surface in *Lupinus angustifolius* L. Ann. Bot. 71, 201 - 207 (1993b).

WHITE, P. F.; ROBSON, A. D.: Emergence of Lupins from a hard setting soil compared with peas, wheat and medic. Aust. J. Agric. Res. 40, 529 - 537 (1989).

WHITE, P. F.; ROBSON, A. D.: Response of lupins (*Lupinus angustifolius* L.) and peas (*Pisum sativum* L.) to Fe deficiency induced by low concentrations of Fe in solution or by addition of HCO_3^-. Plant Soil 125, 39 - 47 (1990).

Rhizosphärenprozesse, Umweltstreß und Ökosystemstabilität.
7. Borkheider Seminar zur Ökophysiologie des Wurzelraumes.
(Ed. W. Merbach) B.G. Teubner Verlagsgesellschaft Stuttgart, Leipzig 1997, pp. 151-158

EINFLUSS VON WURZELRAUMTEMPERATUR UND WACHSTUMSBEDINGTEM WASSERBEDARF AUF DIE HYDRAULISCHE LEITFÄHIGKEIT VON MAISWURZELN

ENGELS, C.
Universität Hohenheim,
Institut für Pflanzenernährung (330)
D - 70593 Stuttgart

Abstract

Low root zone temperatures (RZT) decrease the hydraulic conductivity of roots (Lp), and thus, may affect shoot growth by insufficient water supply. In the present experiments with maize (*Zea mays* L.), Lp was compared after short-term (4 h) and long-term (4-5 d) treatment with low RZT (12°C) to examine if maize roots can adapt to low temperatures by increasing their Lp. At 12°C RZT, the shoot growth rate was varied, by growing the plants with their shoot base including the apical meristem either at 12°C or 24°C.

In the short term, Lp was decreased at 12°C RZT to 25% of Lp at 24°C, independently of the shoot base temperature (SBT). When the roots were rewarmed to 24°C, Lp completely recovered to the values of plants which were continuously grown at 24°C RZT. In the long term, the rate of water flux through the roots at 12°C was increased by factor 2, when the SBT was increased from 12°C to 24°C. In these plants grown at 12°C RZT and 24°C SBT, Lp increased with time, but remained substantially lower than Lp of plants which were continuously grown at 24°C RZT, even when the temperature during the measurement of Lp was increased to 24°C. This indicates that the low Lp after long term treatment at 12°C is associated with structural modifications of root characteristics which influence Lp (e.g. membrane composition, suberinization, decrease in the number of lateral roots). In plants grown at 12°C RZT and 12°C SBT no increase in Lp with time was measurable, indicating that the adaptational response of the plants grown at 24°C SBT was induced by the increase in the growth-related water demand and not by the temperature *per se*.

Einleitung

Neben der Nährstoffaufnahme besteht eine weitere wichtige Funktion der Wurzeln in der Wasseraufnahme. Die Fähigkeit der Wurzeln zur Wasseraufnahme wird von ihrer hydraulischen

Leitfähigkeit (Lp) beeinflußt. Tiefe Wurzelraumtemperaturen (WRT) verringern zumindest bei kälteempfindlichen Pflanzenarten wie Sojabohnen (MARKHART et al. 1979) und Baumwolle (BOLGER et al. 1992) bereits kurzfristig Lp und können daher das Wachstum durch eine unzureichende Wasserversorgung hemmen. Als mögliche Ursachen für die Abnahme von Lp bei tiefen WRT kommen neben der Erhöhung der Viskosität des Wassers auch eine geringere Membranpermeabilität (MARKHART et al. 1979), sowie eine Veränderung morphologischer (z.B. Abnahme der Seitenwurzelbildung) und anatomischer Wurzeleigenschaften (z.B. verstärkte Suberineinlagerung in die Exodermis im apikalen Wurzelbereich) in Frage (CLARKSON et al. 1987; RICHNER 1992).

Nach längerfristigem Einwirken tiefer WRT kann sich Lp wieder erhöhen, zumindest bei kältetoleranten Pflanzenarten wie Gerste oder Roggen (WHITE et al. 1987). Bei der kälteempfindlichen Pflanzenart Mais kann sich längerfristig die Fähigkeit der Wurzeln zur Nährstoffaufnahme erhöhen, wobei die Steigerung der Nährstoffaufnahme bei tiefen WRT eng verbunden ist mit der Zunahme im wachstumsbedingten Nährstoffbedarf pro Einheit Wurzeln (ENGELS 1993). Ziel der vorliegenden Versuche war es zu untersuchen, wie sich Lp bei Mais durch tiefe WRT kurz- und langfristig verändert und ob Lp, ähnlich wie die Fähigkeit der Wurzeln zur Nährstoffaufnahme, einer Regulierung durch den wachstumsbedingten Bedarf des Sprosses unterliegt.

Material und Methoden

Mais (*Zea mays* L., Sorte BASTION) wurde bis zum 3-Blattstadium bei Sproß- und Wurzeltemperaturen von 24°C in Nährlösung angezogen (ENGELS et al. 1992). Anschließend wurden die Pflanzen entweder bei WRT von 24°C oder 12°C weiterkultiviert. Um den wachstumsbedingten Bedarf der Pflanzen für Wasser zu variieren, wuchsen die Pflanzen bei 12°C mit ihrer Sproßbasis (basale 2-4 cm des Sprosses, inklusive apikalem Sproßmeristem) entweder in der gekühlten Nährlösung (Sproßbasistemperatur SBT = 12°C) oder in einem kleinen Aufsatz oberhalb der Nährlösung, d.h. bei der Lufttemperatur von 24°C (SBT = 24°C; siehe ENGELS und MARSCHNER 1990).

Die hydraulische Leitfähigkeit der Wurzeln (Lp) wurde an ganzen Wurzelsystemen von dekapitierten Pflanzen bestimmt. Dazu wurde die Exsudationsrate (J_V) und die Differenz im osmotischen Potential zwischen Xylemexsudat und Außenlösung □Ð gemessen und Lp unter der Annahme, daß der Reflektionskoeffizient Í = 1, nach folgender Gleichung errechnet (FISCUS 1975):

Lp = J_V / (Í * □Ð)

In einigen Experimenten wurden J_V und □Ð verändert (a) durch Zugabe von Mannitol zur Nährlösung, (b) Ersetzen der Nährlösung durch $CaCl_2$-Lösung 2 h vor dem Dekapitieren oder (c) Probennahme zu unterschiedlichen Zeitpunkten nach dem Dekapitieren. Bei diesen Experimenten wurde Lp durch Regressionsrechnung aus der Beziehung zwischen J_V und □Ð errechnet.

Ergebnisse und Diskussion

Auswirkungen von SBT und WRT auf Sproß- und Wurzelwachstum sowie den Wasserflux durch die Wurzeln

Das Sproßwachstum war bei 12°C WRT von der SBT abhängig. Im Vergleich zu 12°C SBT war bei 24°C SBT nicht nur das Sproßwachstum stark erhöht (Tab. 1A), sondern auch der Wasserverbrauch der Pflanzen (Tab. 1B). Da das Wurzelwachstum bei hohen SBT weniger gefördert wurde als das Sproßwachstum, verdoppelte sich der durchschnittliche Wasserflux durch die Wurzeln von intakten Pflanzen bei 24°C SBT im Vergleich zu 12°C SBT (Tab. 1C). Im Vergleich zu 24°C WRT war der Wasserflux durch die Wurzeln bei gleichzeitiger Kühlung

Tab. 1 Einfluß unterschiedlicher SBT und WRT auf Wachstum, Wasserverbrauch, durchschnittlichen Wasserflux durch die Wurzeln und durchschnittliche Wasserabgabe des Sprosses von intakten Pflanzen; s_F = mittlerer Standardfehler der Mittelwerte, FG_F = 9; Untersuchungszeitraum: 3-6 d nach Beginn der Temperaturbehandlung

Parameter	Temperaturbehandlung (SBT°C/WRT°C)			s_F
	24/24	12/12	24/24	
A) Pflanzenfrischmasse (g [2 Pflanzen]$^{-1}$)				
	Tag 3			
Sproß	43.9	26.6	30.7	*2.84*
Wurzeln	19.9	10.3	10.7	*0.83*
Gesamt	63.8	36.8	41.4	*3.56*
	Tag 6			
Sproß	104.5	38.8	63.1	*3.16*
Wurzeln	42.2	12.7	15.7	*1.70*
Gesamt	146.7	51.5	78.8	*4.60*
B) Wasserverbrauch (ml [2 Pflanzen]$^{-1}$ [3 Tage]$^{-1}$)				
Wasserverbrauch	768	170	381	*26.1*
C) Wasserflux (WF) und Wasserabgabe (WA)				
WF (µl h^{-1} g^{-1} Wurzel-FM)	359	206	457	
WA (µl h^{-1} g^{-1} Sproß-FM)	153	73	117	

von Sproßbasis und Wurzeln (12/12) geringer und bei Kühlung nur der Wurzeln (24/12) höher. Die Wasserabgaberate pro g Sproßfrischmasse war dagegen bei 12°C WRT generell geringer als bei 24°C WRT und wurde bei niedrigen SBT noch stärker gehemmt als bei hohen SBT (Tab. 1C). Bei intakten Pflanzen sind der Wasserflux durch die Wurzeln und die Wasserabgabe durch den Sproß nicht nur abhängig von L_P, sondern auch von der Größe der transpirierenden Blattoberfläche und von endogenen Regulierungsmechanismen, die den Öffnungszustand der Stomata beeinflussen. Daher wurde L_P in den folgenden Versuchen an Wurzeln von dekapitierten Pflanzen bestimmt.

Kurzzeiteffekt von suboptimalen WRT und wachstumsbedingtem Wasserbedarf auf L_P.

Nach einer 4-stündigen Temperaturbehandlung waren J_V und □Ð bei 12°C WRT niedriger als bei 24°C WRT (Tab. 2). Im Vergleich zu 24°C WRT wurde bei 12°C WRT J_V stärker vermindert als □Ð, so daß sich L_P deutlich verringerte. Die SBT während der 4-stündigen Temperaturbehandlung hatte keinen Einfluß auf diese 3 Parameter.

Tab. 2 Einfluß einer 4-stündigen Vorbehandlung bei verschiedenen SBT und WRT auf die Exsudationsrate (J_V, µl g^{-1} Wurzelfrischmasse h^{-1}), die osmotische Potentialdifferenz zwischen Außenlösung und Xylemexsudat (□Ð, MPa x 10^{-3}) und die hydraulische Leitfähigkeit (L_P, ml h^{-1} g^{-1} Wurzelfrischmasse MP^{-1}); S_F = mittlerer Standardfehler der Mittelwerte, FG_F = 15

Parameter	Temperaturbehandlung (SBT°C/WRT°C)					S_F
	24/24	12/12	24/12	12/12*	24/12*	
J_V (µl g^{-1} h^{-1})	334	70	72	332	382	*17.0*
□Ð (MPa 10^{-3})	88	72	80	92	89	*2.4*
L_P (ml h^{-1} g^{-1} MPa^{-1})	3.8	1.0	0.9	3.6	4.3	*0.23*

* Meßtemperatur 24°C

Die kurzfristig sehr starke Verminderung von L_P bei 12°C WRT auf etwa 25% der bei 24°C WRT ermittelten Werte (Tab. 2) macht deutlich, daß L_P bei tiefen Temperaturen nicht nur durch eine erhöhte Viskosität des Wassers herabgesetzt wurde, sondern auch durch einen erhöhten hydraulischen Widerstand der Wurzeln, z.B. beim Wassertransport durch die Endodermis. Die Erhöhung des hydraulischen Widerstandes bei 12°C WRT war vollständig reversibel, wenn die Wurzeln auf 24°C wiedererwärmt wurden (Meßtemperatur 24°C, Varianten 12/12* und 24/12* in Tab. 2).

Lanzeiteffekt von suboptimalen WRT und wachstumsbedingtem Wasserbedarf auf Lp.

Nach 5-tägiger Kühlung auf 12°C WRT war J_V stark von der SBT während der Temperaturbehandlung abhängig und war bei 24°C SBT immer deutlich höher als bei 12°C SBT (Tab. 3). Dies galt unabhängig davon, ob das Exsudat bei 12°C WRT gesammelt wurde (Meßtemperatur während der Exsudation = WRT während der Temperaturbehandlung, 12/12 bzw. 24/12) oder die Nährlösungstemperatur 2 Stunden vor dem Dekapitieren allmählich auf 24°C erhöht wurde (Meßtemperatur während der Exsudation 24°C, 12/12*, 24/12*). Die osmotische Potentialdifferenz zwischen Außenlösung und Xylemexsudat (□Đ) wurde bei 12°C WRT-Pflanzen nur wenig von der SBT während der Vorbehandlung beeinflußt und lag bei beiden Meßtemperaturen höher als □Đ der 24°C WRT-Pflanzen (Tab. 3). Nach 5-tägiger Vorbehandlung bei 12°C WRT war Lp bei 24°C SBT deutlich höher als bei 12°C SBT. Dies galt unabhängig davon ob Lp bei 12°C oder 24°C Meßtemperatur ermittelt wurde. Allerdings war Lp der 12°C WRT-Pflanzen geringer als Lp der 24°C WRT-Pflanzen, auch wenn die 12°C WRT-Pflanzen bei hohen SBT angezogen wurden und die Meßtemperatur während der Exsudation 24°C betrug (Vgl. 24/12* und 24/24 in Tab. 3).

Tab. 3 Einfluß einer 5-tägigen Vorbehandlung bei verschiedenen SBT und WRT auf die Exsudationsrate (J_V, µl g^{-1} Wurzelfrischmasse h^{-1}), die osmotische Potentialdifferenz zwischen Außenlösung und Xylemexsudat (□Đ, MPa x 10^{-3}) und die hydraulische Leitfähigkeit (Lp, ml h^{-1} g^{-1} Wurzelfrischmasse MP^{-1}); s_F = mittlerer Standardfehler der Mittelwerte, FG_F = 15

Parameter	Temperaturbehandlung (SBT°C/WRT°C)					s_F
	24/24	12/12	24/12	12/12*	24/12*	
J_V (µl g^{-1} h^{-1})	534	142	317	301	618	*25.6*
□Đ (MPa 10^{-3})	79	103	98	115	98	*3.4*
Lp (ml h^{-1} g^{-1} MPa^{-1})	6.8	1.4	3.2	3.0	5.4	*0.28*

* Meßtemperatur 24°C

Diese Ergebnisse zeigen, daß bei langfristiger Kühlung der Wurzeln auf 12°C WRT Lp stark abhängig war von der SBT und damit von dem wachstumsbedingten Bedarf des Sprosses für Wasser. Im Vergleich zur kurzfristigen Kühlung (siehe Tab. 2) erholte sich Lp nach langfristiger Kühlung nur dann, wenn die Sproßwachstumszone nicht mitgekühlt wurde (24°C SBT). Aber auch bei 24°C SBT blieb Lp deutlich geringer als bei 24°C WRT. Interessanterweise war die Verringerung von Lp nach langfristiger Kühlung der Wurzeln nicht vollständig reversibel, wenn die Wurzeln kurzfristig (allmähliche Temperaturerhöhung 2 Stunden vor der Messung) wiedererwärmt wurden. Dies galt vor allem für Pflanzen, bei denen die Sproßbasis mitgekühlt wurde (12°C SBT) und deutet an, daß der hydraulische Widerstand in den Wurzeln dieser Pflanzen durch strukturelle Veränderungen (z.B. veränderte Zusammensetzung der Plasmamembranen, veränderte Ausdifferenzierung von Endodermis, Exodermis oder Metaxylem-Gefäßen) erhöht war.

Die Exsudationsrate dekapitierter Pflanzen ist u.a. abhängig von der Fähigkeit der Wurzeln, osmotisch wirksame Substanzen, im wesentlichen Nährstoffe wie N und K, an das Xylem abzugeben und dadurch eine osmotische Potentialdifferenz zwischen Xylemsaft und Außenlösung aufzubauen. Bei 12°C WRT ist die Fähigkeit der Pflanzen zur Nährstoffabgabe in das Xylem bei 24°C SBT höher als bei 12°C SBT (ENGELS et al. 1992). Um Lp unabhängig von diesen Unterschieden in der "Pumpleistung" der Wurzeln bestimmen zu können, wurde bei den folgenden Versuchen J_V nach unterschiedlicher Temperaturvorbehandlung der Pflanzen variiert, indem □Ð kurzfristig verändert wurde durch (a) Mannitolzusatz zur Nährlösung (Verringerung des osmotischen Potentials in der Außenlösung, Methode II), (b) Verminderung der "Pumpleistung" der Wurzeln durch Austausch der Nährlösung mit $CaCl_2$-Lösung (Erhöhung des osmotischen Potentials im Xylem, Methode III) und (c) Verminderung der "Pumpleistung" der Wurzeln durch Zuckerverarmung (Erhöhung des osmotischen Potentials im Xylem, Methode IV). In Tabelle 4 ist Lp von 4-5 Tage bei unterschiedlichen SBT und WRT angezogenen Pflanzen für die verschiedenen Versuche und Meßmethoden dargestellt. Die verschiedenen Meßmethoden führten z.T. zu erheblichen Unterschieden der Lp. Übereinstimmend für alle Meßmethoden ergab sich jedoch, daß Lp bei 12°C WRT stark von der SBT abhängig war und bei hohem wachstumsbedingten Wasserbedarf (24°C SBT) deutlich erhöht war. Im Vergleich zu Lp nach kurzfristiger Kühlung (etwa 1 ml h^{-1} g^{-1} Wurzel MPa^{-1}, siehe Tab. 2), war Lp nach langfristiger Kühlung bei 12°C WRT und 24°C SBT deutlich größer, während Lp bei 12°C WRT und 12°C SBT nicht so stark erhöht wurde (Tab. 4). Nach langfristiger Temperaturbehandlung bei tiefen WRT fand also auch beim kälteempfindlichen Mais eine Anpassung von Lp statt. Offensichtlich wurde diese Anpassung jedoch weniger durch temperaturbedingte Veränderungen von Wurzeleigenschaften (z.B. Fettsäurezusammensetzung der Plasmamembranen) hervorgerufen, sondern hauptsächlich durch die wachstumsbedingte Erhöhung des Wasserbedarfes pro Einheit Wurzeln bei 24°C SBT. Allerdings blieb Lp von 12°C WRT-Pflanzen auch bei hohen SBT deutlich geringer als Lp von 24°C WRT-Pflanzen, zumindest wenn Lp bei der gleichen WRT wie während der Temperaturbehandlung gemessen wurde (12°C für 12°C WRT-Pflanzen, 24°C für 24°C WRT-Pflanzen). Der wachstumsbedingte Bedarf des Sprosses für Wasser pro Einheit Wurzeln war bei Pflanzen, die bei 12°C WRT und hohen SBT wuchsen höher als der Wasserbedarf von bei 24°C WRT wachsenden Pflanzen (siehe Wasserflux durch die Wurzeln in Tab. 1). Daraus wird gefolgert, daß bei 12°C WRT und hohen SBT das Sproßwachstum von Mais möglicherweise auch langfristig durch eine geringe hydraulische Leitfähigkeit der Wurzeln und damit durch eine schlechte Wasserversorgung des Sprosses begrenzt werden kann.

Tab. 4 Hydraulische Leitfähigkeit der Wurzeln von langfristig bei unterschiedlichen SBT und WRT angezogenen Pflanzen; Vergleich unterschiedlicher Methoden: I: Ermittlung von Lp nach FISCUS (1975), Annahme Reflektionskoeffizient = 1; II: Veränderung von J_V und □Đ durch Mannitolzugabe zur Nährlösung, Lp = Steigung der Regressionsgeraden der Beziehung zwischen J_V und □Đ; III: wie II, aber Veränderung von J_V und □Đ durch Angebot von Nährlösung oder $CaCl_2$-Lösung während der Exsudation; IV: wie II, aber Veränderung von J_V und □Đ durch Probennahme zu unterschiedlichen Zeiten nach dem Dekapitieren

Meßtemperatur	Temperaturbehandlung (SBT°C/WRT°C)			Methode
	24/24	12/12	24/12	
	(ml h^{-1} g^{-1} Wurzel MPa^{-1})			
WRT während der Temperaturbehandlung (12°C oder 24°C)				
	6.8	1.4	3.2	I
	13.5	1.0	3.1	II
	6.6	2.4	4.5	III
einheitlich 24°C				
	6.8	3.0	5.4	I
	13.5	4.0	5.4	II
	6.9	4.4	8.8	IV

Literaturverzeichnis

BOLGER, T.P.; UPCHURCH, D.R.; MCMICHAEL, B.L.: Temperature effects on cotton root hydraulic conductance. Environ. Exp. Bot. 32, 49-54 (1992).

CLARKSON, D.T.; ROBARDS, A.W.; STEPHENS, J.E.; STARK, M.: Suberin lamellae in the hypodermis of maize (*Zea mays*) roots; development and factors affecting the permeability of hypodermal layers. Plant Cell Environ. 10, 83-93 (1987).

ENGELS, C.: Differences between maize and wheat in growth-related nutrient demand and potassium and phosphorus uptake at suboptimal root zone temperatures. Plant Soil 150, 129-138 (1993).

ENGELS, C.; MARSCHNER, H.: Effect of suboptimal root zone temperatures at varied nutrient supply and shoot meristem temperature on growth and nutrient concentrations in maize seedlings (*Zea mays* L.). Plant Soil 126, 215-225 (1990).

ENGELS, C.; MÜNKLE, L.; MARSCHNER, H.: Effect of root zone temperature and shoot demand on uptake and xylem transport of macronutrients in maize (*Zea mays* L.). J. Exp. Bot. 43, 537-547 (1992).

FISCUS, E.L.: The interaction between osmotic- and pressure-induced water flow in plant roots. Plant Physiol. 55, 917-922 (1975).

MARKHART, A.H.; FISCUS, E.L.; NAYLOR, A.W.; KRAMER, P.J.: Effect of temperature on water and ion transport in soybean and broccoli systems. Plant Physiol. 64, 83-87 (1979).

RICHNER, W.: Wurzelwachstum junger Maispflanzen in Abhängigkeit von der Temperatur. Dissertation, Eidgenössische Technische Hochschule Zürich, Nr. 9904 (1992).

WHITE, P.J.; CLARKSON, D.T.; EARNSHAW, M.J.: Acclimation of potassium influx in rye (*Secale cereale*) to low root temperatures. Planta 171, 377-385 (1987).

Rhizosphärenprozesse, Umweltstreß und Ökosystemstabilität.
7. Borkheider Seminar zur Ökophysiologie des Wurzelraumes.
(Ed. W. Merbach) B. G. Teubner Verlagsgesellschaft Stuttgart, Leipzig 1997, pp. 159-166

EINFLUSS VORÜBERGEHENDER BODENTROCKENHEIT AUF WACHSTUM UND NÄHRSTOFFANEIGNUNGSVERMÖGEN VON MAIS

BULJOVČIĆ, Ž., ENGELS, C., MARSCHNER, H.

Universität Hohenheim

Institut für Pflanzenernährung (330)

D - 70593 Stuttgart

Abstract

The aim of the presented experiments was to determine the ability of corn roots to take up nutrients after drought and during recovery after rewatering of the soil and to examine root characteristics which possibly limit nutrient uptake under these conditions. Two different experimental approaches were used:

1. In a split root experiment only one part of the root system was droughted and the other part was kept wet to maintain water and nutrient demand in the shoot.
2. In order to investigate effects under severe drought stress the whole root system in the soil was allowed to dry out for 10 days and was subsequently rewetted.

In the split root experiment neither the shoot or root growth nor the ability to take up ^{15}N-nitrate after a drought period of 4 days (6 weight% soil water content) was impaired.

In the second experimental system, the roots of control plants which were watered continuously, took up ^{15}N-nitrate immediately after ^{15}N application, and ^{15}N in the shoot was already detected 24 h later. In severely stressed plants ^{15}N-nitrate was also found in the roots after 24 h but in contrast to the split root experiments there was no translocation into the shoot within the first 4 days. Obviously after severe drought stress the ability of the roots to take up nutrients and particularly to translocate ^{15}N into the shoot, was severly decreased. Under these conditions it seems that nutrient uptake in the roots and translocation into the shoot is limited by a low nutrient demand of the shoot but also due to impaired hydraulic conductivity of the roots and reduced root pressure.

After severe drought stress root growth recovered within one day after rewetting. This new root growth may have contributed to the recovery of hydraulic conductivity of the root system and thus to translocation of ^{15}N into the shoot.

Einleitung

Ein abnehmender Bodenwassergehalt infolge fehlender Niederschläge kann das Sproßwachstum bereits kurzfristig aufgrund hormoneller (ABA) oder hydraulischer Signale aus den Wurzeln hemmen (TARDIEU et al. 1993). Langfristig kann sich auch der Mineralstoffversorgungzustand der Pflanzen verschlechtern (PAN u. HOPKINS 1991), vor allem wenn der nährstoffreiche Boden austrocknet, auch wenn im Unterboden noch ausreichend Wasser für das Wachstum zur Verfügung steht.

Es ist aus verschiedenen Untersuchungen bekannt, daß die Nährstoffaufnahme in trockenem Boden beeinträchtigt ist. Das liegt a) an der Verminderung des Wurzelwachstums und damit der räumlichen Verfügbarkeit der Nährstoffe, b) an der Verringerung der Mineralisation von Nährstoffen durch den Rückgang mikrobieller Aktivität und c) am Rückgang des Nährstofftransportes zur Wurzeloberfläche. Insbesondere die Verfügbarkeit von K und P für die Pflanzen wird aufgrund der geringeren Diffusionsrate in trockenem Boden vermindert (KUCHENBUCH et al. 1986, BHADORIA et al. 1991, COX u. BARBER 1992, CORTEZ 1989).

Es liegen dagegen nur wenige Untersuchungen zum Einfluß von Bodentrockenheit auf die Fähigkeit der Wurzeln zur Nährstoffaufnahme vor. Bei Weizen war die Fähigkeit der Wurzeln zur Nitrataufnahme nach einer 8-wöchigen Trockenphase sehr gering (BRADY et al. 1995).

Eine Verringerung der Fähigkeit zur Nährstoffaufnahme könnte vor allem die Nährstoffaufnahme der Wurzeln bei Wiederbewässerung begrenzen, auch wenn zu diesem Zeitpunkt die chemische Verfügbarkeit der Nährstoffe im Boden (v. a. Diffusion) nicht mehr limitierend wirkt.

Ziel der vorliegenden Versuche war es zu untersuchen, wie sich die Fähigkeit der Wurzeln zur Nährstoffaufnahme nach unterschiedlicher Trockenstreßdauer und -intensität verändert. Dazu wurden in verschiedenen Versuchen entweder der gesamte Wurzelraum oder nur ein Teil der Wurzeln in Split-Root-Gefäßen ausgetrocknet und nach Wiederbewässerung die ^{15}N-Aufnahme gemessen.

Methoden

Pflanzenanzucht

Mais (*Zea mays* L.) wurde in verschiedenen Versuchsgefäßen (s. unten) angezogen, die mit nährstoffarmem C-Löß (Bodendichte 1,3 g/cm^3) gefüllt wurden. Während der Vorkultur wurde gravimetrisch ein Bodenwassergehalt von 23 Gew.% (70% Wasserkapazität) eingestellt.

Behandlung

1. Ansatz: Austrocknung des Bodens in einem Teil des Wurzelraumes

Dazu wurden die Pflanzen in Split-Root-Gefäßen angezogen. Die Wurzeln wuchsen durch Öffnungen am unteren Teil des mit Boden gefüllten Gefäßoberteil in das mit Nährlösung (-N) gefüllte Unterteil hinein (siehe Abb. 1, vgl. SEIFFERT et al. 1995). Nachdem dies geschehen war, wurde bei der Hälfte der Versuchsgefäße die Wasserzufuhr im Boden unterbrochen und 13 Tage später wiederbewässert. Geerntet wurde zu Beginn der Austrocknung (23 Gew.%), 9 (10 Gew.%) und 13 Tage später (6 Gew.%) und 6 Tage nach Wiederbewässerung. Bei jeder Ernte wurde der Boden zunächst für 2 Stunden vor dem ^{15}N-Angebot mit einer $Ca(NO_3)_2$-Lösung perkoliert, und anschließend 8 Stunden lang mit ^{15}N (300 ml 2 mM $Ca(^{15}NO_3)_2$, 10%ige ^{15}N-Anreicherung) gedüngt.

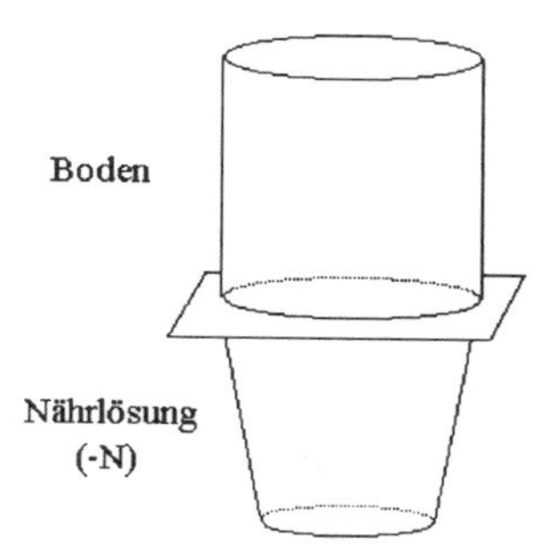

Abb. 1: Split-Root-Gefäß: Das Oberteil war mit Boden gefüllt, das Unterteil mit Nährlösung. Die Wurzeln wuchsen durch den Boden in die Nährlösung hinein. Bei Versuchsbeginn wurde bei der Hälfte der Versuchsgefäße der Boden ausgetrocknet.

2. Ansatz: Austrocknung des Bodens im gesamten Wurzelraum

Diese Versuche wurden in kleinen zylindrischen Gefäßen (2 Pflanzen/Gefäß, Gefäßvolumen: 1347 cm^3) durchgeführt. Bei Versuchsbeginn wurde 60% des am Vortag verbrauchten Wassers ergänzt, so daß der Bodenwassergehalt nur langsam abgesenkt wurde („ausgetrocknet"). Die Kontrollpflanzen wurden kontinuierlich über den gesamten Versuchszeitraum bewässert. Nach 10-

tägigem starken Trockenstreß wurde einmalig mit ^{15}N in Form von 2 mM $Ca(^{15}NO_3)_2$ (10 atom%) wieder-bewässert und die ^{15}N-Gehalte in den Pflanzen nach unterschiedlichen Zeiträumen gemessen.

Zur Untersuchung des Wurzelwachstums wurden in einem weiteren Versuch zwei Pflanzen pro Wurzelkasten (Volumen: 1520 cm^3) kultiviert. Der Boden wurde langsam ausgetrocknet und die Pflanzen dann 4 oder 9 Tage dauerndem starken Trockenstreß ausgesetzt. Während des gesamten Versuchs wurde der Wurzellängenzuwachs entlang der Vorderwand aus Plexiglas aufgezeichnet und nach TENNANT (1975) ausgewertet.

Untersuchungsmethoden

K und Ca wurden flammenfotometrisch und Mg mit dem Atom-Absorptions-Spektrometer bestimmt.

Die P-Gehalte in der pflanzlichen Trockensubstanz wurden kolorimetrisch nach der Methode von GERICKE u. KURMIES (1952), die P-Gehalte im Xylemexsudat nach der Methode von MURPHY u. RILEY (1962) bestimmt. Die Gesamt-N-Gehalte und die ^{15}N-Anreicherung in der Trockensubstanz wurde massenspektrometrisch gemessen.

Ergebnisse und Diskussion

1. Ansatz: Austrocknung des Bodens in einem Teil des Wurzelraumes

Wenn der gesamte Wurzelraum einer im Boden wachsenden Pflanze austrocknet, wird das Wachstum vermindert und damit auch der wachstumsbedingte Bedarf für Wasser- und Nährstoffe. Eine Hemmung der Nährstoffaufnahme kann unter diesen Bedingungen sowohl auf eine Trockenstreß-induzierte Verringerung der Aufnahmefähigkeit der Wurzeln zurückzuführen sein als auch indirekt auf eine Abnahme im Nährstoffbedarf. Um zwischen diesen beiden Möglichkeiten zu unterscheiden, wurde in einem Split-Root-Gefäß nur ein Teil des Wurzelraumes ausgetrocknet, so daß die Pflanzen über die in der Nährlösung wachsenden Wurzeln ausreichend mit Wasser und Nährstoffen versorgt werden konnten.

Durch Unterbrechung der Wasserzufuhr im Boden wurde der Bodenwassergehalt innerhalb von 9 d von 23% auf 10% (Gew.) und innerhalb der nächsten 4 d auf 6% abgesenkt. Das Pflanzenwachstum (Biomasseproduktion) wurde durch den Trockenstreß im Boden nicht beeinträchtigt. Offensichtlich wurde also das Sproßwachstum nicht durch hormonelle Signale aus den im trockenen Boden wachsenden Wurzeln gehemmt, wenn der Sproß durch die Wurzeln in Nährlösung gut mit Wasser und Nährstoffen versorgt wurde.

Die ^{15}N-Aufnahmeraten aus dem Boden (Tab. 1) und die ^{15}N-Verteilung in Sproß und Wurzeln (Tab. 2) wurden durch die Bewässerungsbehandlung ebenfalls nicht signifikant beeinflußt. Offensichtlich war die Fähigkeit der Wurzeln zur ^{15}N-Aufnahme in den ersten 10 h nach Wiederbewässerung (bzw. in den ersten 8 h nach ^{15}N-Angebot) auch dann nicht beeinträchtigt, wenn die Wurzeln vorher für 4 Tage bei einem Bodenwassergehalt von 10 - 6 Gew.% wuchsen. Da man davon ausgehen kann, daß sich aufgrund der 2-stündigen Perkolation des Bodens mit ^{14}N das $^{14}N/^{15}N$-Verhältnis in der Bodenlösung während der ^{15}N-Aufnahmeperiode nicht unterschied, läßt sich folgern, daß die Fähigkeit der Wurzeln zur N-Aufnahme durch die vorübergehende Austrocknung des Bodens nicht verringert wurde.

Tabelle 1: Einfluß der Bewässerungsbehandlung auf den Bodenwassergehalt [Gew.%] der ausgetrockneten Variante und die ^{15}N-Aufnahmeraten [µmol ^{15}N h^{-1} g^{-1}Wurzel-FM] 8 h nach ^{15}N-Angebot im Boden; Ernte 1: Beginn der Austrocknung, Ernte 2: in der Trockenphase, Ernte 3: Ende der Trockenphase, Ernte 4: 6 Tage Wiederbewässerung (kleine Zahlen = Standardabweichung)

Ernte	Bodenwassergehalt "trocken"	Behandlung bewässert		trocken	
	[Gew.%]	^{15}N-Aufnahmerate			
1	23	0,20	0,05	0,20	0,05
2	10	0,22	0,10	0,38	0,13
3	6	0,30	0,07	0,32	0,05
4	23	0,17	0,05	0,22	0,03

Tabelle 2: Einfluß der Bewässerungsbehandlung auf die ^{15}N-Gehalte in Sproß und Wurzeln in der Nährlösung und im Boden 8 h nach ^{15}N-Angebot im Boden; Ernten siehe Tab. 1 (kleine Zahlen = Standardabweichung)

Ernte	Behandlung bewässert		trocken		Behandlung bewässert		trocken		Behandlung bewässert		trocken	
	µmol ^{15}N/Sproß				µmol ^{15}N/Wurzeln-NL				µmol ^{15}N/Wurzeln-Boden			
1	2,43	0,77	2,43	0,77	0,02	0,02	0,02	0,02	2,09	0,73	2,09	0,73
2	6,56	5,58	13,14	4,49	0,11	0,17	0,19	0,18	5,08	2,52	6,48	1,94
3	28,44	0,87	24,81	1,76	0,83	0,72	1,01	0,27	17,21	1,48	15,48	0,43
4	47,95	13,89	53,18	6,98	0,46	0,19	0,36	0,08	16,67	1,61	16,64	1,13

2. Ansatz: Austrocknung des Bodens im gesamten Wurzelraum

Im Gegensatz zu dem vorherigen Versuch sollte bei den folgenden Versuchen die Nährstoffaufnahme und das Wurzelwachstum nach starkem Trockenstreß untersucht werden, weshalb der gesamte Wurzelraum ausgetrocknet wurde.

Der Bodenwassergehalt sank nach 9 d („ausgetrocknet") von 23 auf etwa 4 Gew.%. Während der anschließenden 10-tägigen Trockenstreßphase bei einem Bodenwassergehalt von 4 Gew.% stellten die Pflanzen ihr Wachstum völlig ein und zeigten starke Welkeerscheinungen. Erst etwa eine Woche nach Wiederbewässerung war wieder ein deutlicher Biomassezuwachs festzustellen.

In den kontinuierlich bewässerten Kontrollpflanzen wurde bereits 4 Stunden nach ^{15}N-Düngung des Bodens eine starke ^{15}N-Anreicherung und nach 24 Stunden im Sproß gemessen (Abb. 2). Nach zehntägigem starken Trockenstreß wurde in den Wurzeln auch schon nach 24 Stunden eine signifikante ^{15}N-Anreicherung in den Wurzeln gemessen (Abb. 2B). Da die Wurzeln vor der ^{15}N-Analyse aus dem Boden ausgewaschen werden mußten, ist anzunehmen, daß die gemessene ^{15}N-Anreicherung tatsächlich durch ^{15}N-Aufnahme und nicht durch äußerlich anhaftendes ^{15}N zustande kam. Im Sproß der gestressten Pflanzen wurde allerdings erst 168 Stunden nach Wiederbewässerung eine signifikante ^{15}N-Anreicherung gemessen (Abb. 2A), so daß man annehmen kann, daß erst in dem Zeitraum von 72 bis 168 Stunden meßbare Mengen an N aus den Wurzeln in den Sproß verlagert wurden. In diesem Zeitraum nahm auch die Sproßtrockenmasse von etwa 10 auf 20 g pro Pflanze deutlich zu (Ergebnisse nicht gezeigt).

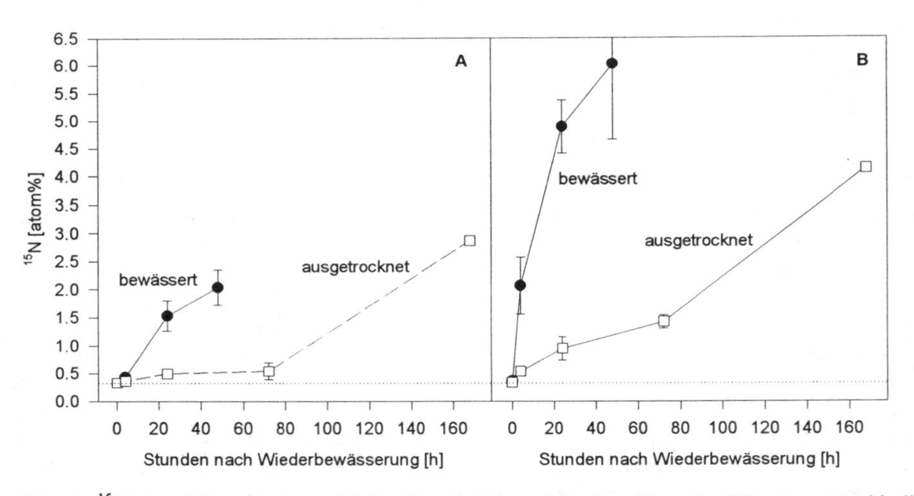

Abb. 2: ^{15}N-Anreicherung (atom%) im Sproß (A) und in den Wurzeln (B) zu unterschiedlichen Zeitpunkten nach Wiederbewässerung mit ^{15}N im Anschluß an einen 10 Tage dauernden, starken Trockenstreß; ^{15}N-Zugabe in Form von 2 mM $Ca(^{15}NO_3)_2$ (10 atom%) zum Zeitpunkt 0; natürliche ^{15}N-Anreicherung ist als punktierte Linie dargestellt

Diese Ergebnisse zeigten, daß die Fähigkeit der Wurzeln zur N-Aufnahme und vor allem zur N-Verlagerung in den Sproß durch den zehntägigen starken Trockenstreß stark beeinträchtigt war, sich aber 4 - 7 Tage nach Wiederbewässerung parallel zur Erholung des Sproßwachstums regenerierte. Da die Wurzeln in der Lage waren, schon in den ersten 3 Tagen nach Wiederbewässerung N zumindest in geringen Mengen aufzunehmen, läßt sich vermuten, daß die fehlende Verlagerung in den Sproß auch mit auf den mangelnden wachstumsbedingten Nährstoffbedarf des Sprosses zurück-zuführen war.

Wurzelwachstum

Sowohl nach 4 als auch nach 9 Tagen starkem Trockenstreß setzte das Wurzelwachstum bereits einen Tag nach Wiederbewässerung erneut ein (Abb. 3). Es fiel auf, daß nach 9 Tagen Trockenstreß ausschließlich neue Seitenwurzeln der Nodienwurzeln austrieben, die Nodienwurzeln selbst aber nicht weiter in die Länge wuchsen. Dies bestätigt Untersuchungen von STASOVSKY und PETERSON (1991) mit Mais, die ergaben, daß Seitenwurzelanlagen während der Trockenheit eine Ruhephase einlegen und die Seitenwurzeln kurz nach Bewässerung zu wachsen beginnen.

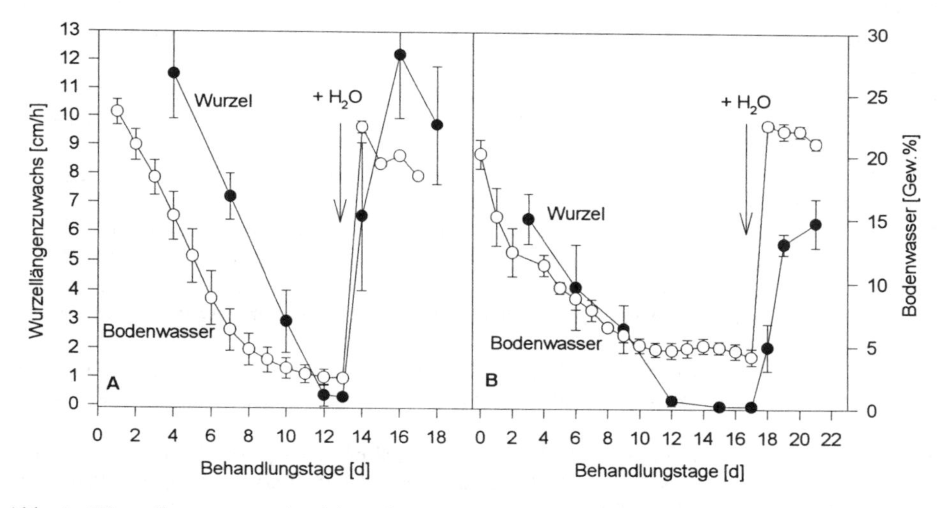

Abb. 3: Wurzellängenzuwachs (o) und Bodenwassergehalt (o) während der Austrocknung und nach Wiederbewässerung des Bodens; Pfeile geben den Zeitpunkt der Wiederbewässerung an; (A) ca. 4 Tage starker Trockenstreß, (B) 9 Tage starker Trockenstreß. Die Meßpunkte geben den Wurzellängenzuwachs im jeweils vorangegangenen Beobachtungszeitraum wieder.

Die deutliche Erholung der N-Aufnahme und -Verlagerung in den Sproß, die nach 10-tägigem starken Trockenstreß erst 4 bis 7 d nach Wiederbewässerung zu messen war, ist somit wahrscheinlich mit der Bildung neuer Wurzeln zu erklären. Es wird vermutet, daß in der Anfangsphase nach Wiederbewässerung die Bildung neuer Seitenwurzeln die hydraulische Leitfähigkeit des Wurzelsystems erhöhte. Das war möglicherweise die Voraussetzung, daß bei anfangs noch geschlossenen Stomata genügend Wurzeldruck aufgebaut werden konnte, um eine mengenmäßig bedeutende Verlagerung von Wasser und N in den Sproß zu ermöglichen.

Literaturverzeichnis

BHADORIA, P. B. S.; KASELOWSY, J.; CLAASSEN, N.; JUNGK, A.: Phosphate diffusion coefficients in soil as affected by bulk density and water content. Z. für Pflanzenernährung und Bodenkunde 154, 53-57 (1991)

BRADY, D. J.; WENZEL, C. L.; FILLERY, I. R. P.; GREGORY, P. J.: Root growth and nitrate uptake by wheat (*Triticum aestivum* L.) following wetting of dry surface soil. Journal of Experimental Botany 46, 557 - 564 (1995)

COX, M. S.; BARBER, S. A.: Soil phosphorus levels needed for equal P uptake from four soils with different water contents at the same water potential. Plant Soil 143, 93 - 98 (1992)

CORTEZ, J.: Effect of drying and rewetting on mineralization and distribution of bacterial constituents in soil fractions. Biology and Fertility of Soils 7, 142 - 151 (1989)

GERICKE, S.; KURMIES, B.: Die colorimetrische Phosphorsäurebestimmung mit Ammonium-Vanadat-Molybdat und ihre Anwendung in der Pflanzenanalyse. Z. für Pflanzenernährung, Düngung und Bodenkunde 59, 235 - 247 (1952)

KUCHENBUCH, R.; CLAASSEN, V.; JUNGK, A:. Potassium availability in relation to soil moisture. 1. Effect of soil moisture on potassium diffusion, root growth and potassium uptake of onion plants. Plant Soil 95, 221-231 (1986)

MURPHY, J; RILEY, J. P. A.: modified single solution method for the determination of phosphate in natural water. Analytica et chimica Acta 27, 31 - 36 (1962)

PAN, W. L.; HOPKINS, A. G.: Plant development, and N and P use of winter barley. 1. Evidence of water stress-induced P deficiency in a eroded toposequence. Plant and Soil 135, 9 - 19 (1991)

SEIFFERT, S.; KASELOWSKY, J.; JUNGK, A.; CLAASSEN, N.: Observed and calculated potassium uptake by maize as affected by soil water content and bulk density. Agronomy Journal 87, 1070-1077 (1995)

STASOVSKY, E.; PETERSON, C. A.: The effects of drought and subsequent rehydration on the structure and vitality of *Zea mays* seedling roots. Canadian Journal of Botany 69, 1170-1178 (1991)

TARDIEU, F.; ZHANG, J.; GOWING, D. J. G.: Stomatal control by both [ABA] in the xylem sap and leaf water status: a test of a model for drought or ABA-fed field-grown maize. Plant, Cell and Environment 16, 413 - 420 (1993)

TENNANT, D.: A test of a modified line intersect method of estimating root length. Journal of Ecology 63, 995-1001 (1975)

Rhizosphärenprozesse, Umweltstreß und Ökosystemstabilität.
7. Borkheider Seminar zur Ökophysiologie des Wurzelraumes.
(Ed. W. Merbach) B. G. Teubner Verlagsgesellschaft Stuttgart, Leipzig 1997, pp. 167-175

IDENTIFIZIERUNG PCDD/PCDF-MOBILISIERENDER VERBINDUNGEN IN WURZELEXSUDATEN VON ZUCCHINI

NEUMANN G., HÜLSTER A., MARSCHNER H.
Universität Hohenheim, Institut für Pflanzenernährung (330)
Fruwirthstr. 20, D - 70593 Stuttgart

Abstract

High affinity to the soil organic matter and extreme hydrophobicity (log $K_{O/W} > 4$) are the main physicochemical characteristics of polychlorinated dibenzo-p-dioxins (PCDD) and polychlorinated dibenzofurans (PCDF) limiting their mobility in soils, and the translocation within plants. As an exception, uptake of PCDD/PCDF via the roots and subsequent translocation to the shoots was demonstrated for zucchini (*Cucurbita pepo* L.). Root exudates of zucchini are able to mobilize PCDD/PCDF from contaminated soils. Probably, certain compounds in the root exudates attach to PCDD/PCDF, forming polar adducts, thus facilating root uptake as well as transport within the plant of the *per se* extremely hydrophobic PCDD/PCDF. A chemical characterization of these compounds was achieved by differential fractionation of root exudates, xylem sap and plant extracts, using ^{14}C-tetrachlorodibenzo-p-dioxin (TCDD) as a probe to detect the PCDD/PCDF-binding fractions. Insolubility in methanol and in dilute trichloroacetic acid (TCA) as well as UV absorption at 280 nm suggest that PCDD/PCDF binding compounds in root exudates of zucchini are polypeptides. Corresponding electrophoretic polypeptide patterns in the TCDD-binding fractions of root exudates and xylem sap separated by gel permeation chromatography, suggest that roots of zucchini release TCDD-binding polypeptides into the rhizosphere which are subsequently taken up by the roots and translocated to the shoot via xylem transport.

Einleitung

Polychlorierte Dibenzo-p-dioxine (PCDD) und polychlorierte Dibenzofurane (PCDF) haben aufgrund ihres stark lipophilen Charakters und der damit verbundenen geringen Wasserlöslichkeit eine hohe Affinität zur organischen Substanz in Böden. Sie sind damit einer Aufnahme durch die Wurzeln der meisten Pflanzenarten weitestgehend entzogen (HÜLSTER 1994). In unseren vorangegangen Arbeiten konnte gezeigt werden, daß Zucchini (*Cucurbita pepo L.*) in dieser Hinsicht eine Ausnahme bildet: Sie ist in der Lage, durch Wurzelexsudate PCDD/PCDF im Boden zu mobilisieren, in eine hydrophilere Form zu überführen (HÜLSTER u. MARSCHNER 1994), diese über die Wurzeln aufzunehmen und in den oberirdischen Pflanzenteilen anzureichern (HÜLSTER et al. 1994). Ziel der vorliegenden Arbeit war es, diese PCDD/PCDF-bindenden

Substanzen in Zucchini chemisch näher zu charakterisieren. Hierzu wurden Wurzelexsudate, Xylemexsudate und Preßsäfte von Zucchini und auch von Tomate gewonnen, die als Referenzpflanze mit einem sehr geringen Boden-Pflanze-Transfer für PCDD/PCDF (HÜLSTER 1994) in die Untersuchungen einbezogen wurde. In sukzessiven Aufreinigungsschritten (Fraktionierung nach Löslichkeitsverhalten, Fraktionierung nach Molekulargewicht) wurde jeweils die Fähigkeit der einzelnen Proben geprüft, exogen zugesetztes ^{14}C-TCDD zu binden. Die Zusammensetzung der so selektierten TCDD-bindenden Fraktionen wurde mit Hilfe Stoffgruppen-spezifischer Tests genauer analysiert.

Material und Methoden

Pflanzenanzucht und Gewinnung von Wurzelexsudaten, Xylemsaft und Pflanzenpreßsäften

Die Versuchspflanzen wurden in Glasröhren (2.5 l) mit Quarzsand angezogen und über eine peristaltische Pumpe kontinuierlich mit Nährlösung versorgt. Die Gewinnung von Wurzelexsudaten begann nach 6 - 8-wöchiger Vorkultur im Freiland. Hierzu wurden die Kulturgefäße zunächst mehrmals mit destilliertem Wasser durchspült, anschließend für 1 Std. mit 1 l dest. H_2O überstaut und nachfolgend das Percolat mit den Wurzelexsudaten aufgefangen. Nach Filtration (Whatman GF-D) wurden die Percolate am Rotationsverdampfer 90-fach konzentriert. Zur Gewinnung der Xylemexsudate wurden die Pflanzensprosse ca. 2 cm über der Sandoberfläche dekapitiert, an die Sproßstümpfe Silikonschläuche angepaßt und der austretende Xylemsaft mit einer Spritze in einer gekühlten Flasche gesammelt, wobei die ersten Blutungstropfen verworfen wurden. Außerdem wurden Preßsäfte aus Früchten, Wurzel- und Blattmaterial der Pflanzen gewonnen. Alle Proben wurden bis zur Analyse bei -80°C gelagert. Unmittelbar vor den Analysen erfolgte die Entfernung ungelöster Bestandteile durch Zentrifugation und Filtration über Glasfaserfilter (Whatman GF-C).

Bindungstests mit ^{14}C-TCDD

Die Bindungskapazität der Exsudat- und Preßsaftproben für die Modellsubstanz 2,3,7,8-Tetrachlordibenzo-p-dioxin (TCDD), wurde mit Hilfe eines ^{14}C-markierten Standards bestimmt, der den Proben zugesetzt wurde (5 µl Standard in 10 ml Probenvolumen). Nach 2 stündiger Schüttel-Inkubation bei Raumtemperatur im Dauerdunkel und anschließender Flüssigextraktion mit Petrolether (Sdp. 40 - 60 °C) konnte der in der wässrigen Phase gebundene Anteil des radioaktiv markierten Standards über Scintillationsmessung ermittelt werden.

Methanolfraktionierung

Um eine Vorfraktionierung der Proben in polare Makromoleküle einerseits und niedermolekulare bzw. lipophile Bestandteile andererseits zu erreichen, wurde eine Fällung mit Methanol durchgeführt. Hierzu wurden die Exsudat- und Preßsaftproben mit kaltem (-20°C) Methanol auf eine Methanolkonzentration von 80% (v/v) eingestellt und für 2-3 Std. bei -20°C inkubiert. Die Abtrennung der Methanol-unlöslichen Fraktion erfolgte durch Zentrifugation bei 25.000 x g für

15 min bei 2°C mit anschließender Resolubilisierung im Ausgangsvolumen an dest. H_2O. Die Methanol-lösliche Fraktion wurde bei 30°C im Rotationsverdampfer wieder zur Wasserphase eingeengt. Danach erfolgte für beide Fraktionen der TCDD-Bindungstest.

Fällung mit Trichloressigsäure (TCA)

Um in Wurzel- und Xylemexsudaten eine selektive Ausfällung von Proteinen zu erreichen, wurde eine Fällung mit TCA (12% w/v) durchgeführt. Die Proben wurden nach der TCA-Zugabe für 45 min auf Eis inkubiert und anschließend bei 25.000 x g für 15 min bei 2°C zentrifugiert. Der TCA-unlösliche Niederschlag wurde in dest H_2O resuspendiert, durch Alkalisieren mit NaOH auf pH 8 -9 in Lösung gebracht und zum Ausgangsvolumen aufgefüllt. Der TCDD-Bindungstest wurde für die TCA-lösliche und für die TCA-unlösliche Fraktion durchgeführt.

Gelchromatographie

Makromoleküle aus Wurzelexsudaten und Xylemsäften von Zucchini wurden gelchromatographisch vorfraktioniert. Hierzu wurden die Methanol-unlöslichen Fraktionen aus Wurzelexsudaten (12 ml) und aus Xylemexsudaten (48 ml) in je 6ml dest. H_2O gelöst und an einer Sephadex G-50 Säule getrennt. (Eluent: 20 mM Tris-HCl, 100 mM NaCl, pH 3.0 bzw. pH 8.0, Flußrate 0.9 ml min^{-1}, Temp.5 C). Das Eluat wurde in 12.6 ml Fraktionen gesammelt, die UV-Absorption bei 280 nm bestimmt und jeweils 8 ml Aliquots der einzelnen Fraktionen auf TCDD Bindung getestet.

SDS-Polyacrylamid-Gelelektrophorese (SDS-PAGE)

Die Proteinmuster aus Wurzel- und Xylemexsudaten vor und nach gelchromatographischer Vorfraktionierung wurden gelelektrophoretisch mit dem hochauflösenden Tricine-SDS-PAGE-System nach SCHÄGGER u. v. JAGOW (1987) charakterisiert. Zur Konzentrierung wurden die Proteine aus Exsudatproben (4 ml) mit TCA (12% w/v) gefällt, 3 mal mit je 0.5 ml Ethanol-Ether (1:1) gewaschen, mit 1-2 µl 2N NaOH alkalisiert und in 50 µl Probenpuffer gelöst. Die Proben wurden für 5 Min. bei 100°C inkubiert. Für die Elektrophorese wurden je 50 µl aufgetragen. Danach erfolgte die Trennung für 5 Std. stromkonstant mit 25 mA im Sammelgel und 40 mA im Trenngel. Die Proteine wurden anschließend über Coomassie-Färbung sichtbar gemacht.

Ergebnisse und Diskussion

1. ^{14}C-TCDD-Bindung durch Wurzelexsudate von Zucchini und Tomate

In Tab. 1 ist die Bindung von ^{14}C-TCDD in Wurzelexsudaten von Zucchini und Tomate im Vergleich zur H_2O Kontrolle dargestellt. Nach der Extraktion mit Petrolether verblieben in der H_2O-Kontrolle und in den Wurzelexsudaten von Tomate noch 1.7 - 5.3 pg ^{14}C-TCDD ml^{-1} in der wässrigen Phase (Tab. 1). In den Wurzelexsudaten von Zucchini dagegen erreichte die TCDD-Bindung mit 32 pg ml^{-1} sogar etwa den dreifachen Wert der in der Literatur angegebenen maximalen Wasserlöslichkeit von 13 pg ml^{-1} (RIPPEN 1991). TCDD wurde unter dem Einfluß der Wurzelexsudate von Zucchini also offensichtlich in eine hydrophilere Form überführt.

Tab. 1: Bindung von ^{14}C-TCDD in Wurzelexsudaten von Tomate und Zucchini
Dargestellt ist die "gebundene" (nicht durch Petrolether extrahierbare) TCDD-Menge in pg ml^{-1}.- Mittelwerte von 3 unabhängigen Einzelbestimmungen.

dest. H_2O [pg ml^{-1}]	Wurzelexsudat Tomate [pg ml^{-1}]	Wurzelexsudat Zucchini [pg ml^{-1}]
1.7 ± 0.6	**5.3** ± 0.1	**32.1** ± 6.0

2. Fraktionierung nach Löslichkeitsverhalten

Methanolfraktionierung: Preßsäfte aus Zucchini-Wurzeln, -Blattstielen und -Fruchtfleisch sowie Xylemexsudate zeigten ebenso wie die Wurzelexsudate deutliche ^{14}C-TCDD Bindung (Tab 2), was auf eine ubiquitäre Verteilung der PCDD/PCDF bindenden Substanzen innerhalb der gesamten Pflanze hinweist.

Tab. 2: Bindung von ^{14}C-TCDD in Wurzelexsudaten und Preßsäften von Zucchini vor und nach Fraktionierung in (80% v/v) Methanol-lösliche und Methanol-unlösliche Bestandteile.
Dargestellt ist die "gebundene" (nicht durch Petrolether extrahierbare) TCDD-Menge in pg ml^{-1}.

Fraktion	Wurzel-exsudat	Xylem-exsudat	Preßsaft Wurzel	Preßsaft Blattstiel	Preßsaft Fruchtfleisch
Probe gesamt	**31.5** ± 4.0	**18.2**	**57.2**	**50.8**	**44.8**
Methanol-lösliche Fraktion (niedermolekulare und lipophile Substanzen)	**7.6** ± 2.7	**1.8**	**12.1**	**4.6**	**1.5**
Methanol-unlösliche Fraktion (polare Makromoleküle, best. Salze)	**34.7** ± 13.0	**13.7**	**n.b.**	**n.b.**	**n.b.**

n.b. = nicht bestimmt

Nach dem Zusatz von Methanol (Endkonzentration: 80% v/v) war bei allen Proben in der Methanol-löslichen Fraktion nach Einengen zur Wasserphase fast keine TCDD-Bindung mehr nachweisbar. In den Wurzelexsudaten und im Xylemsaft fand sich die TCDD-Bindung dagegen beinahe vollständig in der Methanol-unlöslichen Fraktion wieder, die in Wasser resolubilisiert worden war (Tab. 2). Im Falle der Preßsaft-Proben konnten die Methanol-unlöslichen Bestandteile nicht mehr vollständig in Lösung gebracht werden, weshalb hier kein TCDD-Bindungstest durchgeführt wurde.
Da bei der Behandlung biologischer Proben mit organischen Lösungsmitteln wie Methanol in erster Linie polare Makromoleküle ausgefällt werden, weisen die vorliegenden Ergebnisse auf eine TCDD-Bindung in der makromolekularen Fraktion hin. Makromolekulare Bestandteile in Wurzelexsudaten dürften vor allem aus Polysacchariden der Mucilage/Mucigelschichten der Wurzeln und aus Proteinen (abgestorbene Zellen, Exoenzyme) bestehen. Da es sich bei den Polysacchariden um sehr polare Verbindungen handelt, wären mögliche "Kandidaten" für die TCDD-Bindung wohl eher in der Protein-Fraktion zu suchen. Proteinbindung von TCDD ist bei tierischen Organismen im Falle des Ah-Rezeptors schon seit längerem bekannt (POLAND u. KNUTSON 1982).

Trichloressigsäure (TCA) Fällung: Um eine selektive Fällung von Proteinen zu erreichen, wurden die Wurzelexsudate von Zucchini einer TCA-Fällung unterzogen. Tab. 3 zeigt, daß sich ähnlich wie bei der Methanolfällung, ein Großteil der TCDD-bindenden Substanzen in den Zucchiniwurzelexsudaten durch den TCA-Zusatz ausfällen läßt. Die Abnahme der TCDD-Bindung in der TCA-löslichen Fraktion könnte zwar auch auf chemische Veränderung der TCDD-bindenden Substanzen, bedingt durch die drastische pH-Erniedrigung während der Säurefällung zurückzuführen sein. Die beinahe vollständige Wiederfindung der TCDD-Bindung in der neutralisierten und in Wasser resolubilisierten TCA-unlöslichen Fraktion ist jedoch ein deutlicher Hinweis auf eine Bindung von TCDD an Proteine aus den Wurzelexsudaten von Zucchini.

Tab. 3: Einfluß einer Trichloressigsäure (TCA) Behandlung auf die ^{14}C-TCDD Bindung in Wurzelexsudaten von Zucchini
Angaben in pg ml^{-1}; TCA-Zusatz (kristallin): 12% w/v; 2 unabhängige Einzelbestimmungen

Probe gesamt	TCA-lösliche Fraktion	TCA-unlösliche Fraktion	TCA [12%w/v] Kontrolle
29.7 24.9	11.0 11.4	22.8 25.5	3.1 2.3

3. Fraktionierung nach Molekulargewicht

Gelchromatographie und SDS-Elektrophorese: Wenn die TCDD-Bindung in den Wurzel- und Xylemexsudaten von Zucchini tatsächlich an Proteine erfolgt, müßten sich diese auch gel-elektrophoretisch erfassen lassen. Wenn weiterhin derart proteingebundenes Dioxin eine Rolle beim Dioxintransfer vom Boden in die Pflanze spielt, muß ein Übergang solcher Protein-Dioxin Komplexe vom Wurzelraum in den Xylemsaft postuliert werden. Da eine Umlagerung von

Komplexe vom Wurzelraum in den Xylemsaft postuliert werden. Da eine Umlagerung von gebundenem Dioxin zwischen verschiedenen Proteinen unwahrscheinlich ist, müßten sich schließlich in Wurzel- und Xylemexsudaten elektrophoretisch auch korrespondierende Protein-Banden nachweisen lassen.

Um zu untersuchen, an welche Proteine die TCDD-Bindung in den Wurzel- und Xylemexsudaten von Zucchini erfolgt, wurden die Methanol-unlöslichen Fraktionen der Exsudatproben zunächst gelchromatographisch getrennt und in Aliquots der eluierten Fraktionen die TCDD-Bindung und die für Proteine charakteristische UV-Absorption bei 280 nm gemessen. Aliquots der TCDD-bindenden Fraktionen wurden im Anschluß daran mit TCA [12% w/v] ausgefällt, die gefällten Proteine gelelektrophoretisch (SDS-PAGE) aufgetrennt und deren Molekulargewichte anhand von Eichproteinen bestimmt. Abb. 1 zeigt das Fraktionierungsprofil eines Wurzelexsudates nach gelchromatographischer Trennung über die Sephadex-Säule. Es wurden zwei Hauptmaxima (W1 und W4) und zwei Nebenmaxima (W2 und W3) der TCDD-Bindung nachgewiesen, die auch mit den Maxima der UV-Absorption bei 280 nm zusammenfallen, was als weiterer Hinweis auf Proteine als TCDD-bindende Substanzen in den Wurzelexsudaten gewertet werden kann. Das Fraktionierungsprofil des Xylemexsudates zeigte bis zu acht, allerdings schwächer ausgeprägte Maxima (X1-X8 in Abb. 2).

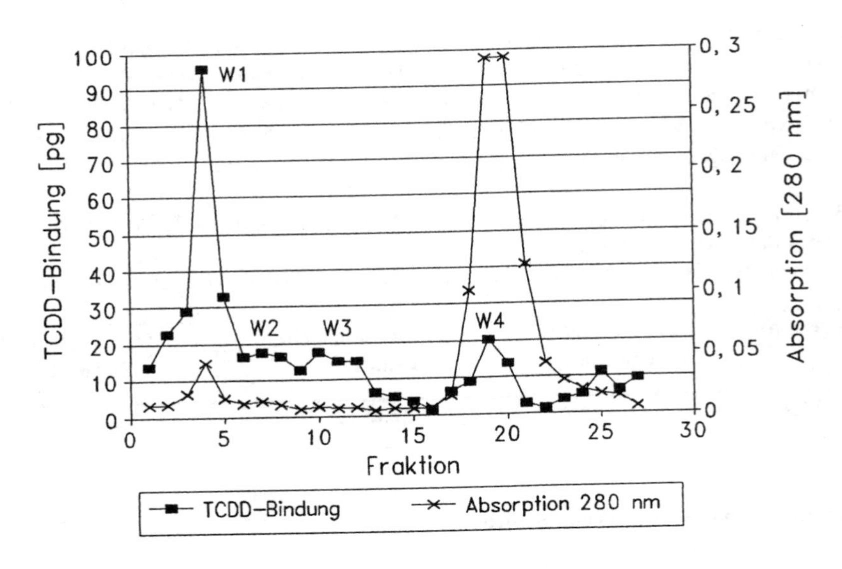

Abb. 1: Fraktionierungsprofil der methanolunlöslichen Fraktion von Zucchini-Wurzelexsudaten an einer Sephadex G-50 Säule. - ^{14}C-TCDD-Bindung und UV-Absorption [280 nm]

Nach der SDS-Elektrophorese waren in jeder der TCDD-bindenden Fraktionen mehrere Proteinbanden nachweisbar (Abb. 2), was natürlich nicht zwingend bedeutet, daß auch alle diese Banden TCDD-bindende Proteine darstellen. Für künftige Experimente in dieser Richtung wären also noch weitere Vorreinigungsschritte (Ammoniumsulfatfraktionierung, Ionenaustauschchromatographie etc.) in Erwägung zu ziehen. Jeweils 6 Banden im Molekulargewichtsbereich zwischen 50 und 70 kD (52.7, 56.1, 61.3, 65.2 68.9, 71.4 kD) fanden sich übereinstimmend sowohl in den Wurzel- als auch in den Xylemexsudaten. Höherauflösende Protein-Trennungstechniken (IEF, 2D-Elektrophorese) müssen zeigen, ob es sich hierbei auch tatsächlich um identische Proteine handelt. Überraschenderweise sind einige Proteinbanden (z.B. 65.2 kD und 68.9 kD in Abb. 2) trotz gelchromatographischer Vorfraktionierung in mehreren Fraktionen nachweisbar. Möglicherweise neigen diese Proteine dazu, unter nativen Bedingungen verschiedene Oligomere zu bilden, die nach gelchromatographischer Trennung in unterschiedlichen Fraktionen erscheinen. Unter den denaturierenden Bedingungen der SDS-Elektrophorese werden dagegen nur die Untereinheiten solcher Oligomere nachgewiesen, was zu identischen Proteinbanden in den unterschiedlichen Fraktionen führt.

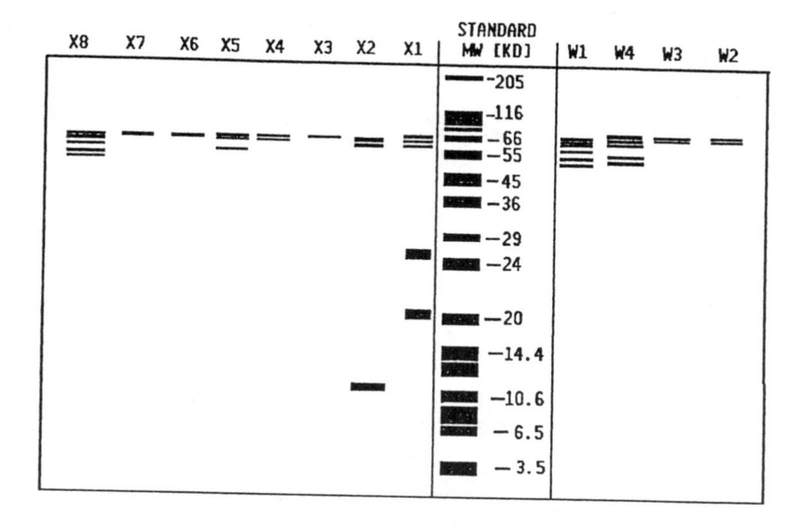

Abb. 2: Elektrophoretische Auftrennung der Proteine aus den ^{14}C-TCDD bindenden Fraktionen gelchromatographisch vorfraktionierter Xylemexsudate (X1-X8) und Wurzelexsudate (W1-W4) von Zucchini

Schlußfolgerungen

Die vorliegenden Ergebnisse zeigen, daß die Bindung von ^{14}C-TCDD in Wurzel- und Xylemexsudaten von Zucchini mit hoher Wahrscheinlichkeit an Proteine erfolgt. Das Auftreten gemeinsamer Proteinbanden in den TCDD-bindenden Fraktionen der Wurzel- und Xylemexsudate könnte auf einen Aufnahmemechanismus TCDD-bindender Proteine aus dem Wurzelraum und auf einen Xylemtransport dieser Substanzen in die oberirdischen Pflanzenteile hinweisen. Der Transport von Proteinen im Xylem ist zwar ungewöhnlich; die prinzipielle Möglichkeit hierzu ist jedoch z.B. beim Xylemtransport von Viren schon seit längerem bekannt (HELMS u. WARDLAW 1976). Bei Gurkenkeimlingen (*Cucumis sativus* L.) sind wurzelspezifische Enzymproteine (Peroxidasen) sowohl in den Xylemexsudaten als auch in der Guttationsflüssigkeit an den Blatträndern nachweisbar (BILES u. ABELES, 1991), was auf einen Xylemtransport dieser Enzyme aus den Wurzeln in die Blätter hinweist. Das Auftreten solcher Proteine in der Guttationsflüssigkeit bei Gurke, aber ebenso bei anderen Pflanzenarten (BILES u. ABELES 1991) deutet auch auf die Möglichkeit eines apoplastischen Protein-Transports im Blattgewebe hin. Ähnliche Mechanismen könnten auch bei der Aufnahme von TCDD-bindenden Proteinen durch Zucchini-Wurzeln eine Rolle spielen. Dabei würde es sich in diesem Fall um eine Wiederaufnahme (retrieval) von aus den Wurzeln abgegebenen Proteinen handeln, wie es auch für Aminosäuren bekannt ist (JONES u. DARRAH 1994). Neuere Befunde belegen, daß Pflanzenzellen aber auch zur Aufnahme von Proteinen durch Endocytose befähigt sind (ROBINSON 1991). Tracer-Experimente müssen zeigen, ob die postulierten Aufnahme- und Transportmechanismen für TCDD-bindende Proteine bei Zucchini direkt nachgewiesen werden können.

Literaturverzeichnis

BILES, C.L. ; ABELES, F.B.: Xylem sap proteins. Plant Physiol. **96**, 597-601 (1991).
HELMS, K.; WARDLAW, I. F.: Movement of viruses in plants: Long distance movement of tobacco mosaic virus in *Nicotiana glutinosa*, in I.F. Wardlaw and J.B. Passioura (eds.) Transport and Transfer Processes in Plants, pp. 283-293, Academic Press, London (1976).
HÜLSTER, A.: Transfer von polychlorierten Dibenzo-p-dioxinen und Dibenzofuranen (PCDD/PCDF) aus unterschiedlich stark belasteten Böden in Nahrungs- und Futterpflanzen. Verlag Ulrich E. Grauer. Dissertation, Universität Hohenheim (1994).
HÜLSTER, A.; MARSCHNER H.: PCDD/PCDF-Transfer in Zucchini und Tomaten. Veröff. PAÖ **8**, 579-589 (1994).
HÜLSTER, A.; MÜLLER, J. F., MARSCHNER H.: Soil-Plant transfer of polychlorinated dibenzo-p-dioxins and dibenzofurans (PCDD/PCDF) to vegetables of the cucumber family (*Cucurbitaceae*). Environ. Sci. Technol. **28**, 1110-1115 (1994).
JONES, D.L.; DARRAH, P. R.: Amino-acid influx at the soil root interface of *Zea mays* L. and its implications in the rhizosphere. Plant and Soil **163**, 1 - 12 (1994).

POLAND, A.; KNUTSON, I. C.: 2,3,7,8-Tetrachlorodibenzo-p-dioxin and related aromatic hydrocarbons: an examination of the mechanisms of toxicity. Ann. Rev. Pharmacol. Toxicol. **22**, 517-554 (1982).

RIPPEN, G.:2,3,7,8-Tetrachlordibenzo-p-dioxin. In: Handbuch Umweltchemikalien.. 12. Erg. Lfg. 10 (1991).

ROBINSON, D.G.: "Piggy-Back" Endocytosis: vitamin-mediated uptake of macromolecules into plant cells. Bot. Acta **104**, 85-86 (1991).

SCHÄGGER, H.; v. JAGOW, G.: Tricine-sodium dodecyl sulfate-polyacrylamide gel electrophoresis for the separation of proteins in the range of 1 to 100 kDa. Anal. Biochem. **166**, 368-379 (1987).

Rhizosphärenprozesse, Umweltstreß und Ökosystemstabilität.
7. Borkheider Seminar zur Ökophysiologie des Wurzelraumes.
(Ed. W. Merbach) B. G. Teubner Verlagsgesellschaft Stuttgart, Leipzig 1997, pp. 176-184

AMMONIUM- UND NITRATAUFNAHME DER FICHTE - EINFLÜSSE UND KONSEQUENZEN FÜR DEN *pH*-WERT DES WURZELRAUMES

BERGER, A.
Universität Freiburg,
Institut für Forstbotanik und Baumphysiologie,
Professur für Baumphysiologie
Am Flughafen 17
D - 79085 Freiburg

1. Einleitung

Die Wachstumsbedingungen an Fichtenstandorten haben sich durch Säure- und Stickstoffeinträge aus der Atmosphäre stark verändert. Folgen davon sind Störungen im Mineralstoffhaushalt der Bäume, Bodenversauerung und Elementausträge mit dem Sickerwasser. Die Ammonium- und Nitrataufnahme der Fichten sind in diesem Zusammenhang Schlüsselprozesse, die das Ausmaß der Störungen beeinflussen können. Zum einen ist die Stickstoffaufnahme der Fichten eine wichtige Senke für Stickstoff im Ökosystem. Andererseits sind die Ammonium- und Nitrataufnahme die wichtigsten Stickstoffquellen für Fichten, die das Wachstum steuern. Weiterhin hemmt Ammoniumaufnahme die Kationenaufnahme, während Nitrataufnahme diese fördert. Daraus ergeben sich wichtige Konsequenzen für den Kationenhaushalt der Bäume. Schließlich können die Aufnahme und Assimilation von Ammonium und Nitrat, die bei der Fichte vorwiegend in der Wurzel stattfinden, den *pH*-Wert des Wurzelraumes verändern: Ammoniumaufnahme führt zum Absinken, Nitrataufnahme zum Anstieg des *pH*.

Um die Entwicklung der Bäume und Elementflüsse im Ökosystem unter dem Einfluß anthropogener Störungen besser beurteilen zu können, muß die Dynamik der Ammonium- und Nitrataufnahme der Fichten in Reaktion auf die Stickstoffverfügbarkeit und andere wichtige Umweltfaktoren bekannt sein. Daher wurden die Einflüsse der (1) Ammonium- und Nitratverfügbarkeit, (2) des

Verhältnisses dieser Stickstofformen in der Bodenlösung, (3) der Magnesium- und (4) der Lichtverfügbarkeit auf die Ammonium- und Nitrataufnahmeraten untersucht (BERGER 1995). Hier soll die Bedeutung dieser Faktoren für die spezifischen Aufnahmeraten (Aufnahmeraten pro Einheit Biomasse) verglichen und *pH*-Veränderungen im Wurzelraum infolge von Ammonium- und Nitrataufnahme diskutiert werden.

2. Methodik

Da die Ammonium- und Nitrataufnahme *in situ* bei adulten Fichten nicht genau quantifiziert werden können, wurde mit mykorrhizierten Fichtenkeimlingen unter kontrollierten Bedingungen in Sandkultur gearbeitet. Die spezifischen Ammonium- und Nitrataufnahmeraten von 20 und 26 Wochen alten Fichtenpflanzen wurden durch 48-stündige Applikation von ^{15}N-angereicherten Nährlösungen in Sandkulturen bestimmt. Die Element- und Wasserversorgung waren bei der Anzucht und der ^{15}N-Markierung der Pflanzen identisch. In faktoriellen Versuchsansätzen wurden das Gesamtstickstoffangebot (0.1, 0.5, 1.0 und 1.5 mM), das Ammonium:Nitrat-Verhältnis (20:80, 50:50, 80:20), das Magnesiumangebot (0.01 und 0.03 mM) und die Lichtintensität (35% und 100%) variiert. Die Veränderung des *pH*-Wertes im Wurzelraum wurde vor der ^{15}N-Applikation über 58h hinweg verfolgt, indem Sandlösung aus dem Wurzelraum analysiert wurde. Die Anzucht der Pflanzen, die Versuchsbedingungen und die ^{15}N- Analytik sind in BERGER (1995) detailliert beschrieben.

3. Ergebnisse und Diskussion

3.1. Substratabhängigkeiten und Wechselwirkungen von Ammonium und Nitrat

Anhand der Aufnahmeraten aus zwei Versuchen mit unterschiedlichen Bereichen von Stickstoffangeboten, aber drei gemeinsamen Behandlungen (0.5 mM mit Ammonium:Nitrat von 20:80, 50:50, 80:20) wurden Konturenplots der Ammonium- und Nitrataufnahmeraten in Reaktion auf das Angebot der beiden Stickstofformen erstellt (Abb. 1). Die der Darstellung zugrunde liegenden Regressionen waren signifikant mit $P<0.0001$ ($df_{Regr.}=3$, $df_{Fehler}=56$), die Koeffizienten (r^2) für die Ammonium- und Nitrataufnahmeraten betrugen 0.810 bzw. 0.639. Die Ammoniumaufnahmeraten nahmen mit dem Ammoniumangebot zu (Abb. 1, links). Die senkrechte Ausrichtung der Isolinien für die einzelnen Aufnahmeraten zeigt an, daß das Nitratangebot keine Bedeutung für die Ammoniumaufnahme hatte. Die Reaktion der Nitrataufnahmeraten auf das Substratangebot hing dagegen stark von der Ammoniumverfügbarkeit ab (Abb. 1, rechts). Bei niedrigen Ammoniumangeboten nahmen die Nitrataufnahmeraten mit dem Substratangebot zu, jedoch mit steigender Ammoniumverfügbarkeit zunehmend weniger. Ab einem Ammoniumangebot von etwa 0.7 mM stiegen die Nitrataufnahmeraten bei zunehmender Nitratverfügbarkeit nicht mehr an. Die Nitataufnahmeraten nahmen jedoch deutlich zu, wenn bei gegebenem Nitratangebot die Ammoniumaufnahmeraten sanken. Die Substratsättigungsniveaus der Nitrataufnahmeraten hingen stark von der Ammoniumverfügbarkeit ab: Je höher diese war, desto geringer waren die Nitratkonzentrationen, bei denen Sättigung erreicht wurde, und desto geringer waren die maximalen Nitrataufnahmeraten. Die Wechselwirkungen zwischen Ammonium und Nitrat sind demnach bei der Fichte variabel und repräsentieren möglicherweise die Eigenschaften verschiedener Aufnahmesysteme (KRONZUCKER *et al.* 1995, 1996). Sie hängen von der betrachteten Stickstofform, von den absoluten Ammonium- und Nitratangeboten und dem Verhältnis der beiden Ionen in der Nähr- bzw. Bodenlösung ab.

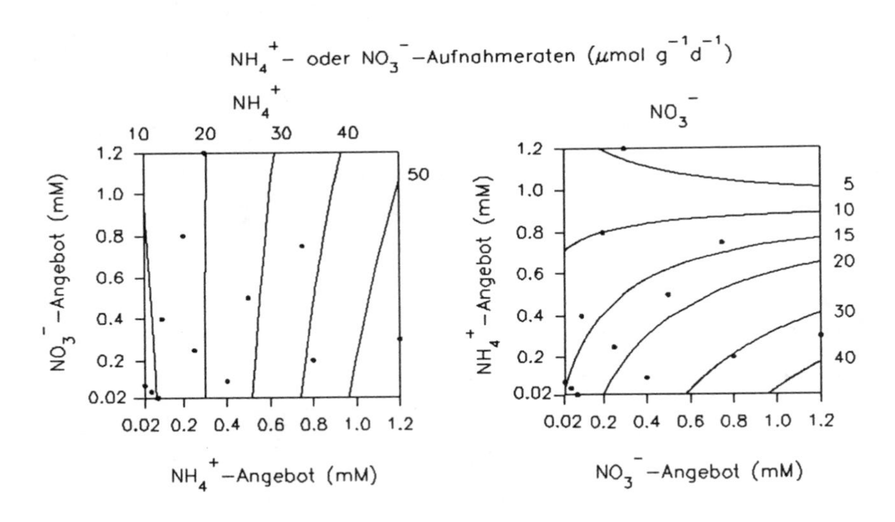

Abbildung 1: Reaktion der Aufnahmeraten von Ammonium und Nitrat auf das Ammonium- und Nitratangebot bei 100% Licht und einem Magnesiumangebot von 0.03 mM. Die Punkte repräsentieren die Ammonium- und Nitratverfügbarkeiten, bei denen die Aufnahmeraten in 5 Wiederholungen mit ^{15}N bestimmt wurden.

Vergleicht man die Ammonium- und Nitrataufnahmeraten bei gegebenen niedrigen Substratkonzentrationen und geringen Konzentrationen der jeweils anderen Stickstofform, zeigt sich, daß die Nitrataufnahmeraten gleich hoch oder sogar höher als die Ammoniumaufnahmeraten sein können.

Bei relativ hoher Ammonium- und geringer Nitratverfügbarkeit, eine Situation, die repräsentativ für die organische Auflage in Böden unter Fichtenstandorten ist, übersteigen die Ammonium- die Nitrataufnahmeraten. Der Konturenplot für die Gesamtstickstoffaufnahme (Abb. 2; Regression: $r^2 = 0.676$, $P<0.0001$, $df_{Reg.}=3$, $df_{Fehler}=56$) zeigt ebenfalls, daß Fichten ihren Gesamtstickstoffbedarf über die Aufnahme beider Stickstoffquellen decken, wenn das Ammonium- und/oder Nitratangebot unter ca. 0.8 mM bleiben. Die Gesamtstickstoffaufnahme wird bei höheren Ammoniumangeboten durch Nitrat leicht, bei höheren Nitratangeboten durch Ammonium stark gehemmt.

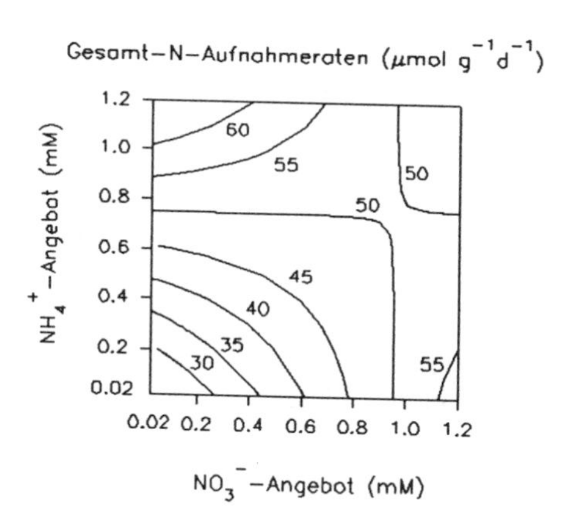

Abbildung 2: Reaktion der Aufnahmeraten von Gesamtstickstoff auf das Ammonium- und Nitratangebot bei 100% Licht und einem Magnesiumangebot von 0.03 mM.

3.2. Bedeutung verschiedener Ressourcen

Die Ammonium- und Nitrataufnahmeraten reagierten auf die Höhe des Stickstoffangebotes, das Ammonium:Nitratverhältnis, das Magnesiumangebot und die Lichtintensitäten in einer Weise, die zeigen, daß mehrere dieser Ressourcen gleichzeitig die Ammonium- und Nitrataufnahme der Fichten limitieren können bzw. daß die Wirkungen verschiedener Ressourcen von der Verfügbarkeit der anderen Ressourcen abhängen (Wechselwirkungen der Faktoren Gesamtstickstoffangebot, Ammonium:Nitratverhältnis, Magnesium- und Lichtangebot; siehe BERGER 1995). Aus diesem Grunde werden in Abbildung 3 und 4 die Wirkungen der untersuchten Faktoren auf die Ammonium- und Nitrataufnahmeraten bei verschiedenen Magnesium- und Stickstoffangeboten dargestellt.

Auf die spezifischen **Ammoniumaufnahmeraten** (Abb. 3) hatte der Ammoniumanteil am Gesamtstickstoffangebot den größten Einfluß. Bei hohem Stickstoff- und Magnesiumangebot (0.5 bzw. 0.03 mM) nahmen die Ammoniumaufnahmeraten mit dem Ammoniumanteil am Gesamtstickstoffangebot um das 15-fache und damit fast doppelt so viel wie bei geringerem Stickstoff- und Magnesiumangebot (0.1 bzw. 0.01 mM) zu. Die Verbesserung der Lichtverfügbarkeit förderte die Ammoniumaufnahmeraten um etwa das 3-fache, und zwar unabhängig vom Stickstoff- und Magnesiumangebot. Die Gesamtstickstoff- und Magnesiumangebote förderten die Ammoniumaufnahme dagegen nur bei dem höheren Angebot des jeweils anderen Elementes.

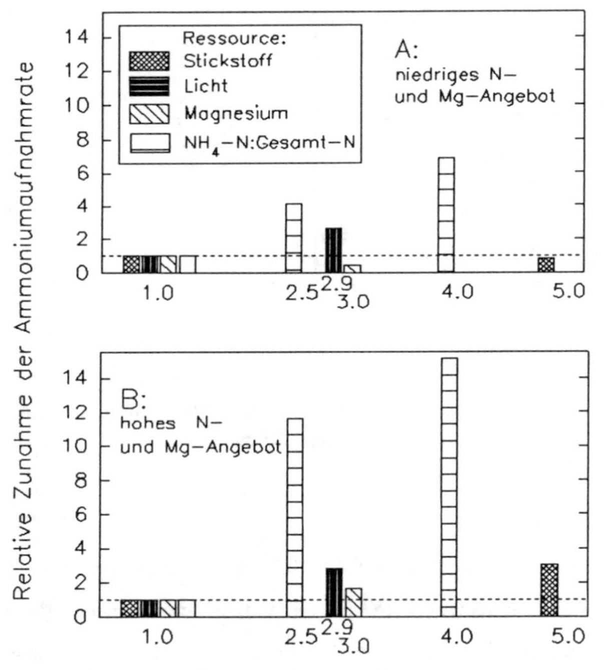

Abbildung 3: Relative Bedeutung der Faktoren Licht, Gesamtstickstoff und Magnesium und des Ammoniumanteils am Gesamtstickstoffangebot für die spezifischen Ammoniumaufnahmeraten. Das Gesamtstickstoffangebot nahm zu von 0.10 auf 0.5 mM, die Lichtintensität von 35 auf 100%, das Magnesiumangebot von 0.01 auf 0.03 mM, und der Ammoniumanteil am Gesamtstickstoffangebot von 20% auf 50% und 80%. Die anderen Ressourcen waren wie folgt verfügbar: (**A**) Licht: 100%, Magnesium: 0.01 mM, Gesamtstickstoff: 0.10 mM; Ammonium:Nitrat: 80:20; (**B**) Licht: 100%, Magnesium: 0.03 mM, Gesamtstickstoff: 0.5 mM, Ammonium:Nitrat: 80:20.

Die spezifischen **Nitrataufnahmeraten** (Abb. 4) nahmen mit dem Nitratanteil am Gesamtstickstoffangebot am stärksten zu, wobei ein geringes Stickstoff- und Magnesiumangebot nicht limitierten. Die Lichtverfügbarkeit war der zweitwichtigste Faktor für die Nitrataufnahmeraten. Bei höherem Angebot von Stickstoff und Magnesium (Abb. 4, B) förderte der Faktor Licht die Nitrataufnahme ebensoviel wie die Ammoniumaufnahme. Lichtmangel beeinträchtigt demnach die Ammonium- und Nitrataufnahme gleichermaßen. Die Zunahme des Angebotes von Gesamtstickstoff förderte die Nitrataufnahme nur bei der höheren Magnesiumverfügbarkeit. Umgekehrt förderte Magnesium die Nitrataufnahme nur bei der höheren Stickstoffverfügbarkeit.

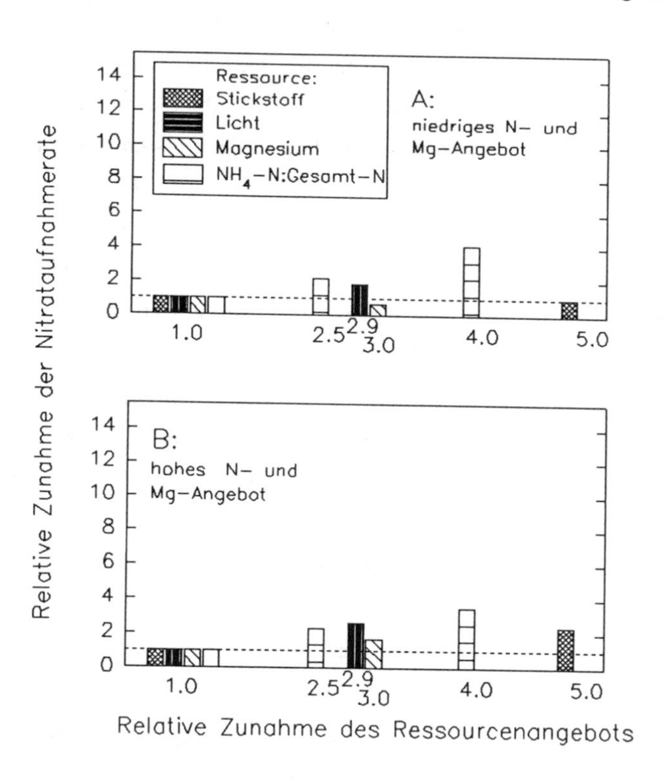

Abbildung 4: Relative Bedeutung der Faktoren Licht, Gesamtstickstoff und Magnesium und des Ammoniumanteils am Gesamtstickstoffangebot für die spezifischen Nitrataufnahmeraten. Das Gesamtstickstoffangebot nahm zu von 0.10 auf 0.5 mM, die Lichtintensität von 35 auf 100%, das Magnesiumangebot von 0.01 auf 0.03 mM, und der Nitratanteil am Gesamtstickstoffangebot von 20% auf 50% und 80%. Es variierte der jeweils angegebene Faktor, die anderen Ressourcen waren wie folgt verfügbar: **(A)** Licht: 100%, Magnesium: 0.01 mM, Gesamtstickstoff: 0.10 mM; Ammonium:Nitrat: 20:80; **(B)** Licht: 100%, Magnesium: 0.03 mM, Gesamtstickstoff: 0.5 mM, Ammonium:Nitrat: 20:80.

4. Änderungen des *pH*-Wertes im Wurzelraum

Die Nitratreduktion und Ammoniumassimilation erfolgen bei der Fichte überwiegend in der Wurzel. Demnach führt gemäß der Theorie die Aufnahme und Assimilation von Ammonium zu einer Nettoabgabe von Protonen in etwa äquimolaren Mengen (RAVEN 1985, MARSCHNER 1996). Nitrataufnahme, -reduktion und anschließende Ammoniumassimilation führen dagegen zu annähernd äquimolarem Verbrauch von Protonen oder einer entsprechenden Abgabe von Hydroxylionen. Bei nicht mykorrhizierter *Picea abies* in Hydrokultur stimmte die Nettoabgabe von Protonen genau mit den aufgenommenen Ammoniummengen überein, der Verbrauch von Protonen war dagegen doppelt so hoch wie die aufgenommenen Nitratmengen (MARSCHNER *et al.* 1991). Demnach könnte etwa doppelt so viel Ammonium wie Nitrat aufgenommen werden, ohne daß sich der *pH*-Wert des Wurzelraumes ändert oder die Puffersysteme des Bodens belastet würden. Wurde mykorrhizierten *Picea sitchensis* (Bong.) Carr. nur Ammonium oder nur Nitrat angeboten, lag der Protonenverbrauch um vielfache Werte über der Nitrataufnahme, während sich Ammoniumaufnahme und Protonenabgabe etwa entsprachen (RYGIEWICZ *et al.* 1988a, b). Ein ähnliches Bild ergibt sich aus den Sandkulturversuchen mit mykorrhizierten Wurzeln und bei gleichzeitigem Angebot von Ammonium und Nitrat. Unter diesen Bedingungen nahm der *pH* des Wurzelraum kaum ab (Abb. 5).

Nur bei dem Gesamtstickstoffangebot von 0.5 mM und dem Ammonium:Nitrat-Verhältnis von 80:20 sank der *pH* innerhalb von 7h nach der letzten Applikation von Nährlösung um 0.5 Einheiten, stieg aber später wieder auf den Wert der Nährlösung (4.0) an. Bei dem Stickstoffangebot von 1.5 mM stieg der *pH* sogar an, obwohl die Ammoniumaufnahmeraten und das Verhältnis Ammonium:Nitrataufnahmeraten hier deutlich höher waren (vgl. mit Abb. 1). Es muß berücksichtigt werden, daß der Untersuchungszeitraum mit 58h kurz war; die Ergebnisse deuten jedoch darauf hin, daß bei der Aufnahme von Ammonium der Wurzelraum nicht stark angesäuert wird, wenn gleichzeitig Nitrat aufgenommen wird, die Wurzeln mykorrhiziert sind (BOXMANN und ROELOFS 1988) und in festem Substrat wachsen. Dagegen kann der *pH*-Wert ansteigen, selbst bei relativ hohem Ammonium:Nitratverhältnis der Aufnahmeraten.

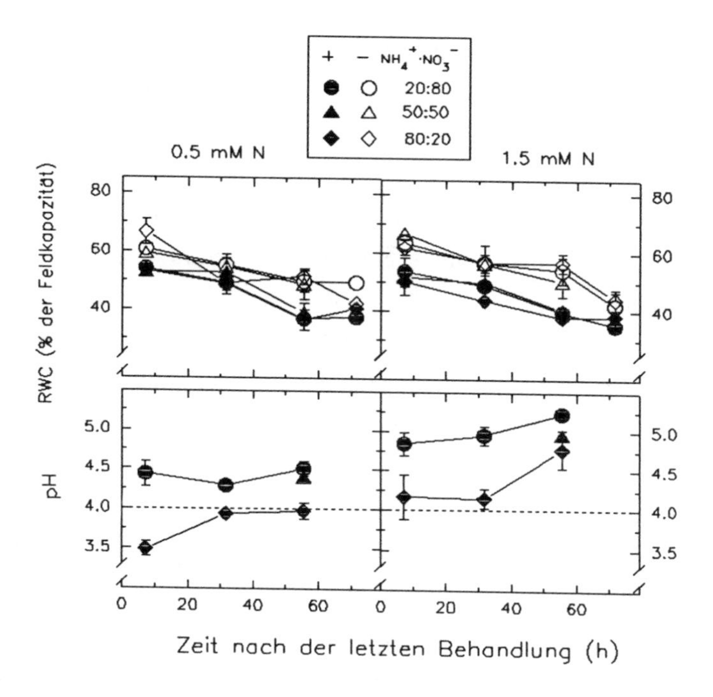

Abbildung 5: Änderung des relativen gravimetrischen Wassergehaltes (RWC, in Prozent des Wassergehaltes bei Feldkapazität) und des *pH*-Wertes wurzelnaher Sandlösungen. Geschlossene Symbole (+) repräsentieren Mittelwerte ($n = 5$) von Kulturen mit intakten Pflanzen, bei den anderen Kulturen (offene Symbole, -, $n = 3$) waren die Sprosse entfernt worden. Die gestrichelte Linie repräsentiert den *pH*-Wert der Nährlösung. Das Magnesiumangebot betrug 0.03 mM.

5. Zusammenfassung und Ausblick

Im Bereich ökologisch relevanter Ammonium- und Nitratangebote können Fichten beide Stickstofformen nutzen. Die Hemmung der Nitrataufnahme durch Ammonium war unter diesen Bedingungen - anders als es von Ergebnissen aus Hydrokulturversuchen zu erwarten war - relativ gering und auch bei hohen Ammoniumangeboten nie vollständig. Fichten sind also vermutlich eine bedeutende Senke für Nitrat in Wäldern. Bei sehr hohen Ammonium- bzw. Nitratangeboten haben Fichten jedoch eine deutlich höhere Aufnahmekapazität für Ammonium als für Nitrat, was auf den hier stärkeren negativen Einfluß von Ammonium und eine frühere Substratsättigung der Nitrataufnahme zurückzuführen ist. Die Gesamtstickstoffaufnahme nahm bis zu Stickstoffangeboten von 1.5 mM zu. Solange andere Ressourcen ausreichend verfügbar sind, ist demnach nicht mit einer Sättigung der Stickstoffaufnahme der Fichten durch Stickstoffdepositionen in Waldböden zu rechnen. Eine Limitierung der Stickstoffaufnahme ist dagegen bei Lichtmangel bzw. generell unter Bedingungen, die das Wachstum der Bäume stark einschränken (z.B. Wassermangel), zu erwarten.

In Reaktion auf die Aufnahme von Ammonium war in den Sandkulturen nur ein geringes und vorübergehendes Absinken des *pH* zu beobachten. Meist blieb der *pH*-Wert des Wurzelraumes konstant oder stieg sogar an, auch bei hohen Ammoniumaufnahmeraten. Die Nitrataufnahme mykorrhizierter Wurzeln scheint demnach weitaus stärker alkalisierend zu wirken, als es auf Grund theoretischer Berechnungen anzunehmen war. Die Ergebnisse deuten darauf hin, daß selbst hohe Ammoniumaufnahme der Fichten zur Bodenversauerung in Fichtenwäldern wenig beiträgt, solange auch Nitrat aufgenommen wird. Diese Hypothese wird in weiteren Versuchen überprüft.

6. Literaturverzeichnis

BERGER, A.: Wirkungen von Angebot und Bedarf auf den Stickstoff- und Magnesiumhaushalt von Fichtenkeimlingen (*Picea abies* (L.) Karst.). Bayreuther Forum Ökologie **23**, 270 Seiten. ISSN 0944-4122 (1995).

BOXMANN, A.W., ROELOFS. J.G.M.: Some effects of nitrate versus ammonium nutrition on the nutrient fluxes in *Pinus sylvestris* seedlings. Effects of mycorrhizal infection. Can. J. Bot. **66**, 1091-1097(1988).

KRONZUCKER, H.J., SIDDIQI, M.Y., GLASS, A.D.M.: Kinetics of NO_3^- influx in spruce. Plant Physiol **109**, 319-326 (1995).

KRONZUCKER, H.J., SIDDIQI, M.Y., GLASS, A.D.M.: Kinetics of NH_4^+ influx in spruce. Plant Physiol **110**, 773-779 (1996).

MARSCHNER , H.: Mineral nutrition of higher plants. Academic Press, London (1996).

MARSCHNER, H., Häussling, M., George, E.: Ammonium and nitrate uptake rates and rhizosphere pH in non-mycorrhizal roots of Norway spruce (*Picea abies* (L.) Karst.). Trees **5**, 14-21(1991).

RAVEN, J.A.: Regulation of pH and generation of osmolarity in vascular land plants: costs and benefits in relation to efficiency of use of water, energy and nitrogen. New Phytol. **101**, 25-77 (1985).

RYGIEWICZ , P.T., BLEDSOE, C.S., ZASOSKI, R.J.: Effects of ectomycorrhizae and solution pH on [^{15}N]ammonium uptake by coniferous seedlings. Can. J. For. Res. **14**, 885-892 (1988a).

RYGIEWICZ, P.T., BLEDSOE, C.S., ZASOSKI, R.J.: Effects of ectomycorrhizae and solution pH on [^{15}N]nitrate uptake by coniferous seedlings. Can. J. For. Res. **14**, 893-899 (1988b).

Danksagung:

Die Arbeiten wurden am Lehrstuhl für Pflanzenökologie der Universität Bayreuth durchgeführt und durch das Bayreuther Institut für Terrestrische Ökosystemforschung finanziert (Projekt 16-007/90).

Rhizosphärenprozesse, Umweltstreß und Ökosystemstabilität.
7. Borkheider Seminar zur Ökophysiologie des Wurzelraumes.
(Ed. W. Merbach) B. G. Teubner Verlagsgesellschaft Stuttgart, Leipzig 1997, pp. 185

MIKROSKALIGE ERFASSUNG DER DURCH FICHTENWURZELN HERVORGERUFENEN ÄNDERUNGEN DER BODENLÖSUNGSCHEMIE

DIEFFENBACH, A., GÖTTLEIN, A., MATZNER, E.

Lehrstuhl f. Bodenökologie
Universität Bayreuth, BITÖK
D - 95440 Bayreuth
(☎ 0921-55-5761; e-mail: antje.dieffenbach@bitoek.uni-bayreuth.de)

Abstract

A new approach for non destructive monitoring of soil solution chemistry in high spatial and temporal resolution for rhizosphere studies is presented. In a 5x10mm grid, 30 micro suction cups (ø1mm) were installed in a rhizotron with Norway spruce (Picea abies [L.] Karst.) growing in low pH B-horizon soil. Roots grew through the grid, closely passing the suction cups. Soil solution composition before, during and after root passage was determined. For K^+ and Mg^{2+} a significant decrease of soil solution concentration near root tips and elongation zones was observed, indicating a marked uptake of these elements. Mg^{2+} concentration was also significantly lowered when the root system aged, suggesting that this ion might also be taken up in older parts of the root system. No influence of growing roots was found on Na^+-concentrations.

Die Originalfassung der Arbeit wurde bei '*Plant and Soil*' eingereicht.

Rhizosphärenprozesse, Umweltstreß und Ökosystemstabilität.
7. Borkheider Seminar zur Ökophysiologie des Wurzelraumes.
(Ed. W. Merbach) B. G. Teubner Verlagsgesellschaft Stuttgart, Leipzig 1997, pp. 186-193

UNTERSUCHUNGEN ZUR VERFÜGBARKEIT SPEZIFISCH GEBUNDENEN AMMONIUMS FÜR REISPFLANZEN IN ÜBERSTAUTEN BÖDEN UNTER BERÜCKSICHTIGUNG VON REDOXPOTENTIAL-EINFLÜSSEN IM WURZELRAUM

SCHNEIDERS, M., SCHERER, H.W.
Agrikulturchemisches Institut der Rheinischen Friedrich-Wilhelms-Universität Bonn
Meckenheimer Allee 176
D - 53115 Bonn

Abstract

In pot experiments with two chinese rice soils we studied the availability of nonexchangeable ammonium for rice plants after flooding and the influence of redox potential (E_h) on fixation and release of NH_4^+ in the vicinity of the roots.

The results show that the amount of ammonium fixed after submergence was completely released by rice plants in the rhizosphere during the experiments. Mobilization of fixed NH_4^+ decreased with growing distance from the roots.

The redox potentials of the soils were greatly raised by the influence of the rice roots. In one soil the oxidizing effect reached to more than 5 mm away from the roots.

Fixation and release of nonexchangeable NH_4^+ appeared to be influenced by the height of the E_h. A close correlation between the content of fixed NH_4^+ and E_h in the soils was observed when the redox potential of fallow pots was changed by aeration.

Einleitung

Das spezifisch gebundene Ammonium der Tonminerale trägt in vielen Ackerböden in nicht unerheblicher Weise zur Stickstoffernährung der Kulturpflanzen bei. In der Literatur finden sich jedoch nur wenige Hinweise zur Pflanzenverfügbarkeit dieser N-Fraktion beim Anbau von Sumpfreis. Die Überstauung des Bodens und die Ausbildung reduzierender Bedingungen führen zur

Akkumulation von NH_4^+ in der Bodenlösung und zur erhöhten Fixierung von Ammonium (SCHNEIDERS u. SCHERER 1996), was zum Teil auf die Reduktion von oktaedrisch in den aufweitbaren Tonmineralen gebundenem Fe^{3+} zu Fe^{2+} zurückzuführen sein dürfte (STUCKI et al. 1984; CHEN et al. 1987). Da Reispflanzen Sauerstoff vom Sproß in die Wurzel zu transportieren vermögen, erfolgt unter Bewuchs dagegen eine Anhebung des Redoxpotentials (E_h) in Wurzelnähe. Neben dem N-Entzug der Pflanzen und eventuell auftretenden Nitrifikationsverlusten könnte dieser oxidative Effekt zur gesteigerten Freisetzung von NH_4^+ führen.

In Gefäßversuchen wurde deshalb überprüft, welche Mengen fixierten Ammoniums für Reispflanzen unter Überstauung verfügbar werden, wie stark das E_h von den Wurzeln angehoben wird, wie weit dieser Effekt in den Boden hineinreicht und ob eine Beziehung zwischen der Höhe des E_h und der Fixierung bzw. Mobilisierung von NH_4^+ im Boden besteht.

Material und Methoden

Zwei chinesische Reisböden (Tabelle 1) wurden in speziellen PVC-Zylindern überstaut und mit 25 Tage alten Reispflanzen der Sorte "Thai Bonnet" bepflanzt. Unmittelbar vor der Überstauung erhielten die Böden eine Volldüngung inklusive 100 mg N kg^{-1} Boden aus ^{15}N markiertem $(NH_4)_2SO_4$.

Tabelle 1: Ausgewählte Merkmale der Versuchsböden

	Ton %	Smectit g kg^{-1}	Vermic. g kg^{-1}	Chlorit g kg^{-1}	Illit g kg^{-1}	K(CAL) mg kg^{-1}	fixNH_4-N mg kg^{-1}	C_t %	N_t %
Ultisol	39	0	0	93	205	432	122	1,83	0,19
Entisol	42	99	40	0	225	278	240	2,48	0,29

In etwa 15 cm Bodentiefe wurden in den Gefäßen mit feinmaschigem Nylongewebe, das von den Wurzeln nicht durchwachsen werden konnte, 5mm hohe Kompartimente angelegt, so daß die E_h-Messung mit festinstallierten Pt-Elektroden in definierten Abständen von den Wurzeln erfolgen konnte (0, 2,5 und 7,5 mm), nachdem diese die Meßtiefe erreicht hatten. Durch seitlich angebrachte Gummisepten wurden Bodenproben zur Bestimmung des spezifisch gebundenen NH_4^+ an sechs (Ultisol) bzw. sieben Terminen (Entisol) mit feinen Kanülen aus den einzelnen Kompartimenten entnommmen (Abbildung 1). Um zwischen der NH_4^+-Mobilisierung durch den N-Entzug der Pflanzen und die Erhöhung des Redoxpotentials unterscheiden zu können, wurde außerdem in unbewachsenen Gefäßen das E_h des Bodens durch Belüftung angehoben und der Gehalt an fixiertem Ammonium mit einer unbelüfteten Kontrolle verglichen.

Der Versuch wurde für beide Böden in vierfacher Wiederholung durchgeführt. Die Messung des Redoxpotentials erfolgte in der Regel täglich, und Bodenproben wurden je nach der Entwicklung des E_h und der Pflanzen entnommen. Spezifisch gebundenes Ammonium wurde aus den frischen Bodenproben nach der Methode A von SILVA u. BREMNER (1966) in der von SCHERER u. MENGEL (1979) abgeänderten Form ermittelt. Die ^{15}N-Bestimmung erfolgte aus dem eingeengten Destillat.

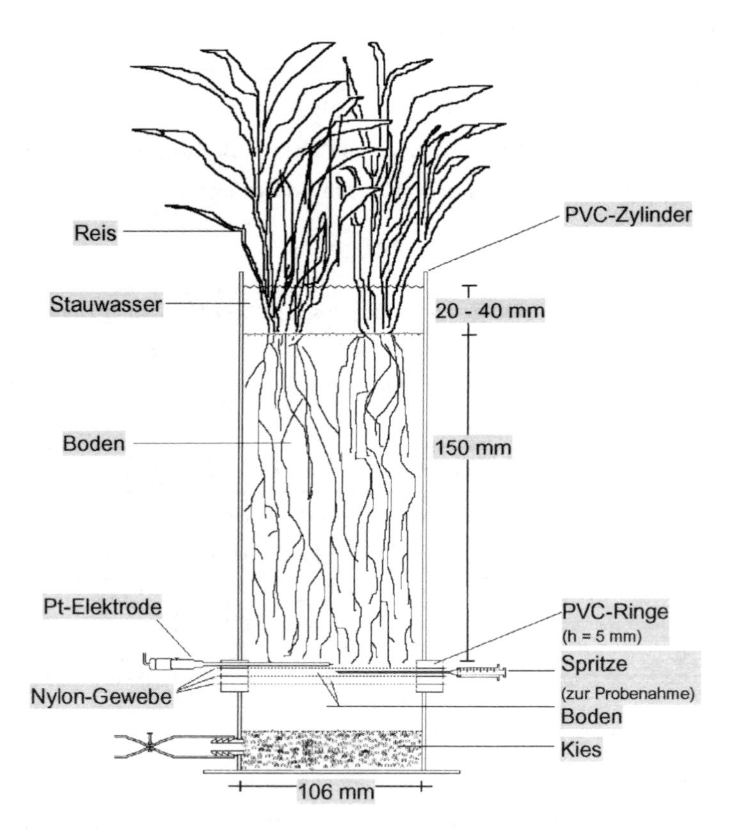

Abbildung 1: Aufbau der bepflanzten Versuchsgefäße

Ergebnisse und Diskussion

A) Redoxpotential (Abbildung 2)

Das Redoxpotential sank in beiden Böden infolge der Überstauung rasch ab und erreichte nach ca. 20 Tagen einen Tiefstand von etwa -200 bis -220 mV. Nachdem die Wurzeln der Reispflanzen die Meßtiefe erreicht hatten, war in unmittelbarer Wurzelnähe ein deutlicher Anstieg des E_h zu beobachten. Im Ultisol wurde im Mittel der vier Gefäße kurzfristig ein Höchstwert von +350 mV gemessen, wogegen der Effekt im Entisol stark verzögert und in schwacher Ausprägung auftrat. (Der Reis entwickelte sich hier langsam, da dieser Versuch im Winter bei künstlicher Beleuchtung durchgeführt wurde.) In beiden Böden war eine Anhebung des Redoxpotentials auch noch in 0 bis 5 mm Wurzelentfernung festzustellen, und im Ultisol reichte der oxidative Effekt - entgegen den Beobachtungen von FLESSA u. FISCHER (1992), die eine maximale Ausdehnung der E_h-Beeinflussung von 4 mm um die Wurzelspitzen feststellten - sogar über eine Entfernung von 5 mm hinaus. Der E_h-Verlauf in den bepflanzten Gefäßen der beiden Böden ist in Abbildung 2 dargestellt.

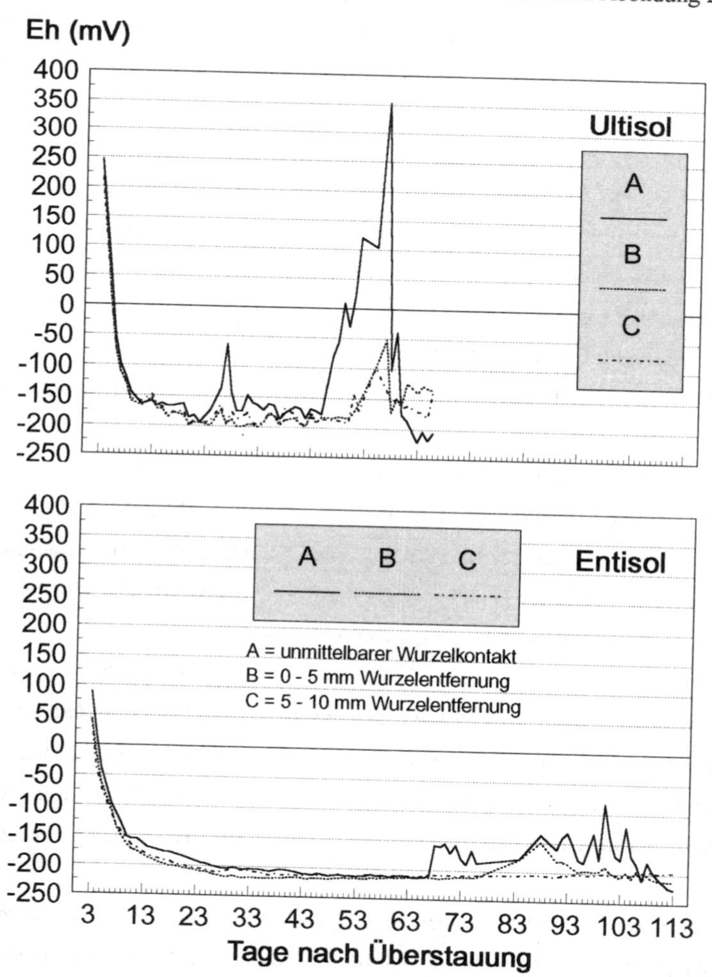

Abbildung 2: Verlauf des Redoxpotentials in den bepflanzten Gefäßen (Mittelwerte)

Die unbepflanzten Gefäße wiesen bis zum Versuchsende in den unbelüfteten Kontrollen ein E_h von etwa -200 mV auf, wogegen das Redoxpotential in den belüfteten Gefäßen im Mittel auf bis zu -20 mV angehoben werden konnte. Die erste Belüftung erfolgte für den Ultisol am 27. Tag und im Entisol am 68. Tag nach der Überstauung.

B) Spezifisch gebundenes Ammonium (Abbildung 3)

Während der ersten beiden Versuchswochen fand in beiden Böden eine Fixierung von NH_4^+ statt. Im **Entisol** waren am 15. Tag nach der Überstauung ca. 100 mg N kg^{-1} Boden frisch fixiert worden, wobei jedoch nur 13 bis 20 mg aus der mineralischen ^{15}N-Düngung stammten. Mineralisierter Boden-Stickstoff wurde offensichtlich bevorzugt spezifisch gebunden, was auf eine bedeutende Rolle der Mikroorganismen für den Mechanismus der NH_4^+-Fixierung hindeutet. Bis zum Ende des Versuchszeitraums wurde in den bepflanzten Gefäßen die gesamte frisch fixierte NH_4^+-Menge im Boden-Wurzel-Kontaktraum (Kompartiment A) wieder mobilisiert. Mit zunehmender Wurzelentfernung ging die Freisetzung zurück, und in den Kompartimenten B und C wurde während der Reifephase des Reises gegen Versuchsende Ammonium refixiert.

In den unbewachsenen Gefäßen führte die Belüftung ab dem 68. Versuchstag ebenfalls zu einer signifikanten Freisetzung fixierten Ammoniums (ca. 65 mg N kg^{-1} Boden am 93. Tag). Dagegen blieb das NH_4^+ in der unbelüfteten Kontrolle bei niedrigem Redoxpotential in spezifischer Bindung vor Verlusten geschützt.

Im **Ultisol** zeigte sich prinzipiell ein ähnliches Bild, jedoch waren die Gehalte an fixiertem Ammonium insgesamt geringer, und die Belüftung der unbepflanzten Gefäße ab dem 27. Tag bewirkte erst verzögert am 46. Tag nach der Überstauung eine signifikante NH_4^+-Mobilisierung gegenüber der Kontrolle. In den bepflanzten Gefäßen zeigte der Reis zu Versuchsende noch keine Anzeichen von Seneszenz, so daß hier keine Refixierung von Ammonium eintrat.

C) Zusammenhang zwischen spezifisch gebundenem NH_4^+ und E_h (Abbildung 4)

Das Redoxpotential scheint einen entscheidenden Einfluß auf die Fixierung und Mobilisierung von Ammonium in überstauten Reisböden zu haben. So zeigte sich unter Brache in beiden Versuchsböden eine enge lineare Beziehung zwischen E_h und fixierter NH_4^+-Menge (r^2[Ultisol] = 0,81, r^2[Entisol] = 0,92).

Auch unter Bewuchs war zu erkennen, daß die NH_4^+-Freisetzung im Wurzelraum durch die Anhebung des Redoxpotentials gefördert wird. Daß (im Entisol) auch Ammonium unabhängig von der Höhe des E_h freigesetzt wurde, liegt zum einen an der Absenkung der NH_4^+-Konzentration in der Bodenlösung durch die N-Aufnahme der Pflanzen und zum anderen an Mängeln der E_h-Messung.

Die punktuelle Erfassung des Redoxpotentials gibt nämlich nicht unbedingt die tatsächlichen Redoxbedingungen im Bodenvolumen der einzelnen Kompartimente wieder. Sie ist zudem von der räumlichen Verteilung der Wurzelspitzen abhängig, von denen der oxidative Einfluß ausgeht.

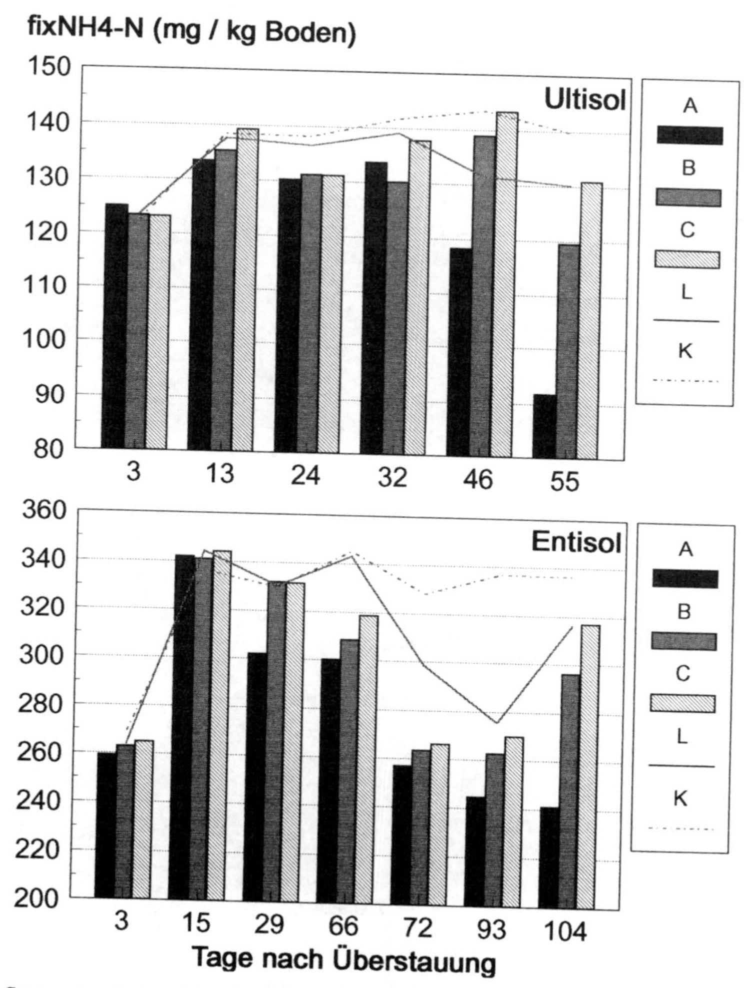

Bepflanzt: A = direkter Wurzelkontakt
B = 0 bis 5 mm Wurzelentfernung
C = 5 bis 10 mm Wurzelentfernung

Brache: L = belüftet
K = Kontrolle

Abbildung 3: Gehalte an spezifisch gebundenem Ammonium (fixNH4-N)

Der nur recht lockere Zusammenhang zwischen NH_4^+-Mobilisierung und E_h im Entisol liegt außerdem in der sehr unterschiedlichen zeitlichen Entwicklung der Reiswurzeln in den vier

Einzelgefäßen begründet (Abbildung 5), so daß sehr niedrige E_h-Mittelwerte auftraten. Der einheitliche Elektrodenkontakt der Wurzeln im Ultisol ließ dagegen eine enge Beziehung erkennen.

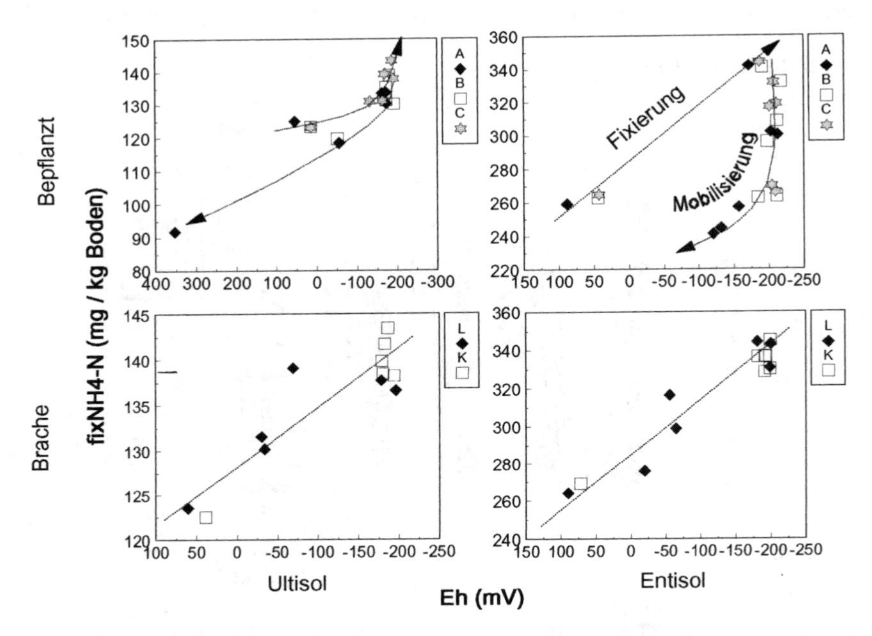

Abbildung 4: Zusammenhang zwischen E_h und spezifisch gebundenem NH_4^+ (Legende siehe Abbildung 3)

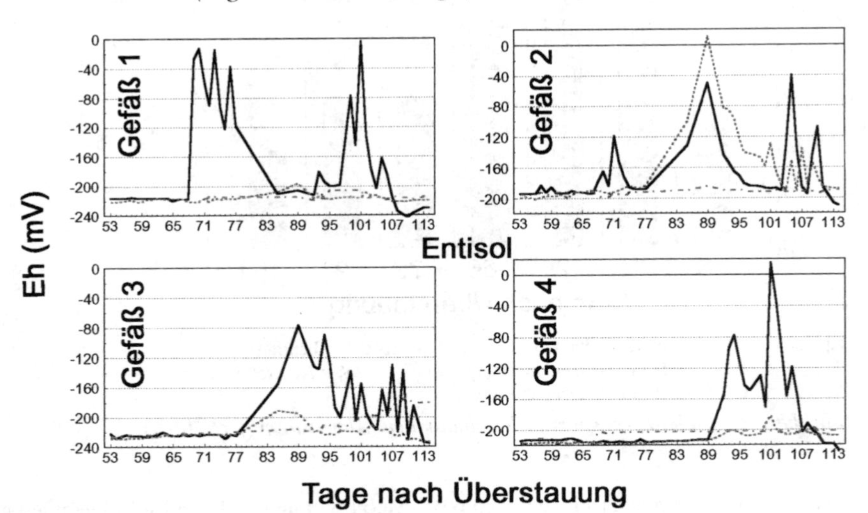

Abbildung 5: E_h-Verlauf in den bepflanzten Einzelgefäßen des Entisol (Legende siehe Abbildung 2)

Wie aus Abbildung 5 zu erkennen ist, waren die Wurzeln im Entisol in der Lage, das Eh stärker anzuheben als dies die Mittelwerte der Abbildung 2 erkennen lassen. Es darf somit angenommen werden, daß auch in diesem Boden ein enger Zusammenhang zwischen NH_4^+-Mobilisation und E_h im Boden-Wurzel-Kontaktraum erkannt worden wäre, wenn die Erhöhung des E_h durch die Wurzeln in den einzelnen Gefäßen zeitlich zusammengefallen wäre wie im Ultisol.

Schlußfolgerung

Die Ergebnisse von Gefäßversuchen mit zwei chinesischen Reisböden zeigen, daß das spezifisch gebundene Ammonium der Tonminerale in hohem Maße für Sumpfreis verfügbar ist. Es kann daher einen erheblichen Beitrag zur Sticktoffernährung der Pflanzen in überstauten Böden leisten. Die Erhöhung des Redoxpotentials des Bodens durch den Einfluß der Wurzeln scheint sich positiv auf die Freisetzung des fixierten NH_4^+ in der Rhizosphäre auszuwirken. Das E_h im Wurzelraum beeinflußt offensichtlich sowohl mineralogische (NH_4^+-Fixierungskapazität) als auch biologisch-chemische Prozesse (Mineralisation/Immobilisation und Nitrifikation) und dürfte daher am Mechanismus der Fixierung und Mobilisierung von Ammonium maßgeblich beteiligt sein.

Literaturverzeichnis

CHEN, S.Z.; LOW, P.F.; ROTH, C.B.: Relation between potassium fixation and the oxidation state of octahedral iron. Soil Sci. Soc. Am. J. **51**, 82 - 86 (1987).

FLESSA, H.; FISCHER, W.R.: Plant-induced changes in the redox potentials of rice rhizospheres. Plant and Soil **143**, 55 - 60 (1992).

SCHNEIDERS, M.; SCHERER, H.W.: The significance of ammonium fixation by clay minerals in ten submerged soils from Germany and China. In: Transactions of the 9th Nitrogen Workshop, Braunschweig, 63 - 66 (1996).

SCHERER, H.W.; MENGEL, K.: Der Gehalt an fixiertem Ammoniumstickstoff auf einigen repräsentativen hessischen Standorten. Landwirtsch. Forsch. **32**, 416 - 424 (1979).

SILVA, A.; BREMNER, J.M.: Determination and isotope-ratio analysis of different forms of nitrogen in soils. 5 Fixed ammonium. Soil Sci. Soc. Am. Proc. **30**, 587 - 593 (1966).

STUCKI, J.W.; GOLDEN, D.C.; ROTH, C.B.: Effects of reduction and reoxidation of structural iron on the surface charge and dissolution of dioctahedral smectites.
Clays Clay Miner. **32**, 350 - 356 (1984).

Horst Marschner zum Gedenken

Am 21. September 1996 starb im 67. Lebensjahr Horst Marschner an den Folgen einer Malaria. Am 30. Oktober 1929 in Zuckermantel (Kreis Teplitz) im heutigen Tschechien geboren, besuchte er nach einer Landwirtschaftslehre in seinem Geburtsort und in Graitschen (Thüringen) die Landwirtschaftliche Fachschule, ehe er 1951 an der Universität Jena das Studium der Landwirtschaftswissenschaften aufnahm. 1957 promovierte er bei G. MICHAEL zum Dr. agr. Danach war er zunächst am Institut für Genetik und Kulturpflanzenforschung der Deutschen Akademie der Wissenschaften in Gatersleben tätig und folgte schließlich seinem Lehrer an die damalige Landwirtschaftliche Hochschule in Hohenheim. Hier habilitierte sich H. Marschner 1961 für das Fachgebiet Pflanzenernährung und Bodenbiologie. Nach einem Forschungsaufenthalt in Berkeley (Kalifornien) übernahm er 1966 den Lehrstuhl für Pflanzenernährung, Pflanzenchemie und Bodenbiologie an der Fakultät für Landbau der TU Berlin. 1977 wechselte er auf den Lehrstuhl für Pflanzenernährung der Universität Hohenheim, den er bis zu seinem Tode innehatte. Hier wirkte er u.a. auch als langjähriger geschäftsführender Direktor des Instituts für Pflanzenernährung, als Dekan seiner Fakultät sowie als Sprecher einer Forschergruppe der Deutschen Forschungsgemeinschaft.

H. Marschner war als Wissenschaftler weit über die Grenzen Deutschlands hinaus bekannt. Insbesondere mit seinen Arbeiten zum Mineralstoffwechsel der Pflanzen, zur Rhizosphäre und zur Adaption von Pflanzen an ungünstige Standortbedingungen trug er maßgeblich zur Entwicklung der Pflanzenernährungslehre bei. Sein Buch „Mineral Nutrition of Higher Plants“ gilt als Standardwerk von internationaler Bedeutung. Sein Engagement für die Agrarforschung der Tropen und Subtropen schlug sich in zahlreichen Projekten in Südamerika, Afrika, im Nahen und Fernen Osten nieder. Viele seiner Schüler prägen heute selbst das Bild der Pflanzenernährung im In- und Ausland. Als Fachgutachter und Fachausschußvorsitzender der Deutschen Forschungsgemeinschaft genoß er großes Ansehen.

Die wissenschaftlichen Leistungen von H. Marschner wurden vielfach gewürdigt. Davon zeugen mehrere Ehrendoktorate, eine Ehrenprofessur und die Mitgliedschaft in der Deutschen Akademie der Naturforscher Leopoldina.

Mit dem Tod von H. Marschner verliert die deutsche Pflanzenernährung und insbesondere die Rhizosphärenforschung einen ihrer profiliertesten Vertreter. Er reißt eine Lücke, die nur schwer geschlossen werden kann. Ein ehrendes Andenken an H. Marschner heißt darum auch, die wissenschaftliche Arbeit in seinem Sinne fortzuführen. Möge unser diesjähriges Seminar dazu einen kleinen Beitrag leisten!

Wolfgang Merbach

Verzeichnis der Teilnehmer

R. Abdi, Bundesumweltamt, Institut für Wasser-, Boden- und Lufthygiene, Corrensplatz 1 - 14191 Berlin

Dr. J. Augustin, Zentrum für Agrarlandschafts- und Landnutzungsforschung (ZALF) e.V., Institut für Rhizosphärenforschung und Pflanzenernährung, Eberswalder Str. 84 - 15374 Müncheberg

Dr. A. Berger, Albert-Ludwigs-Universität Freiburg, Institut für Forstbotanik und Baumphysiologie, Am Flughafen 17 - 79085 Freiburg i. Br.

Ž. Buljovčić, Universität Hohenheim, Institut für Pflanzenernährung, Fruwirthstr. 20 - 70599 Stuttgart

A. Dieffenbach, Universität Bayreuth (BITÖK), Lehrstuhl für Bodenökologie, Dr.-Hans-Frisch-Str. 1-3 +- 95448 Bayreuth

Dr. S. Domey, Friedrich-Schiller-Universität Jena, Biologisch-Pharmazeutische Fakultät, Institut für Ernährung und Umwelt, Naumburger Str. 98 - 07743 Jena-Zwätzen

Dr. H.-P. Ende, Zentrum für Agrarlandschafts- u. Landnutzungsforschung (ZALF) e.V., Institut für Rhizosphärenforschung und Pflanzenernährung, Eberswalder Str. 84 - 15374 Müncheberg

Dr. Ch. Engels, Universität Hohenheim, Institut für Pflanzenernährung, Fruwirthstr. 20 - 70599 Stuttgart

Dr. Th. Günther, Friedrich-Schiller-Universität Jena, Institut für Mikrobiologie, Lehrstuhl Technische Mikrobiologie, Philosophenweg 12 - 07743 Jena

Prof. Dr. A. Gzik, Universität Potsdam, Institut für Ökologie und Naturschutz, Maulbeerallee 2a - 14469 Potsdam

Prof. Dr. Ch. Hecht-Buchholz, Humboldt-Universität zu Berlin, FB Agrar- und Gartenbauwissenschaften, Institut für Grundlagen der Pflanzenbauwissenschaften, Fachgebiet Pflanzenernährung/Dahlem, Lentzeallee 55-57 - 14195 Berlin

K. Heinrich, Umweltforschungszentrum Leipzig-Halle GmbH, Sektion Bodenforschung, Hallesche Straße 44 - 06246 Bad Lauchstädt

Prof. Dr. W. Hirte, Brodberg 30 - 14532 Kleinmachnow

M. Jahn, Humboldt-Universität zu Berlin, Landwirtschaftlich-Gärtnerische Fakultät, Institut für Gärtnerischen Pflanzenbau, Wendenschloßstr. 254 - 12557 Berlin

Dr. E.-M. Klimanek, Umweltforschungszentrum Leipzig-Halle GmbH, Sektion Bodenforschung, Hallesche Straße 44 - 06246 Bad Lauchstädt

Prof. Dr. M. Körschens, Umweltforschungszentrum Leipzig-Halle GmbH,
Sektion Bodenforschung, Hallesche Straße 44 - 06246 Bad Lauchstädt

Dr. J. Lehfeldt, Zentrum für Agrarlandschafts- und Landnutzungsforschung (ZALF) e.V.,
Institut für Landnutzungssysteme und Landschaftsökologie,
Eberswalder Str. 84 - 15374 Müncheberg

J. Lehmann, Umweltforschungszentrum Leipzig-Halle GmbH, Sektion Bodenforschung,
Hallesche Straße 44 - 06246 Bad Lauchstädt

Prof. Dr. W. Merbach, Zentrum für Agrarlandschafts- und Landnutzungsforschung (ZALF)
e.V., Institut für Rhizosphärenforschung und Pflanzenernährung,
Eberswalder Str. 84 - 15374 Müncheberg

Dr. I. Merbach, Umweltforschungszentrum Leipzig-Halle GmbH, Sektion Bodenforschung,
Hallesche Straße 44 - 06246 Bad Lauchstädt

H. Moormann, Umweltforschungszentrum Leipzig-Halle GmbH, PF 2 - 04301 Leipzig

Dr. B. Münzenberger, Zentrum für Agrarlandschafts- und Landnutzungsforschung (ZALF)
e.V., Institut für Mikrobielle Ökologie,
Dr.-Zinn-Weg 18, - 16225 Eberswalde

Dr. G. Neumann, Universität Hohenheim, Institut für Pflanzenernährung,
Fruwirthstr. 20 - 70599 Stuttgart

E. Peiter, Universität Hohenheim, Institut für Pflanzenernährung,
Fruwirthstr. 20 - 70599 Stuttgart

B. Perner, Friedrich-Schiller-Universität Jena, Institut für Mikrobiologie,
Lehrstuhl Technische Mikrobiologie, Philosophenweg 12 - 07743 Jena

Pourtakdost, Bundesumweltamt, Institut für Wasser-, Boden- und Lufhygiene,
Corrensplatz 1 - 14191 Berlin

E. Rroco, Justus-Liebig-Universität Gießen, Institut für Pflanzenernährung,
Südanlage 6 - 35390 Gießen

Dr. R. Russow, Umweltforschungszentrum Leipzig-Halle GmbH (UFZ),
Permoserstr. 15 - 04318 Leipzig

H. Schmid, Technische Universität München, Lehrstuhl für Pflanzenernährung,
- 85350 Freising

Dr. R. J. Schneider, Rheinische Friedrich-Wilh.-Universität Bonn , Agrikulturchemisches
Institut, Meckenheimer Allee 176 - 53115 Bonn

Dr. M. Schneiders, Rheinische Friedrich-Wilh.-Universität Bonn, Agrikulturchemisches
Institut, Meckenheimer Allee 176 - 53115 Bonn

Dr. E. Schulz, Umweltforschungszentrum Leipzig-Halle GmbH, Sektion Bodenforschung, Hallesche Str. 44 - 06246 Bad Lauchstädt

Dr. D. Schwarz, Institut für Gemüse- und Zierpflanzenbau, Großbeeren/Erfurt e. V., Theodor-Echtermeyer-Weg 1 - 14979 Großbeeren

A. Steiner, Brandenburgische Technische Universität Cottbus, Lehrstuhl Bodenschutz und Rekultivierung, Seminarstraße 37 - 03344 Cottbus

Dr. F. Suckow, Potsdam Institut für Klimafolgenforschung e.V., Telegrafenberg, Postfach 60 12 03 - 14412 Potsdam

Dr. S. von Tucher, Technischen Universität München, Lehrstuhl für Pflanzenernährung, - 85350 Freising

L. Wascher, Zentrum für Agrarlandschafts- und Landnutzungsforschung (ZALF) e.V., Institut für Rhizosphärenforschung und Pflanzenernährung, Eberswalder Str. 84 - 15374 Müncheberg

J. Wiesenmüller, Universität Göttingen, Institut Tropische Pflanzenproduktion, Grisebachstr. 6 - 37077 Göttingen

J. Wöllecke, August-Heese-Str. 12a - 16259 Bad Freienwalde

Dr. F. Yan, Universität Hohenheim, Institut für Pflanzenernährung, Fruwirthstr. 20 - 70599 Stuttgart

Autorenregister

Sachregister

Hofmann/Rauh/
Heißenhuber/Berg

Umweltleistungen der Landwirtschaft

Konzepte zur Honorierung

Das positive Erscheinungsbild der Kulturlandschaft und die Qualität anderer Umweltressourcen stellen zu einem wesentlichen Teil ein »kostenloses« Koppelprodukt landwirtschaftlicher Tätigkeit dar. Die gegebenen Rahmenbedingungen führen jedoch dazu, daß bisher kostenlos angefallene Koppelprodukte nicht mehr in dem gesellschaftlich gewünschten Umfang bzw. in der gewünschten Qualität zur Verfügung gestellt werden. Im vorliegenden Buch wird der Frage nachgegangen, inwieweit die Bereitstellung dieser Nebenprodukte eine Umweltleistung darstellt und unter welchen Umständen bzw. auf welche Weise Landwirte dafür honoriert werden sollten.

Von Dr.
Herbert Hofmann
Rudolf Rauh
Prof. Dr.
Alois Heißenhuber
Technische Universität
München
und Prof. Dr.
Ernst Berg
Universität Bonn

1996. 116 Seiten.
16,2 x 22,9 cm.
Kart. DM 32,–
ÖS 234,– / SFr 29,–
ISBN 3-8154-3523-4

(Teubner-Reihe UMWELT)

B. G. Teubner Stuttgart · Leipzig

Merbach (Hrsg.)

Pflanzliche Stoffaufnahme und mikrobielle Wechselwirkungen in der Rhizosphäre

6. Borkheider Seminar zur Ökophysiologie des Wurzelraumes Wissenschaftliche Arbeitstagung in Schmerwitz/Brandenburg vom 25. bis 27. September 1995

Der Pflanzenbewuchs und das zugehörige Wurzelsystem nehmen eine Schlüsselstellung in terrestrischen Ökosystemen ein. Die im Wurzel-Boden-Kontaktraum ablaufenden komplizierten Wechselwirkungen haben große Bedeutung für die Pflanzen- und Bodenentwicklung, für Stoff- und Energieflüsse und die Belastungstoleranz von Ökosystemen. Kenntnisse über diese Prozesse sind daher eine Voraussetzung für die Prophylaxe, Indikation bzw. Behebung von Umweltschäden und für ökologisch orientierte Regulationsinstrumentarien. Derzeit werden aber trotz vieler Einzelergebnisse Wirkungsgefüge und Steuerungsmechanismen dieses Systems nur wenig verstanden.
Eine Änderung dieses Zustandes ist nur durch langfristige, interdisziplinäre Forschung zu erreichen, welche die Aufklärung der mikrobiologischen, ökologischen, physiologischen, (bio)chemischen und genetischen Interaktionen im System Pflanze-Boden mit mikroökosystemarer Betrachtungsweise und anwendungsorientierten Untersuchungen verknüpft. Ein solches Vorgehen kann zum besseren Verständnis der in und zwischen Ökosystemen ablaufenden Vorgänge und damit zu einer nachhaltigen, umweltgerechten Nutzung und Gestaltung unserer Kulturlandschaft beitragen.

Herausgegeben von
Prof. Dr.
Wolfgang Merbach
Institut für Rhizosphärenforschung und Pflanzenernährung im ZALF Müncheberg

1996. 202 Seiten mit 55 Bildern.
16,2 x 22,9 cm.
Kart. DM 52,–
ÖS 380,– / SFr 47,–
ISBN 3-8154-3528-5

Die seit 1990 jährlich stattfindenden Borkheider Seminare zur Ökophysiologie des Wurzelraumes führen in diesem Sinne grundlagen- und anwendungsorientierte Wissenschaftler zur ausführlichen Diskussion experimenteller Ergebnisse mit dem Ziel einer engeren Forschungsverflechtung zusammen.

B. G. Teubner Stuttgart · Leipzig